ChatGPT +Excel

高效数据计算与处理

◄ 视频教学版 ►

裴鹏飞　黄学余　编著

ChatGTP

清华大学出版社

北京

内 容 简 介

AI时代，ChatGPT作为一款基于人工智能技术的聊天机器人，具有极广泛的应用场景。本书旨在带领读者学习如何使用ChatGPT来简化Excel的数据处理、分析及计算工作。

本书共分6章，内容包括对ChatGPT的基本了解、掌握在Excel中高效提问的技巧、使用ChatGPT辅助数据的整理和优化、了解ChatGPT给予Excel函数的帮助、借助ChatGPT辅助生成Excel函数公式以及通过ChatGPT生成VBA代码实现自动化处理。

本书适用于经常使用Excel进行数据处理与分析的职场办公人士。同时，对于职场新人，如果您对Excel的使用不够熟练，或者对数据分析及函数应用知识了解有限，本书将为您提供极大的帮助。

图书在版编目（CIP）数据

ChatGPT+Excel高效数据计算与处理：视频教学版 /
裴鹏飞，黄学余编著. -- 北京：清华大学出版社，
2024.6. -- ISBN 978-7-302-66475-8
Ⅰ. TP18；TP391.13
中国国家版本馆CIP数据核字第20241EA432号

责任编辑：赵　军
封面设计：王　翔
责任校对：闫秀华
责任印制：宋　林
出版发行：清华大学出版社
　　　　网　　址：https://www.tup.com.cn，https://www.wqxuetang.com
　　　　地　　址：北京清华大学学研大厦A座　　　　邮　　编：100084
　　　　社 总 机：010-83470000　　　　　　　　　邮　　购：010-62786544
　　　　投稿与读者服务：010-62776969，c-service@tup.tsinghua.edu.cn
　　　　质量反馈：010-62772015，zhiliang@tup.tsinghua.edu.cn
印 装 者：三河市铭诚印务有限公司
经　　销：全国新华书店
开　　本：185mm×235mm　　　印　　张：17.25　　　字　　数：414千字
版　　次：2024年6月第1版　　　　　　　　　　　　印　　次：2024年6月第1次印刷
定　　价：89.00元

产品编号：106549-01

前　言 PREFACE

Excel 在日常办公中扮演着极其重要的角色，熟练掌握 Excel 已成为对办公人员的基本技能要求。然而，对于许多初学者和经验不足的从业者来说，Excel 中的数据处理、数据分析和函数计算等往往是难以克服的难题，他们常常面临学不会、记不住、不会用等困境。但随着 AI（人工智能）技术的发展，这些问题便迎刃而解了。借助 ChatGPT 的能力来辅助 Excel 的应用，数据处理的工作可以变得非常高效。

ChatGPT 是一种基于人工智能技术的语言模型，通过自然语言的交互方式与用户沟通，帮助用户解答问题、提供建议和解决方案。因此，我们可以将其简单理解为：无论你过去对 Excel 多么陌生，只需通过"问"与"答"的方式，就可以快速地在 Excel 中编辑来自 ChatGPT 的输出。这种便捷的学习或工作方式，虽然在过去难以想象，但在当今时代已成为现实。

本书从介绍 ChatGPT 开始，详细阐述其在 Excel 中的应用方法以及如何精准地提问，逐步深入讲解如何应用 ChatGPT 辅助进行 Excel 数据处理和计算，主要学习板块如下。

1. 数据整理

在 Excel 数据分析中，数据整理是非常重要的一步。然而，手动进行数据清洗往往需要花费大量的时间和精力。ChatGPT 可以通过自然语言交互的方式，帮助我们快速识别和清理数据中的异常值、缺失值和重复值，极大地提高了数据整理的效率。

2. 数据分析

通过在 ChatGPT 中利用自然语言交互，我们可以学习如何在 Excel 中识别和提取数据中的有用信息。此外，ChatGPT 还可以帮助我们标注有用信息，限制数据输入，以及对数据进行快速的排序和筛选等操作。

3. 数据计算

在 Excel 中，灵活的公式设计可以解决日常办公中的数据计算、统计和分析需求，使工作变得高效、智能。然而，公式的编写对普通用户而言十分不易。本书通过多个范例详细介绍如何在 ChatGPT 中精准提问以获得解决实际问题的方案，这些范例都是从日常办公中精心挑选的。

4. VBA 自动化处理

通过编写 VBA 代码，我们可以在 Excel 中让 VBA 代码帮助我们完成很多重复性任务。如果应用得当，有些数据处理工作将会变得极为高效。然而，代码的编写对大多数普通用户来说颇具挑战，但有了 ChatGPT，一切变得简单了。只需学会向它描述问题，ChatGPT 便能帮我们生成代码，我们接下来只需复制、粘贴并运行这些代码即可。

本书由裴鹏飞老师策划和组稿。全书内容由裴鹏飞老师与黄学余老师共同完成，其中第 1、第 2 和第 5 章由裴鹏飞老师撰写，第 3、第 4 和第 6 章由黄学余老师撰写。尽管作者们对书中的文件精益求精，但疏漏在所难免。如果读者在学习过程中有疑问或是有好的建议，欢迎通过 QQ 交流群与我们在线交流。

读者可扫描以下二维码，下载本书用到的所有范例文件及其辅助文件：

如果读者在学习过程中遇到无法解决的问题，或者对本书有任何意见或建议，可以通过邮箱 booksaga@126.com 与作者联系。

作　者
2024 年 2 月

目 录 CONTENTS

第1章 Chapter 1

ChatGPT 初体验

初步接触 ChatGPT，需要了解 ChatGPT 能给我们提供怎样的帮助，该如何注册账户才能使用它，同时也要学会对它的聊天窗口、对话记录等进行管理，本章将逐一介绍这些内容。

1.1 了解 ChatGPT 及其应用范围

ChatGPT 是一款基于人工智能技术的聊天机器人，由 OpenAI 团队开发。它是通过将大量的训练数据输入其模型进行训练、构造而成的，因而能够理解和生成人类语言，为用户提供智能化的问答、娱乐、教育、医疗等服务。通过不断的学习和优化，ChatGPT 持续提升自身的智能水平，以更好地帮助人类完成日常生活、学习与工作中的各种任务。

ChatGPT 的应用场景非常广泛，其主要应用领域包括以下几个方面。

1 客服与咨询服务

ChatGPT 可以作为在线客服机器人，为客户提供及时的产品咨询、客户服务等，从而提高企业客户的满意度和忠诚度。

2 教育培训领域

ChatGPT 可以作为在线教育的重要工具，为学生提供学习辅导、问题答疑等服务，并为教师提供在线辅助教学，从而提高学生的学习效果和教师的教学质量。

3 营销推广方面

ChatGPT 可以作为营销策划的智能机器人，通过了解用户的需求和反馈，为企业提供营销咨询、客户服务等，从而提高企业产品的推广效果，竞争力和市场占有率。

4 医疗和健康领域

ChatGPT 可以为患者提供医疗咨询服务，例如回答患者关于病情的咨询和提供诊断建议，还可以为患者提供病情监测和用药提醒等服务。

5 生活娱乐领域

ChatGPT 可以作为智能语音机器人，为用户提供各种生活服务，如语音聊天、智能家居、游戏娱乐等，从而提高用户的生活品质并缓解工作压力。

总之，作为一种智能聊天机器人，ChatGPT 的其功能和应用场景非常广泛，涵盖了众多领域，具有重要的商业和社会价值。随着人工智能技术的不断发展和优化，ChatGPT 的应用前景将越来越广阔，为用户带来更加智能、便捷和优质的服务体验。

提 示

随着 ChatGPT 技术的发展和普及，一些问题也需要我们关注。

由于 ChatGPT 的知识主要来自预先训练好的自然语言处理模型，因此它在对事实的理解能力上可能存在局限性，有时对信息理解可能存在片面性等情况。因此，在使用时，我们需要注意数据隐私和安全、误导性输出等问题，并辩证地参考使用。在应用 ChatGPT 技术的同时，我们需要权衡它的利弊，并采取相应措施来规范和引导其发展。只有在合理和负责使用的情况下，ChatGPT 技术才能更好地服务于人类社会的发展和进步。

1.2 目前国内对 ChatGPT 的使用情况 ‹‹‹

由于 OpenAI 公司尚未对中国用户开放 ChatGPT 官网的使用权限，只要是国内的 IP 地址都会被 OpenAI 服务器拒绝访问，因此国内用户暂时无法直接使用 ChatGPT。

尽管有些国内用户可通过代理服务器或 VPN 等工具访问 ChatGPT 服务，但这需要承担一定的风险和不确定性，如安全性问题、隐私泄露风险以及法律合规性问题。为了保障网络安全和个人信息的安全，并遵守法律法规，建议用户通过国内合规授权的 ICP 接入相关服务。

正是由于国内用户在使用 ChatGPT 面临一些障碍和限制，因此一些国内的 AI 创作软件应运而生，为用户提供了替代的选择。这些软件的功能和性能堪比 ChatGPT，给用户带来了全新的 ChatGPT 体验。国内的 ChatGPT 版本通常是通过 API 接口调用的方式来实现对话服务。OpenAI 官网允许用户通过 API 调用其语言模型，国内开发的 ChatGPT 网站正是基于此实现的。这些网站通过 API 调用 OpenAI 官网的 GPT 语言模型，确保用户提问的响应来自 OpenAI 官网的服务器。同时，使用这些国内版的 ChatGPT 网站非常便利，且没有过多使用限制，使得它们成为许多人体验、办公和学习的首选工具。

本书主要通过一款名为 Chataa 的国产 ChatGPT 平台来带领读者学习。Chataa 具有强大的功能和流畅的用户体验，不仅在问答次数上给予用户更多的优惠，还集成了众多令人惊艳的新功能，极大地丰富了用户的使用体验。

- Chataa 注册即送 1000 次问答，完全解决了用户对于问答次数的担忧，让用户可以畅享与 Chataa 智慧交流的乐趣。
- Chataa 融合了创建专属智能体的功能，类似于 OpenAI 官方推出的 GPT 功能。这意味着用户可以定制自己的私人助理，打破了传统模式的问答局限。通过设定"投喂"给智能体所需的内容，用户可以打造一个个性化、贴合自身需求的助手，为日常生活和工作提供更为精准、个性化的服务。
- Chataa 在创建智能体方面表现出卓越的灵活性。用户不仅可以设置基本的回答，还可以教智能体一些特殊技能，使得它在不同场景下都能表现出色。这一功能不仅增强了 Chataa 的个性化特征，也大大增加了用户与智能体之间的互动乐趣。

除此之外，Chataa 还支持多种功能，包括 PDF 处理、语音输入、GPT-4 联网和画图等，使得用户在平台上的操作更为多样化。Chataa 提供了 GPT3.5 和 GPT4.0 两种模式。本书主要以 GPT3.5 版本来展示如何利用 AI 简化和加速 Excel 数据处理与计算，从而帮助那些不熟悉 Excel 数据处理的用户简化日常工作流程，提高工作效率。

1.3　注册 Chataa 并登录账号

启动浏览器，输入网址 https://cat.chat778.com，进入 Chataa 的首页（见图 1-1）。如果是初次访问该网站，需要先注册账户，已注册用户则可直接登录。

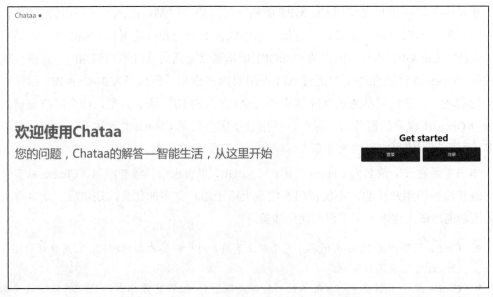

图 1-1

步骤 01　在首页中单击"登录"按钮或"注册"按钮，首次访问则单击"注册"按钮，如图 1-2 所示。

图 1-2

步骤 02　输入手机号并设置密码，然后单击"发送"按钮以获取验证码，如图 1-3 所示。

图 1-3

步骤 03　输入验证码后，单击"提交"按钮，并根据后续提示进行验证，如图 1-4 所示。

图 1-4

步骤 04　单击"确定"按钮后，就会进入 Chataa 程序主界面，如图 1-5 所示。

图 1-5

 提 示

（1）每个手机号只能注册一次，使用已验证过的手机号尝试再次注册时，系统将提示"该用户已被注册"，如图 1-6 所示。

（2）注册完成后，在后期登录时，只需按照提示输入手机号和密码即可，如图 1-7 所示。

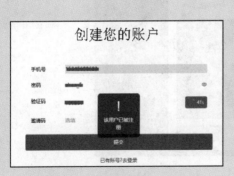

图 1-6

图 1-7

1.4 了解 Chataa 程序的界面

完成账号注册并成功进入 Chataa 程序的主界面后，先熟悉一下界面的基本功能项，主界面如图 1-8 所示。

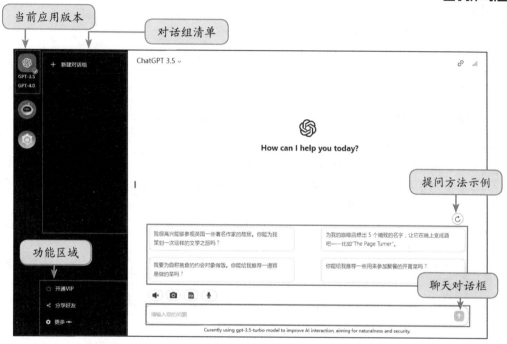

图 1-8

- 当前应用版本：在 Chataa 中可以选择使用 GPT3.5 版本，也可以选择使用 GPT4.0 版本。GPT4.0 版本提供更多的功能项，但需付费使用。用户可以通过单击下方的"开通 VIP"功能项去开启付费服务。如图 1-9 所示，开通"文本会员"可解锁相应权限。如图 1-10 所示，开通"创意会员"也可解锁特定权限。用户可以根据自己的需求选择相应的服务。

图 1-9

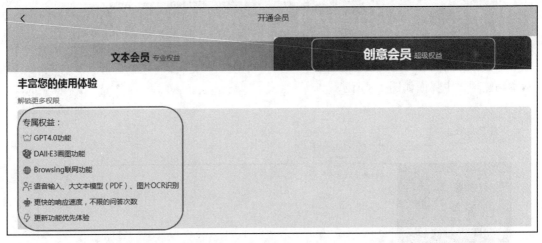

图 1-10

- 对话组清单：单击"新建对话组"可以创建新的对话组。此外，之前创建的对话组都会在下方清单中显示，可以根据需要随时切换进入和管理不同的对话组。分成不同的对话组便于对提问进行分类管理。
- 功能区域：可以通过开通 VIP 来升级版本；可以分享给好友；可以单击"更多…"进入个人中心的设置等。
- 提问方法示例：系统会给出一些提问方法的示例。后面进行提问时，在此处将显示聊天内容。
- 聊天对话框：在此输入欲询问的问题，然后单击 🔼 按钮即可将问题发送出去。

1.5 开始使用 Chataa

将光标定位到输入框中，组织好提问文字（见图 1-11），单击 🔼 按钮发送出去，Chataa 将回答你的问题，如图 1-12 所示。

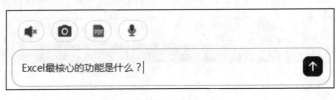

图 1-11

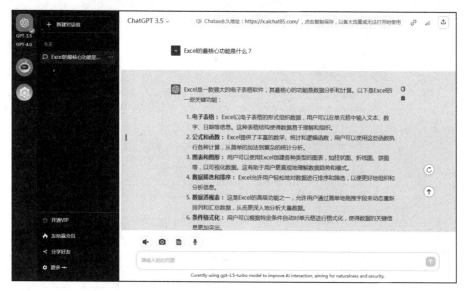

图 1-12

针对 Chataa 的回复，可以进一步提问，如图 1-13 所示。

图 1-13

还可以采用更口语化的方式提问，如"我是小白……""我想要更简单的说明"等，如图 1-14 所示。

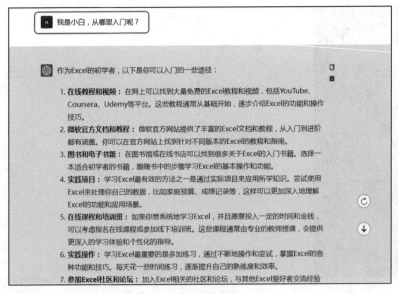

图 1-14

提示

ChatGPT 在回答问题时具有一定的随机性。对于同一个问题，在不同的时间或情境下，可能会得到不同的答案。这是因为 ChatGPT 是基于底层的语言模型运行的，同时受到其当前知识水平和上下文的影响。这些因素共同作用于最终的回答结果。因此，在无法控制 ChatGPT 回答结果的情况下，只能通过尽量提供更准确的提问关键字或分段式提问等方式，逐渐培养和提高 ChatGPT 回答的准确性和相关性。

1.6 管理 Chataa 的聊天窗口

当用户提出一个问题时，系统会自动添加一个对话组，并按用户提问文字内容自动命名，如图 1-15 所示。

为了更好地管理对话组，可按提问话题给对话组重新命名。在对话组清单列表中选中相应的对话组，单击■按钮，在展开的下拉列表中单击"修改"命令（见图 1-16），即可进入文字编辑状态，在其中重新编辑名称即可。如果想删除某个对话组，单击下列列表中的"删除"命令即可，如图 1-17 所示。

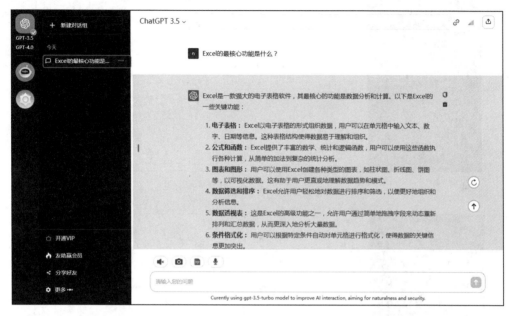

图 1-15

图 1-16

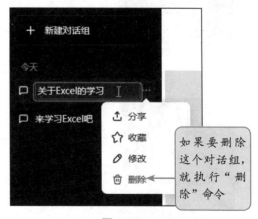

图 1-17

当想重新创建一个对话组时，可以单击"新建对话组"（见图 1-18），接着在输入框中输入提问的文字，单击 按钮发送出去（见图 1-19），即可新建一个对话组，如图 1-20 所示。

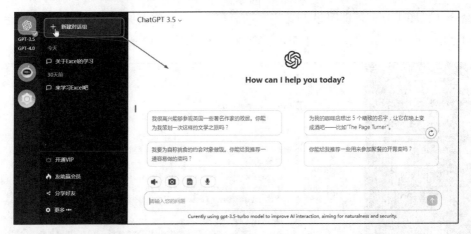

图 1-18

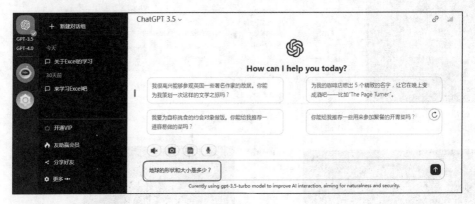

图 1-19

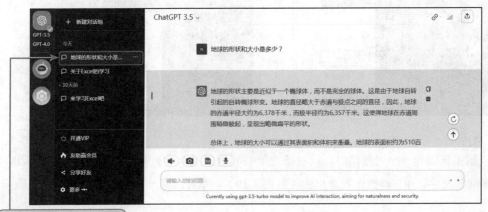

新建的对话组，可以按
前面的方法重新命名

图 1-20

对于不满意的回答，可以单击 按钮（见图 1-21），再单击"删除"按钮，删除这条
回复内容。

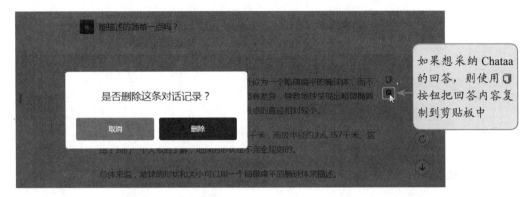

图 1-21

1.7 管理 ChatGPT 的对话记录

在 ChatGPT 中，所有对话组中的问题及其对应的回答都可以导出并以
不同形式分享，便于后期进行搜索、浏览、查询等操作。

例如，在使用 ChatGPT 的过程中，我们已经创建了多个不同主题的对
话组。可以通过以下方式来管理 ChatGPT 的对话记录。

1 分享对话链接

步骤 01　选中某个对话组，单击 ■ 按钮，并在展开的下拉列表中单击"分享"命令（见图 1-22），
即可打开"分享对话链接"对话框，如图 1-23 所示。

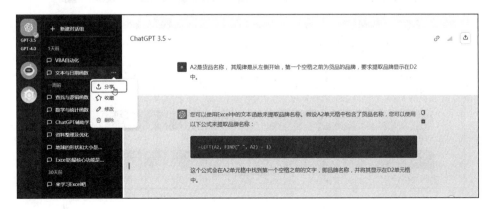

图 1-22

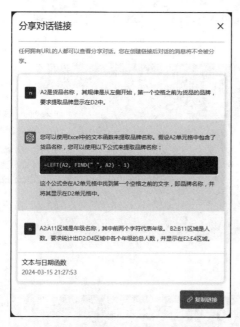

图 1-23

步骤 02　单击"复制链接"按钮，然后将链接分享出去，任何拥有该链接的人，通过单击该链接都可以查看分享的对话，如图 1-24 所示。

图 1-24

步骤 03　对于已分享的对话，可以选中并复制（见图 1-25），然后保存到文本文件或 Word 文件中，以便将来使用。

文本与日期函数
2024-03-15 21:27:53

A2是货品名称，其规律是从左侧开始，第一个空格之前为货品的品牌，要求提取品牌显示在D2中。

您可以使用Excel中的文本函数来提取品牌名称。假设A2单元格中包含了货品名称，您可以使用以下公式来提取品牌名称：

```
= LEFT(A2, FIND(" ", A2) - 1)
```

这个公式会在A2单元格中找到第一个空格之前的文字，即品牌名称，并将其显示在D2单元格中。

A2:A11区域是年级名称，其中前两个字符代表年级。B2:B11区域是人数。要求统计出D2:D4区域中各个年级的总人数，并显示在E2:E4区域。

您可以使用Excel中的SUMIF函数来实现这个统计功能。假设年级名称在A2:A11区域，人数在B2:B11区域，而D2:D4区域包含不同的年级，您可以在E2:E4区域使用以下公式：
在单元格E2中：

```
= SUMIF($A$2:$A$11, D2 & "*", $B$2:$B$11)
```

图 1-25

2 另存为网页文件

步骤 01　选中某个对话组并右击，弹出快捷键，选择"另存为 ..."命令（见图 1-26），即可打开"另存为"对话框。

步骤 02　设置文件要保存的位置与文件名，单击"保存"按钮，如图 1-27 所示。

图 1-26

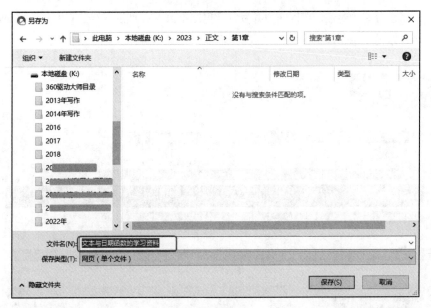

图 1-27

步骤 03　进入保存位置即可看到已保存的网页文件，如图 1-28 所示。

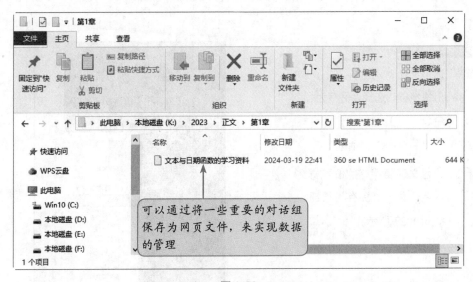

图 1-28

另外，单击快捷菜单中的"分享网页到..."命令，随后可以在子列表中看到更多分享方式，如"生成二维码""QQ 好友""QQ 空间""新浪微博"等，如图 1-29 所示。

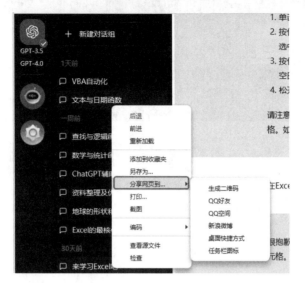

图 1-29

根据所使用的 ChatGPT 平台的不同，在对话记录的管理方式上会略有差异。例如，有些平台可以生成 URL 链接，有些则可以生成文本文件等。

第2章

掌握 ChatGPT 中正确的提问技巧

我们都知道，ChatGPT 是一种基于人工智能技术的语言模型，它可以通过自然语言交互与用户沟通，为用户提供服务。因此，能否精准地提出问题，是决定 ChatGPT 能否给出正确回答的关键。在本章中，我们将学习在 ChatGPT 中如何通过设定角色、提供清晰具体的指示以及明确目的与范围，来使提问更加高效和精确。

2.1 用提示语精准提问

向 ChatGPT 提问时，提问方式与内容直接影响 ChatGPT 回答的精准度。例如，我们想通过一个实例来学习 TEXTJOIN 函数，单纯提问"学习 TEXTJOIN 函数"或"TEXTJOIN 函数有什么作用"，ChatGPT 可能只会提供一些理论性的回答。然而，如果我们明确提问"请用具体的实例为我讲解 TEXTJOIN 函数"，则更有可能得到有助于我们学习的内容。因此，为了快速获得更精准的回答，我们需要使用具体明确的提示语，让 ChatGPT 能迅速理解我们的需求。接下来，将介绍一些有效的提问技巧。

1 清晰具体的指示

在向 ChatGPT 提问时，需要提供具体的指示。例如，"使用 VBA 程序码，将 Excel 工作簿中……"（见图 2-1），或"想写一个公式，在 Excel 工作表中求解……"，或"撰写……文章，字数控制在 500 字以内"，请尽量提供明确的信息、描述清楚，避免模糊不清的表达。

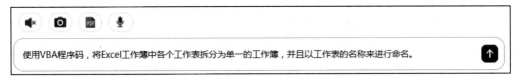

图 2-1

下面举一个例子。如果希望让 ChatGPT 将分散的文本数据整理成表格，可以将数据录入或复制到聊天对话框（见图 2-2）中，然后单击 ↑ 按钮发送出去，得到的回复如图 2-3 所示。

图 2-2

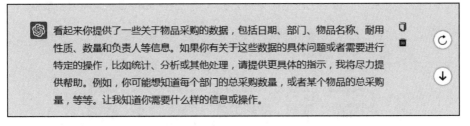

图 2-3

由于在提问时并未给出清晰的指示让 ChatGPT 干什么，因此得出的回复并未生成表格。为了获得所需的结果，我们需要调整提问的方式，发出更加精准的指令。输入"将这个资料整理成表格，表头分别为：领用日期、部门、领用物品、物品性质、数量、领取人"（见图 2-4），然后单击 ↑ 按钮把这段提问发送给 ChatGPT，我们将得到一个完整的表格，如图 2-5 所示。

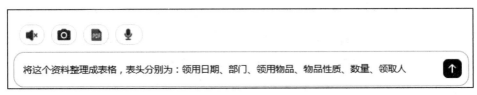

图 2-4

你可以将提供的数据整理成表格形式，如下所示：

领用日期	部门	领用物品	物品性质	数量	领取人
23-4-1	市场部	幻彩复印墨盒	易耗品	2	徐文停
23-4-4	行政部	牛皮文件袋	易耗品	4	胡丽丽
23-4-4	市场部	手电筒	耐用品	1	潘鹏
23-4-8	市场部	工程卷尺	耐用品	3	潘鹏
23-4-8	客服部	耳机	易耗品	4	孙婷
23-4-11	市场部	工业强力风扇	耐用品	2	徐春宇
23-4-12	人资部	计算器	易耗品	4	桂湄
23-4-12	人资部	插座	易耗品	2	桂湄

图 2-5

完成上述操作后，就成功将资料整理成表格，这样的表格就可以复制到 Excel 中使用。

步骤 01　利用鼠标拖曳以选取整个表格（见图 2-6），然后按 Ctrl+C 组合键进行复制。

你可以将提供的数据整理成表格形式，如下所示：

领用日期	部门	领用物品	物品性质	数量	领取人
23-4-1	市场部	幻彩复印墨盒	易耗品	2	徐文停
23-4-4	行政部	牛皮文件袋	易耗品	4	胡丽丽
23-4-4	市场部	手电筒	耐用品	1	潘鹏
23-4-8	市场部	工程卷尺	耐用品	3	潘鹏
23-4-8	客服部	耳机	易耗品	4	孙婷

图 2-6

步骤 02　切换到 Excel 程序，选中目标单元格，然后按 Ctrl+V 组合键进行粘贴，如图 2-7 所示。

步骤 03　由于数据宽度的问题，得到的数据在显示效果上可能稍有问题，可以通过调整列宽、行高等方式对表格稍加整理，整理后的表格如图 2-8 所示。

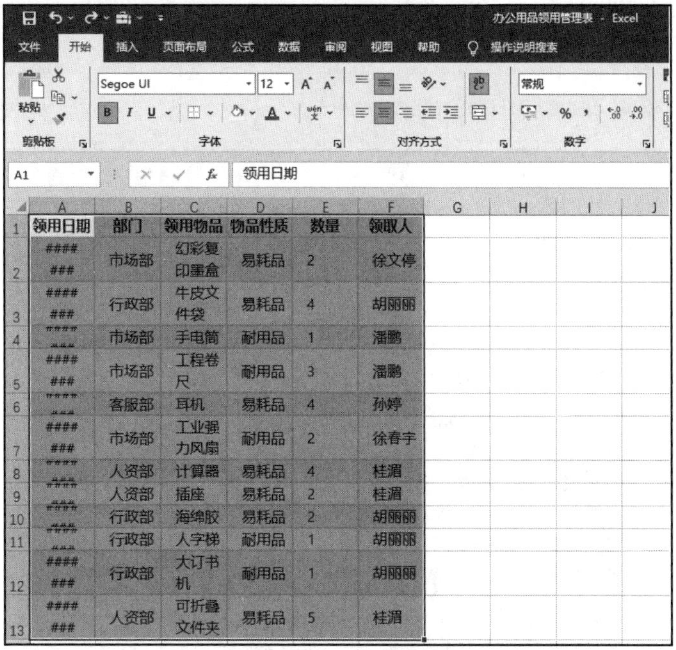

图 2-7

	A	B	C	D	E	F
1	领用日期	部门	领用物品	物品性质	数量	领取人
2	2023-4-1	市场部	幻彩复印墨盒	易耗品	2	徐文停
3	2023-4-4	行政部	牛皮文件袋	易耗品	4	胡丽丽
4	2023-4-4	市场部	手电筒	耐用品	1	潘鹏
5	2023-4-8	市场部	工程卷尺	耐用品	3	潘鹏
6	2023-4-8	客服部	耳机	易耗品	4	孙婷
7	2023-4-11	市场部	工业强力风扇	耐用品	2	徐春宇
8	2023-4-12	人资部	计算器	易耗品	4	桂湄
9	2023-4-12	人资部	插座	易耗品	2	桂湄
10	2023-4-15	行政部	海绵胶	易耗品	2	胡丽丽
11	2023-4-19	行政部	人字梯	耐用品	1	胡丽丽
12	2023-4-19	行政部	大订书机	耐用品	1	胡丽丽
13	2023-4-23	人资部	可折叠文件夹	易耗品	5	桂湄

图 2-8

2 点明范围及目的

在向 ChatGPT 提出问题时，确保明确指定范围和目的。当我们具体指定了范围时，ChatGPT 就能提供更加有针对性的回答或生成结果。

当然，操作的目的也要明确指出来。例如，如果想选取一个区域中的所有空白单元格，初步的提问为"在 Excel 中，选中 C2:D18 区域中的全部空白单元格"，如图 2-9 所示。

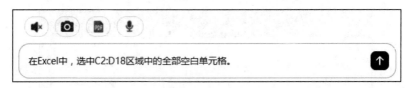

图 2-9

得到的回答如图 2-10 所示。然而，根据得到的这个回答去实际操作，我们会发现它并不如预期的那样便捷高效。

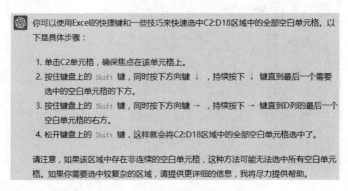

图 2-10

重新调整提问如图 2-11 所示，得到的回答如图 2-12 所示。我们可以发现，在提问中添加了"利用快捷操作"和"一次性"等词语来明确表达操作目的，从而得到了满意的答复。

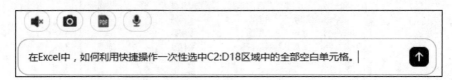

图 2-11

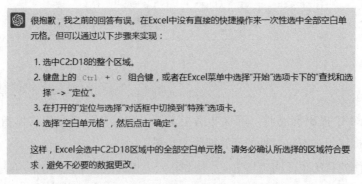

图 2-12

3 指定单元格位置和范围

在提问时，如果能清楚地指定单元格位置和范围，ChatGPT 生成的公式一般都可以满足统计或分析的需求，同时生成的公式不需要修改，可以直接复制使用。

例如，如果提问文字为"当前是一张招聘进程表，我想建立一个公式统计出本次招聘中各个学历的人数分别是多少？"，如图 2-13 所示。发送问题后，得到的回复如图 2-14 所示。这时，ChatGPT 会列出各种假设来指导你如何操作，一般情况下，我们需要根据实际情况对公式进行调整。

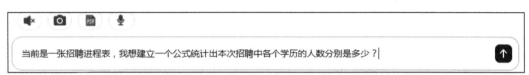

图 2-13

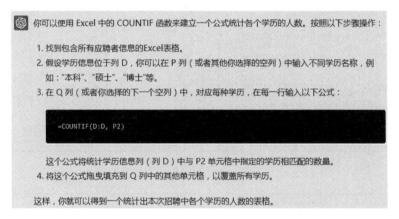

图 2-14

重新调整提问（见图 2-15），得到的回答如图 2-16 所示。因为在提问时清楚地指定了单元格的范围和地址，所以生成的公式可以直接选中并使用 Ctrl+C 组合键进行复制。

图 2-15

回到 Excel 程序中，选中 P2 单元格，直接将复制的公式粘贴到编辑栏中，按 Enter 键即可得出统计结果，如图 2-17 所示。同时，这个公式还可以直接向下填充到 P4 单元格，快速统计其他几个学历的人数，如图 2-18 所示。

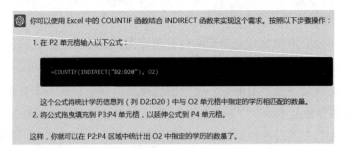

图 2-16

	D	E	F	G	H	I	J	K	L	M	N	O	P
1	学历	招聘渠道	招聘编号	应聘岗位	初试时间	参加初试	初试通过	复试时间	参加复试	复试通过		学历	人数
2	本科	招聘网站1	GT-HR-16-R0050	销售专员	2023-12-13	是						硕士	9
3	本科	招聘网站2	GT-HR-16-R0050	销售专员	2023-12-13	是	是	2023-12-18				本科	
4	硕士	现场招聘	GT-HR-16-R0050	销售专员	2023-12-14	是						专科	
5	本科	招聘网站2	GT-HR-16-R0050	销售专员	2023-12-14	是	是	2023-12-19	是	是			
6	本科	校园招聘	GT-HR-17-R0001	客服	2024-1-5		是						
7	专科	校园招聘	GT-HR-17-R0001	客服	2024-1-5								
8	专科	校园招聘	GT-HR-17-R0001	客服	2024-1-5								
9	本科	内部招聘	GT-HR-17-R0002	助理	2024-2-15	是							
10	本科	内部招聘	GT-HR-17-R0002	助理	2024-2-15	是	是	2024-2-20					
11	硕士	猎头招聘	GT-HR-17-R0003	研究员	2024-3-8	是	是	2024-3-13	是	是			
12	硕士	猎头招聘	GT-HR-17-R0003	研究员	2024-3-9	是							
13	本科	猎头招聘	GT-HR-17-R0003	研究员	2024-3-10	是							
14	硕士	内部招聘	GT-HR-17-R0003	研究员	2024-3-10	是	是	2024-3-13	是	是			
15	硕士	内部招聘	GT-HR-17-R0003	研究员	2024-3-11	是	是	2024-3-13	是				
16	硕士	内部招聘	GT-HR-17-R0003	研究员	2024-3-12	是							
17	本科	校园招聘	GT-HR-17-R0004	会计	2024-3-25	是							
18	硕士	校园招聘	GT-HR-17-R0004	会计	2024-3-25								
19	硕士	刊登广告	GT-HR-17-R0004	会计	2024-3-25	是		2024-3-28					
20	硕士	刊登广告	GT-HR-17-R0004	会计	2024-3-25	是							

P2   =COUNTIF(INDIRECT("D2:D20"), O2)

图 2-17

	D	E	F	G	H	I	J	K	L	M	N	O	P
1	学历	招聘渠道	招聘编号	应聘岗位	初试时间	参加初试	初试通过	复试时间	参加复试	复试通过		学历	人数
2	本科	招聘网站1	GT-HR-16-R0050	销售专员	2023-12-13	是						硕士	9
3	本科	招聘网站2	GT-HR-16-R0050	销售专员	2023-12-13	是	是	2023-12-18				本科	8
4	硕士	现场招聘	GT-HR-16-R0050	销售专员	2023-12-14	是						专科	2
5	本科	招聘网站2	GT-HR-16-R0050	销售专员	2023-12-14	是	是	2023-12-19	是	是			
6	本科	校园招聘	GT-HR-17-R0001	客服	2024-1-5		是						
7	专科	校园招聘	GT-HR-17-R0001	客服	2024-1-5								
8	专科	校园招聘	GT-HR-17-R0001	客服	2024-1-5								
9	本科	内部招聘	GT-HR-17-R0002	助理	2024-2-15	是							
10	本科	内部招聘	GT-HR-17-R0002	助理	2024-2-15	是	是	2024-2-20					
11	硕士	猎头招聘	GT-HR-17-R0003	研究员	2024-3-8	是	是	2024-3-13	是	是			
12	硕士	猎头招聘	GT-HR-17-R0003	研究员	2024-3-9	是							
13	本科	猎头招聘	GT-HR-17-R0003	研究员	2024-3-10	是							
14	硕士	内部招聘	GT-HR-17-R0003	研究员	2024-3-10	是	是	2024-3-13	是	是			
15	硕士	内部招聘	GT-HR-17-R0003	研究员	2024-3-11	是	是	2024-3-13	是				
16	硕士	内部招聘	GT-HR-17-R0003	研究员	2024-3-12	是							
17	本科	校园招聘	GT-HR-17-R0004	会计	2024-3-25	是							
18	硕士	校园招聘	GT-HR-17-R0004	会计	2024-3-25								
19	硕士	刊登广告	GT-HR-17-R0004	会计	2024-3-25	是		2024-3-28					
20	硕士	刊登广告	GT-HR-17-R0004	会计	2024-3-25	是							

图 2-18

4 判断条件要描述完整

在给 ChatGPT 描述问题时，如果有多个限制条件，注意一定要将问题描述清楚。首先，我们来看一个例子，提问的内容如图 2-19 所示。提交问题，得到如图 2-20 所示的回复信息。

A2是商品名称，B2是颜色，C2是原价。要求在D2中返回调价，规则为：只对洗衣机调价；白色洗衣机

上调50元，其他颜色洗衣机上调200元

图 2-19

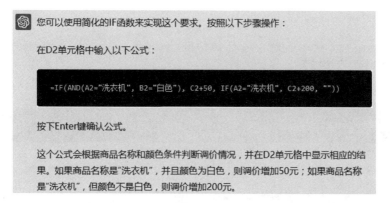

您可以使用简化的IF函数来实现这个要求。按照以下步骤操作：

在D2单元格中输入以下公式：

```
=IF(AND(A2="洗衣机", B2="白色"), C2+50, IF(A2="洗衣机", C2+200, ""))
```

按下Enter键确认公式。

这个公式会根据商品名称和颜色条件判断调价情况，并在D2单元格中显示相应的结果。如果商品名称是"洗衣机"，并且颜色为白色，则调价增加50元；如果商品名称是"洗衣机"，但颜色不是白色，则调价增加200元。

图 2-20

根据 ChatGPT 的回复回到工作表中建立公式后，得到的结果如图 2-21 所示。可以看到结果并为达到预期。

| D2 | ▼ | × ✓ fx | =IF(AND(A2="洗衣机", B2="白色"), C2+50, IF(A2="洗衣机", C2+200, "")) |

▲	A	B	C	D	E	F	G	H	I
1	名称	颜色	单价	调价后					
2	洗衣机GF01035	白色	1850						
3	洗衣机GF01035	银灰色	1850						
4	微波炉KF05	红色	568						
5	洗衣机GF01082	红色	1900						
6	空调PH0091	白色	2380						
7	空调PH0032	银灰色	2560						

图 2-21

这个提问对单元格位置和范围的指定是非常明确的，但由于忽略了一个条件，导致 ChatGPT 无法生成正确的公式。观察 A 列中的商品名称可以发现，"洗衣机"是商品名称的开头几个字，而非整个单元格内容，因此需要在提问中明确这一点。调整后的提问添

加了一个判断条件"并且要判断 A2 中前 3 个字符是不是洗衣机"（见图 2-22）。这样，ChatGPT 就明白了需要在名称中从左侧提取字符并进行判断，从而正确地重新生成了公式，如图 2-23 所示。

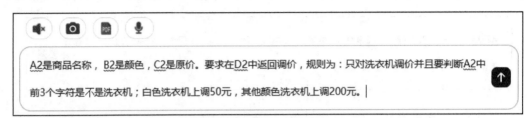

A2是商品名称，B2是颜色，C2是原价。要求在D2中返回调价，规则为：只对洗衣机调价并且要判断A2中前3个字符是不是洗衣机；白色洗衣机上调50元，其他颜色洗衣机上调200元。

图 2-22

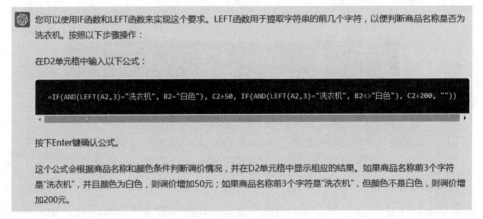

您可以使用IF函数和LEFT函数来实现这个要求。LEFT函数用于提取字符串的前几个字符，以便判断商品名称是否洗衣机。按照以下步骤操作：

在D2单元格中输入以下公式：

```
=IF(AND(LEFT(A2,3)="洗衣机", B2="白色"), C2+50, IF(AND(LEFT(A2,3)="洗衣机", B2<>"白色"), C2+200, ""))
```

按下Enter键确认公式。

这个公式会根据商品名称和颜色条件判断调价情况，并在D2单元格中显示相应的结果。如果商品名称前3个字符是"洗衣机"，并且颜色为白色，则调价增加50元；如果商品名称前3个字符是"洗衣机"，但颜色不是白色，则调价增加200元。

图 2-23

回到 Excel 中验证这个公式，可以看到该公式能自动判断 A 列中商品名称的前几个字符是否为"洗衣机"，同时也能判断商品颜色是否为"白色"。使用这种方法，最终得到了正确的结果，如图 2-24 所示。

D2		× ✓ fx	=IF(AND(LEFT(A2,3)="洗衣机", B2="白色"), C2+50, IF(AND(LEFT(A2,3)="洗衣机", B2<>"白色"), C2+200, ""))									
	A	B	C	D	E	F	G	H	I	J	K	L
1	名称	颜色	单价	调价后								
2	洗衣机GF01035	白色	1850	1900								
3	洗衣机GF01035	银灰色	1850	2050								
4	微波炉KF05	红色	568									
5	洗衣机GF01082	红色	1900	2100								
6	空调PH0091	白色	2380									
7	空调PH0032	银灰色	2560									
8												

图 2-24

2.2　设定角色后再提问 ◀◀◀

先决定 ChatGPT 的角色可以让 ChatGPT 的回答更符合期望，从而更好地解决问题。例如，如果我们想通过 ChatGPT 获取一个产品的网络推广方案，可以这么组织提问语句：

"首先，你是一位网络营销策划专家，擅长在社交平台推广产品，我想在社交平台上售卖一款游戏周边耳机，目标客户是 18~28 周岁的年轻人，请为我写一个销售方案。"，得到的回复信息如图 2-25 所示。

销售方案：游戏周边耳机的社交平台推广

目标客户：年龄在18~28周岁的年轻人

1. 定义目标受众：

- 确定年龄段在18~28周岁的年轻人为主要目标客户群体。
- 进一步细分目标受众，包括游戏爱好者、电竞玩家和喜欢品味时尚的青年。

2. 建立在线品牌形象：

- 创建一个专属品牌账号，以品牌名称命名，并设计具有吸引力的头像和封面图片，展现游戏耳机的特色和风格。
- 在社交平台上发布高质量的图片和视频，展示游戏周边耳机的外观、功能和特点。
- 利用有趣的故事、游戏相关的话题和热门趋势来吸引年轻人的注意力。

3. 制定内容策略：

- 提供专业的耳机评测和游戏体验分享，展示游戏周边耳机在不同游戏场景中的优势和效果。
- 发布与游戏相关的话题内容，例如游戏攻略、游戏大赛资讯等，以吸引目标受众的关注。
- 定期推出限时优惠和促销活动，激发购买欲望，提供独家优惠码来吸引年轻人的购买。

4. 营造互动和社群氛围：

- 与目标受众积极互动，回复评论和私信，以提供个性化的服务和解答疑问。
- 创建游戏周边耳机专属的社群群组或论坛，邀请用户加入，分享游戏心得、作为先行者试用新品并给予反馈，增加用户黏性。
- 鼓励用户在社交平台上与其他用户分享他们使用游戏周边耳机的照片和视频，提供奖励机制来激励参与。

5. 合作与推广：

- 寻找与游戏相关的社交媒体大号或影响力人物进行合作，进行跨平台宣传和推广游戏周边耳机。
- 与游戏厂商、游戏主播、电竞比赛等合作推出联名款游戏周边耳机，提高产品的知名度和曝光率。
- 参与游戏展会和相关活动，展示和推广游戏周边耳机。

6. 数据分析和调整：

- 定期分析数据，了解受众的兴趣、喜好和购买行为，以便调整销售策略和内容策略。
- 通过社交媒体平台的数据分析工具，掌握关键指标如转化率、用户参与度等，进行有效的决策和改进。

图 2-25

继续提问"延续上一个问题，如何操作才能快速地盘活账号？"，回复信息如图2-26所示。

通过设定角色，ChatGPT 能更好地理解自己当前的身份，从而更精确地把握问题、记忆对话内容，并根据这些内容进行调整，使得最终的回复更贴近角色的特性，以提高对话的相关性和实用性。

要快速地盘活账号并增加活跃度，可以尝试以下操作：

1. 优化账号资料：确保账号资料完整、准确，并添加吸引人的头像和封面图片。这能给用户一个良好的第一印象，并引起他们的兴趣。

2. 制定内容计划：制定一个内容发布计划，包括频率和主题，确保持续地提供有价值的内容。内容可以包括产品信息、专业知识、游戏相关话题、趣味性质的帖子等，以吸引用户的关注和参与。

3. 引入互动元素：鼓励用户在帖子下留言、提问或进行讨论。回复用户的留言，并且积极与他们互动，这能增加用户参与度和忠诚度。

4. 创造竞赛或活动：组织一些有趣的竞赛或活动，奖励那些积极参与的用户，例如答题活动、转发抽奖、用户推荐等。这能够吸引更多用户参与，以及增加账号的曝光率。

5. 跟踪数据和分析：利用社交媒体平台提供的数据分析工具，了解关键指标如用户参与度、帖子互动数量等。根据这些数据，调整和改进内容策略，以及找出哪些类型的内容和互动方式受到用户喜爱。

6. 联合推广：与相关的社群媒体大号、游戏主播或电竞比赛等进行合作推广，扩大账号的知名度和影响力。通过跨平台宣传和合作，可以快速吸引更多的目标用户。

7. 提供独家福利和优惠：给予账号粉丝独家福利和优惠，例如限时折扣、免费赠品或早期购买权等。这可以激励用户积极参与和分享，同时增加销售和账号活跃度。

总之，通过持续提供有价值的内容、互动和活动，以及与相关合作伙伴合作推广，可以快速盘活账号，并吸引更多的目标用户参与和关注。

图 2-26

2.3 针对 ChatGPT 的回复进行追问 ◀◀◀

在前文中，我们已强调在向 ChatGPT 提问时需提供清晰具体的指示，明确范围及目的，并完整描述判断条件等。此外，如果一次未能将问题表达清楚，导致得到的回复不符合预期，可以通过追问方式来补充当前提问，或者继续提出新的需求。

例如，如果我们想整理几种适合用来制作花茶的玫瑰花品种，并希望了解它们的产地、制作方法以及口感等资料，这时可以明确地组织好提问，让 ChatGPT 提供所需的详细资料。

步骤01　在聊天对话框中输入"用表格列出 6 种最适合作为花茶的玫瑰花，包含名称、产地、制作方式、口感的资料。"，如图 2-27 所示。送出问题后则得到如图 2-28 所示的表格信息。

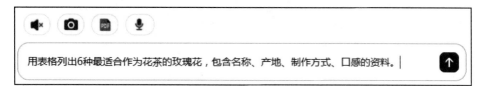

图 2-27

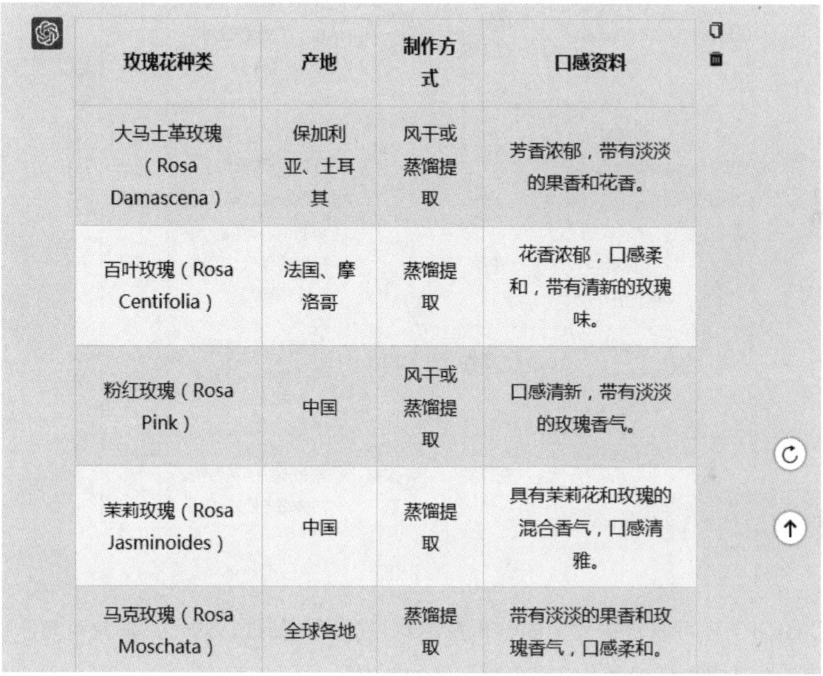

玫瑰花种类	产地	制作方式	口感资料
大马士革玫瑰（Rosa Damascena）	保加利亚、土耳其	风干或蒸馏提取	芳香浓郁，带有淡淡的果香和花香。
百叶玫瑰（Rosa Centifolia）	法国、摩洛哥	蒸馏提取	花香浓郁，口感柔和，带有清新的玫瑰味。
粉红玫瑰（Rosa Pink）	中国	风干或蒸馏提取	口感清新，带有淡淡的玫瑰香气。
茉莉玫瑰（Rosa Jasminoides）	中国	蒸馏提取	具有茉莉花和玫瑰的混合香气，口感清雅。
马克玫瑰（Rosa Moschata）	全球各地	蒸馏提取	带有淡淡的果香和玫瑰香气，口感柔和。

图 2-28

步骤 02　继续在聊天对话框中输入"新增一栏'维 C 含量'，放在'口感资料'后面。"，如图 2-29
所示。发送问题后，可得到如图 2-30 所示的表格信息。

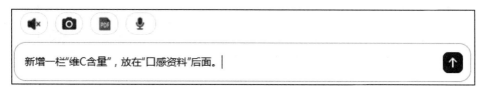

图 2-29

玫瑰花种类	产地	制作方式	口感资料	维C含量
大马士革玫瑰（Rosa Damascena）	保加利亚、土耳其	风干或蒸馏提取	芳香浓郁，带有淡淡的果香和花香。	高
百叶玫瑰（Rosa Centifolia）	法国、摩洛哥	蒸馏提取	花香浓郁，口感柔和，带有清新的玫瑰味。	中
粉红玫瑰（Rosa Pink）	中国	风干或蒸馏提取	口感清新，带有淡淡的玫瑰香气。	中
茉莉玫瑰（Rosa Jasminoides）	中国	蒸馏提取	具有茉莉花和玫瑰的混合香气，口感清雅。	低
马克玫瑰（Rosa Moschata）	全球各地	蒸馏提取	带有淡淡的果香和玫瑰香气，口感柔和。	中
风信子玫瑰（Rosa Hybrida）	全球各地	蒸馏提取	带有清新的花香和微甜的口感。	低

图 2-30

步骤 03　ChatGPT 还可以根据我们的分析意图对数据进行处理，这一点非常可贵。例如，如果我们希望按维 C 含量从高到低对获取的数据表进行排序，只需在聊天对话框中输入"将维 C 含量按'高''中''低'排序。"，如图 2-31 所示。发送问题后，即可得到已按"维 C 含量"这一列排序的新回复表格，如图 2-32 所示。

将维C含量按"高""中""低"排序。

图 2-31

步骤 04　利用鼠标拖动选取整个表格（见图 2-33），按 Ctrl+C 组合键进行复制。

步骤 05　切换到 Excel 程序，选中目标单元格，按 Ctrl+V 组合键进行粘贴，得到数据表，如图 2-34 所示。

图 2-32

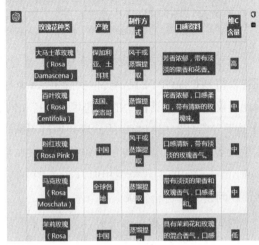
图 2-33

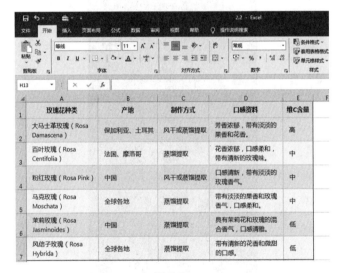
图 2-34

提　示

笔者曾尝试"按维 C 含量高中低排序。"这样的提问，并未获取排序后的结果。所以在组织提问文字时，需要多加斟酌和尝试，从而使获取的回答更加精准高效。在后续章节的学习中，我们通过不断地延伸问题，从 ChatGPT 中寻求答案，当出现错误的回答时，也能逐渐修正错误。因此，对于提问语句的组织，也可以不断从中学习来进行提升。

2.4　培养建立专属对话框的习惯

　　对于使用者而言，我们打开任何主题对话框时都可以进行提问，而且都可以得到 ChatGPT 的回复。但实际上，每个对话框都是一个独立的 AI 助手，因此建议同一个对话框中的问题尽量保持相同的主题。这会让每个对话框的 AI 助手专门处理相同类型的问题，通过不断学习与反复训练，这些 AI 助手就像人类一样，可以在自己的领域变得更加精通，从而为我们生成更加专业的回复。如此一来，由于询问的主题类型相似，ChatGPT 的后续回答会参考前面的回答进一步完善与改进，从而让回复更加符合需求。

　　例如，笔者在撰写本书时，为了便于应用，建立了主题相似的对话框（见图 2-35），从而更加便于查看与应用。

图 2-35

ChatGPT 辅助资料整理及优化

Excel 在数据处理方面具有强大的功能，能够填充数据、识别和清理数据中的异常值、缺失值和重复值以及排序和筛选数据等。然而，Excel 的新手往往会感到无从下手。在这种情况下，ChatGPT 可以发挥重要作用。只要我们能清晰地表达自己的需求，它就能生成相应的操作方案，逐步引导我们完成操作。

3.1 快速填充一列数据

本例要求在某一列中输入相同的数据，我们可以让 ChatGPT 来提供解决方案。

步骤 01 在 ChatGPT 的聊天对话框中输入"在 Excel 中，如何快速将 C3:C18 单元格区域都填充为与 C2 单元格相同的内容。"，如图 3-1 所示。发送问题后，可得到如图 3-2 所示的回复信息。

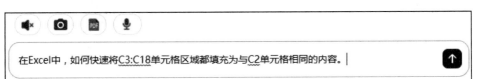

在Excel中，如何快速将C3:C18单元格区域都填充为与C2单元格相同的内容。

图 3-1

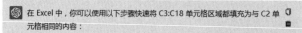

> 在 Excel 中，你可以使用以下步骤快速将 C3:C18 单元格区域都填充为与 C2 单元格相同的内容：
>
> **1. 手动操作：**
>
> - 选中 C2 单元格。
> - 按下 Ctrl + C 复制该单元格。
> - 选中 C3:C18 单元格区域。
> - 右键点击选中区域，选择 "粘贴"（Paste）或按下 Ctrl + V 。
>
> **2. 使用公式：**
>
> - 在 C3 单元格中输入以下公式：=C2
> - 按下 Enter 键。
> - 将鼠标悬停在 C3 单元格右下角的小方块（称为填充柄）。
> - 拖动填充柄到 C18 单元格，释放鼠标按钮。
>
> **3. 使用"填充"功能：**
>
> - 选中 C2 单元格。
> - 将鼠标悬停在 C2 单元格右下角的小方块（填充柄）。
> - 双击填充柄，或者拖动填充柄到 C18 单元格，释放鼠标按钮。

> 从回复信息中可以看到，ChatGPT 有时会为我们提供多个解决方案，可以选择最便捷的方式来操作

图 3-2

步骤 02 切换到 Excel 程序，选中 C2 单元格，右下角会出现一个填充柄（见图 3-3），双击填充柄就可以瞬间把相同的数据填充至 C18 单元格，如图 3-4 所示。

> 也可以拖动填充柄来填充数据，想填充到哪里就拖动到哪里

	A	B	C	D	E
1	序号	姓名	学院名称	专业	出生日期
2	A H20－001	邹勋	电工学院	网络工程	
3	A H20－002	华涵涵			
4	A H20－003	聂新余			
5	A H20－004	张智志			
6	A H20－005	李欣			
7	A H20－006	杨清		计算机学与技术	
8	A H20－007	华新伟			
9	A H20－008	吴伟云			
10	A H20－009	姜灵			
11	A H20－010	张玮			
12	A H20－011	朱正于			
13	A H20－012	周钦伟		应用物理学	
14	A H20－013	金鑫			
15	A H20－014	高雨			
16	A H20－015	杨佳			
17	A H20－016	韩志			
18	A H20－017	李欣			

图 3-3

	A	B	C	D	E
1	序号	姓名	学院名称	专业	出生日期
2	A H20－001	邹勋	电工学院	网络工程	
3	A H20－002	华涵涵	电工学院		
4	A H20－003	聂新余	电工学院		
5	A H20－004	张智志	电工学院		
6	A H20－005	李欣	电工学院		
7	A H20－006	杨清	电工学院	计算机学与技术	
8	A H20－007	华新伟	电工学院		
9	A H20－008	吴伟云	电工学院		
10	A H20－009	姜灵	电工学院		
11	A H20－010	张玮	电工学院		
12	A H20－011	朱正于	电工学院		
13	A H20－012	周钦伟	电工学院	应用物理学	
14	A H20－013	金鑫	电工学院		
15	A H20－014	高雨	电工学院		
16	A H20－015	杨佳	电工学院		
17	A H20－016	韩志	电工学院		
18	A H20－017	李欣	电工学院		

图 3-4

3.2 填充不连续的序号

在 Excel 中，我们经常需要对序号进行编辑，若要面对大批量的序号，通常都有快捷的方法，如果我们不知道具体如何操作，可以询问 ChatGPT。例如，我们希望座位号按步长为 2 来进行编号。

步骤 01 在 ChatGPT 的聊天对话框中输入"在 Excel 中，如何让 A2:A18 单元格区域中的序号按步长为 2 快速填充。"，如图 3-5 所示。发送问题后，可得到如图 3-6 所示的回复信息。

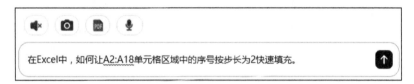

在Excel中，如何让A2:A18单元格区域中的序号按步长为2快速填充。

图 3-5

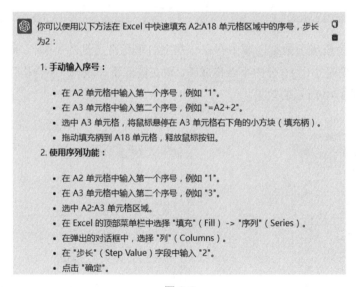

你可以使用以下方法在 Excel 中快速填充 A2:A18 单元格区域中的序号，步长为2：

1. 手动输入序号：

- 在 A2 单元格中输入第一个序号，例如 "1"。
- 在 A3 单元格中输入第二个序号，例如 "=A2+2"。
- 选中 A3 单元格，将鼠标悬停在 A3 单元格右下角的小方块（填充柄）。
- 拖动填充柄到 A18 单元格，释放鼠标按钮。

2. 使用序列功能：

- 在 A2 单元格中输入第一个序号，例如 "1"。
- 在 A3 单元格中输入第二个序号，例如 "3"。
- 选中 A2:A3 单元格区域。
- 在 Excel 的顶部菜单栏中选择 "填充"（Fill）-> "序列"（Series）。
- 在弹出的对话框中，选择 "列"（Columns）。
- 在 "步长"（Step Value）字段中输入 "2"。
- 点击 "确定"。

图 3-6

步骤 02 切换到 Excel 程序，在 A2 单元格中输入"电教 001"，在 A3 单元格中输入"电教 003"，选中 A2:A3 单元格区域，右下角出现一个填充柄（见图 3-7），双击填充柄就可以迅速以步长为 2 把编号填充至 C18 单元格，如图 3-8 所示。

输入两个数据作为填充源，可以让程序判断出填充规则。同时也可以设置任意步长进行快速填充

图 3-7

座位号	姓名	所在班级
电教001	邹勋	七(1)班
电教003	华涵涵	七(9)班
	聂新余	七(3)班
	张智志	七(4)班
	李欣	七(9)班
	杨清	七(1)班
	华新伟	七(1)班
	吴伟云	七(2)班
	姜灵	七(5)班
	张玮	七(7)班
	朱正于	七(3)班
	周钦伟	七(3)班
	金鑫	七(4)班
	高雨	七(5)班
	杨佳	七(1)班
	韩志	七(7)班
	李欣	七(1)班

图 3-8

座位号	姓名	所在班级
电教001	邹勋	七(1)班
电教003	华涵涵	七(9)班
电教005	聂新余	七(3)班
电教007	张智志	七(4)班
电教009	李欣	七(9)班
电教011	杨清	七(1)班
电教013	华新伟	七(1)班
电教015	吴伟云	七(2)班
电教017	姜灵	七(5)班
电教019	张玮	七(7)班
电教021	朱正于	七(3)班
电教023	周钦伟	七(3)班
电教025	金鑫	七(4)班
电教027	高雨	七(5)班
电教029	杨佳	七(1)班
电教031	韩志	七(7)班
电教033	李欣	七(1)班

3.3 在所有空白单元格填充同一数据

在本例中，考核成绩数据区域中存在一些空白单元格（见图 3-9），而这些单元格代表的是小于 80 分的不合格成绩，现在需要统一填入"不合格"文字，达到如图 3-10 所示的效果。

图 3-9

某技能考试成绩数据分析				
1组	2组	3组	4组	
95	92	92	98	
	100	96		
100	95		96	
92		94	94	
	91	97	96	
96	92	92		
		95	94	
94	96	94	96	
98	100	94	98	
96				
97	96	95		
98	96	94	98	
		95		
100			94	
99	98	96	92	
	91	97		
96	94			
	95	96	96	
91			100	
96	97		94	

图 3-10

某技能考试成绩数据分析				
1组	2组	3组	4组	
95	92	92	98	
不合格	100	96	不合格	
100	95	不合格	96	
92	不合格	94	94	
不合格	91	97	96	
96	92	92	不合格	
不合格	不合格	95	94	
94	96	94	96	
98	100	94	98	
96	不合格	不合格	不合格	
97	96	95	不合格	
98	96	94	98	
不合格	不合格	95	不合格	
100	不合格	不合格	94	
99	98	96	92	
不合格	91	97	不合格	
96	94	不合格	不合格	
不合格	95	96	96	
91	不合格	不合格	100	
96	97	不合格	94	

步骤01 在 ChatGPT 的聊天对话框中输入"在 Excel 中，如何实现一次性选中 A3:D22 单元格区

域中的空白单元格，并填充数据'不合格'。"，如图 3-11 所示。发送问题后，可得到如图 3-12 所示的回复信息。

图 3-11

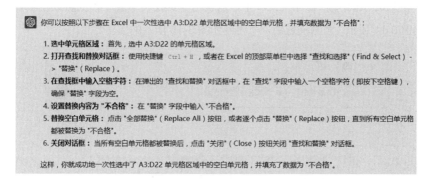

图 3-12

步骤 02　回到 Excel 程序中，选中 A3:D22 单元格区域，按 Ctrl+H 组合键，打开"查找和替换"对话框。

步骤 03　保持"查找内容"框中的空白，在"替换为"框中输入"不合格"，如图 3-13 所示，然后单击"全部替换"按钮即可。

图 3-13

3.4　查找数据并实现一次性定位查看　<<<

在 Excel 表格中查找数据时，一般可以通过单击"查找下一个"按钮逐一跳转到每个匹配项。如果需要一次性快速选中查找到的所有单元格，以便进行其他操作，如复制、删除或编辑单元格的值，可以让 ChatGPT 来提供操作方法：

步骤 01　在聊天对话框中输入"在 Excel 中，从表格中查找一个值，然后全选这些单元格。"，如图 3-14 所示。发送问题后，可得到如图 3-15 所示的回复信息。

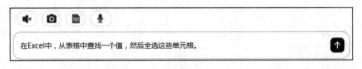

图 3-14

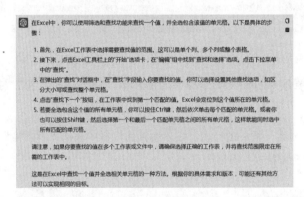

图 3-15

步骤 02　查看本次的回复信息，我们会发现其操作并不便捷。建议重新组织提问语句："在 Excel 中，从表格中查找一个值，然后利用快捷键全选这些单元格。"（见图 3-16）。发送该问题后，可得到如图 3-17 所示的回复信息。

图 3-16

步骤 03　回到 Excel 程序中，选中 A3:D22 单元格区域，按 Ctrl+H 组合键，打开"查找和替换"对话框，在"查找内容"框中输入要查找的内容，如图 3-18 所示。

在Excel中，你可以使用快捷键在表格中查找一个值，并全选匹配的单元格。以下是具体步骤：

1. **选定数据区域：** 选定你要进行查找操作的区域，包括所有需要搜索的列和行。
2. **打开查找功能：** 按下键盘上的"Ctrl"和"F"键来打开查找对话框。
3. **输入要查找的值：** 在查找对话框中输入你要查找的值，并按下"Enter"键。
4. **全选匹配单元格：**
   - 按下键盘上的"Ctrl"、"A"和"Ctrl"键。
   - 所有匹配的单元格都会被全选。

现在，你已经用快捷键全选了所有匹配的单元格。你可以在选中的单元格上进行其他操作，如复制、删除或编辑单元格的值。请注意，如果表格中有许多匹配的单元格，可能需要稍等一段时间才能完成全选操作，具体时间取决于数据量的大小。

图 3-17

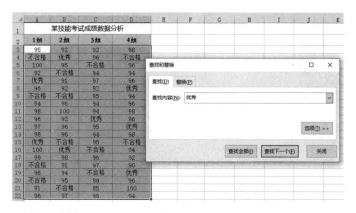

图 3-18

步骤 04 单击“查找全部”按钮，然后按 Ctrl+A 组合键（见图 3-19），即可一次性选取全部的目标单元格，如图 3-20 所示。

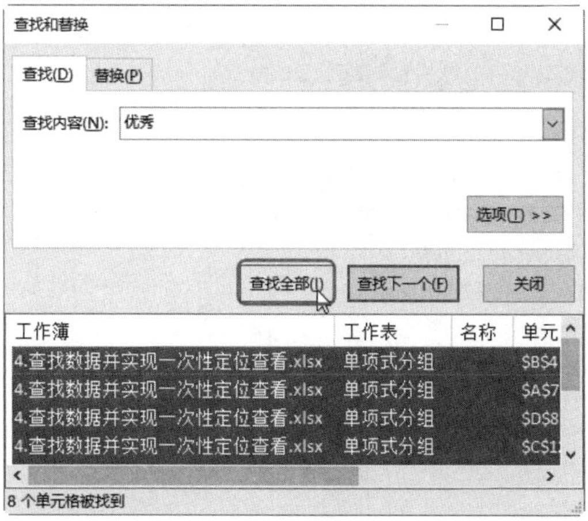

图 3-19

	A	B	C	D
1	某技能考试成绩数据分析			
2	1组	2组	3组	4组
3	95	92	92	98
4	不合格	优秀	96	不合格
5	100	95	不合格	96
6	92	不合格	94	94
7	优秀	91	97	96
8	96	92	92	优秀
9	不合格	不合格	95	94
10	94	96	94	96
11	98	100	94	98
12	96	92	优秀	96
13	97	96	95	优秀
14	98	96	94	98
15	优秀	不合格	95	不合格
16	100	优秀	不合格	94
17	99	98	96	92
18	不合格	91	97	90
19	96	94	不合格	优秀
20	不合格	95	96	96
21	91	不合格	85	100
22	96	97	96	94

图 3-20

3.5 删除表格中重复的记录

在本例中，由于表格的"员工编号"列有重复值（见图 3-21），若想删除重复值，并且只以"员工编号"列为判断依据，即只要员工编号重复，而不管后面几列中的数据是否重复，都要删除整条记录。

	A	B	C	D	E
1	员工编号	姓名	课程名称	考核成绩	考核结果
2	NL029	王蒙蒙	产品测试	89	良好
3	NL044	王丹丹	产品测试	82	良好
4	NL049	吴丹晨	产品测试	79	合格
5	NL023	柯娜	合同管理	82	良好
6	NL024	张文婧	合同管理	90	良好
7	NL025	陶月胜	合同管理	86	良好
8	NL026	左亮亮	合同管理	78	合格
9	NL029	王蒙蒙	合同管理	85	良好
10	NL031	刘晓芸	合同管理	71	合格
11	NL034	沈佳宜	合同管理	70	合格
12	NL036	胡桥	合同管理	82	良好
13	NL023	柯娜	合同管理	65	不合格
14	NL039	殷格	合同管理	78	合格
15	NL045	叶倩文	合同管理	72	合格
16	NL048	董意	合同管理	75	合格

图 3-21

步骤 01　在聊天对话框中输入"在 A1:E16 区域中，以 A2:A16 单元格区域中的编号为判断标准，如果编号重复，就删除整条记录，只保留唯一值。"，如图 3-22 所示。发送问题后，可得到如图 3-23 所示的回复信息。

在A1:E16区域中，以A2:A16单元格区域中的编号为判断标准，如果编号重复，就删除整条记录，只保留唯一值。

图 3-22

你可以按照以下步骤在 Excel 中实现按照编号判断并删除重复记录的操作：

1. **选中数据区域：** 首先，选中包含数据的区域 A1:E16。
2. **打开数据去重对话框：** 在 Excel 顶部菜单栏中选择"数据"（Data），然后点击"删除重复值"（Remove Duplicates）按钮。
3. **选择列：** 在弹出的对话框中，确保选中了包含编号的列（即 A 列），然后点击"确定"按钮。
4. **查看结果：** Excel 将删除重复的编号，并只保留唯一值所在的记录。

这样操作后，Excel 将根据 A 列中的编号进行判断，并删除重复记录，只保留唯一值所在的记录。

图 3-23

步骤 02　回到 Excel 程序中，按照 ChatGPT 给出的操作步骤，选中包含列标识在内的单元格区域，在"数据"选项卡的"数据工具"组中单击"删除重复值"按钮，如图 3-24 所示。打开"删除重复值"对话框，勾选"员工编号"复选框，如图 3-25 所示。

图 3-24

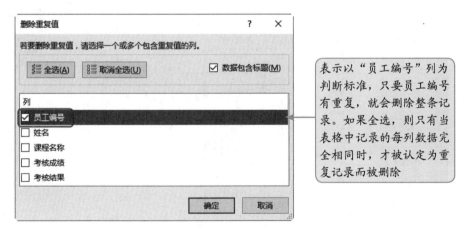

图 3-25

步骤 03　单击"确定"按钮，即可删除重复值并提示共删除了几条记录，如图 3-26 所示。

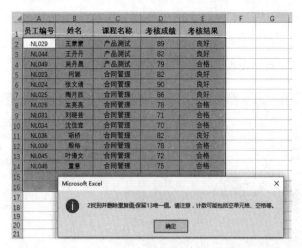

图 3-26

3.6 以特殊格式标记重复的表项

本例为公司加班记录表，现在需要将重复加班的人员以特殊格式标记出来，即达到如图 3-27 所示的效果。

	A	B	C	D	E	F
1	加班日期	加班时长	所属部门	加班人员		
2	2024-3-8	4.5h	财务部	程小丽		
3	2024-3-9	4.5h	销售部	张艳		
4	2024-3-15	1h	财务部	卢红		
5	2024-3-16	4.5h	设计部	刘丽		
6	2024-3-17	3h	财务部	杜月		
7	2024-3-18	1.5h	人力资源	张成		
8	2024-3-28	4.5h	行政部	卢红燕		
9	2024-3-29	3.5h	设计部	刘丽		
10	2024-3-30	4.5h	行政部	杜月红		
11	2024-3-31	5h	财务部	李成		
12	2024-4-1	4.5h	设计部	张红军		
13	2024-4-2	11h	人力资源	李诗诗		
14	2024-4-3	4.5h	行政部	杜月红		
15	2024-4-4	8h	设计部	刘大为		
16	2024-4-5	6.5h	销售部	张艳		

以特殊格式把重复的加班人员标记出来

图 3-27

步骤 01 在聊天对话框中输入"在 Excel 表格中，想将 D2:D16 单元格区域中的重复姓名用特殊底色标记出来，如何操作？"，如图 3-28 所示。发送问题后，可得到如图 3-29 所示的回复信息。

图 3-28

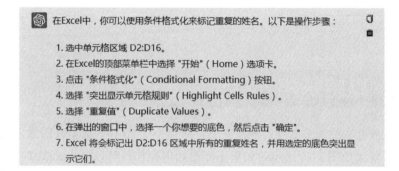

图 3-29

步骤 02　回到 Excel 程序中，选中 D2:D16 单元格区域，在"开始"选项卡的"样式"组中依次单击"条件格式"→"突出显示单元格规则"→"重复值..."命令，如图 3-30 所示。

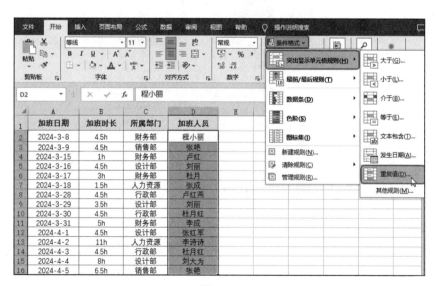

图 3-30

步骤 03　打开"重复值"对话框，选择"重复"值，"设置为"后面是默认的标记格式，如图 3-31 所示。单击"确定"按钮即可。

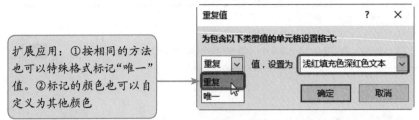

扩展应用：①按相同的方法也可以特殊格式标记"唯一"值。②标记的颜色也可以自定义为其他颜色

图 3-31

3.7 以特殊格式标记满足条件的值

本例为某库存表的部分数据，现在需要将库存小于 20 件的数据特殊显示出来，显示效果如图 3-32 所示。如果不知道如何操作，可以向 ChatGPT 请教。

	A	B	C
1	产品名称	规格	库存量
2	盼盼番茄鸡味块	105g	220
3	盼盼真食惠薯片	145g	210
4	盼盼法式奶香小面包	200g	24
5	盼盼法式奶香小面包	320g	18
6	盼盼莲蓉香包	45g	260
7	盼盼莲蓉香包	150g	24
8	盼盼红豆蓉香包	150g	224
9	盼盼莲蓉香包	300g	15
10	盼盼红豆蓉香包	300g	9
11	艾比利真情原味薯片	20g	26
12	艾比利激情香辣味薯片	20g	346
13	艾比利风情烧烤味薯片	48g	19
14	艾比利田番茄味薯片	48g	120
15	艾比利真情原味薯片	48g	240
16	艾比利激情香辣味薯片	48g	28
17	艾比利风情烧烤味薯片	70g	24
18	艾比利田园番茄味薯片	70g	249

图 3-32

步骤 01 在聊天对话框中输入"在 Excel 中，将 C2:C20 单元格区域中的库存量小于 20 的用特殊底色标记。"，如图 3-33 所示。发送问题后，可得到如图 3-34 所示的回复信息。

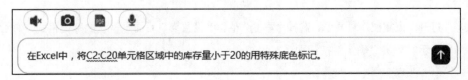

在Excel中，将C2:C20单元格区域中的库存量小于20的用特殊底色标记。

图 3-33

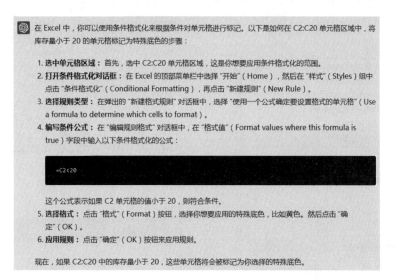

图 3-34

步骤 02 选中要设置的单元格区域，在"开始"选项卡的"样式"组中单击"条件格式"→"新建规则"命令，如图 3-35 所示。

图 3-35

步骤 03 打开"新建格式规则"对话框，选择"使用公式确定要设置格式的单元格"规则类型，把"为符合此公式的值设置格式"设置为"=C2<20"，如图 3-36 所示。

步骤 04 单击"格式"按钮，打开"设置单元格格式"对话框，可以选择设置想使用的特殊格式，如图 3-37 所示。

图 3-36   图 3-37

步骤 05 依次单击"确定"按钮，可以看到数值小于 20 的单元格以特殊格式显示出来。

（1）这种设置广泛应用于日常办公中，例如以特殊格式标记出高销售额的记录、高工资额的记录等。

（2）也可以将公式扩展为大于某值且小于某值的区间，如 =20<C2<100，则表示以特殊格式标记出小于 100 且大于 20 这个范围内的值。

3.8 以特殊格式标记同一类型的数据

在本例，以特殊格式标记出同一类型的数据，意思是只要文本中包含指定的文本，就被认定为同一类型（如图 3-38 所示，此处将包含"手工"的数据认定为同一类型的数据）。我们依然可以使用"条件格式"功能来设定。对于所应用的公式，我们可以向 ChatGPT 请教。

步骤 01 在聊天对话框中输入"在 Excel 中，将 D2:D21 区域中包含"手工"文字的单元格特殊标记出来。"，如图 3-39 所示。发送问题后，可得到如图 3-40 所示的回复信息。

序号	报名时间	姓名	所报课程	学费
1	2024-1-2	陆路	轻黏土手工	780
2	2024-1-1	陈小旭	线描画	980
3	2024-1-6	李林杰	剪纸手工	1080
4	2024-1-7	李成曦	轻黏土手工	780
5	2024-1-7	罗成佳	水墨画	980
6	2024-1-8	姜旭旭	剪纸手工	1080
7	2024-1-15	崔心怡	水墨画	780
8	2024-1-1	吴可佳	轻黏土手工	780
9	2024-1-1	蔡晶	线描画	980
10	2024-1-2	张云翔	水墨画	980
11	2024-1-4	刘成瑞	轻黏土手工	780
12	2024-1-5	张凯	水墨画	980
13	2024-1-5	刘梦凡	线描画	980
14	2024-1-9	刘萌	水墨画	980
15	2024-1-9	张梦云	水墨画	980
16	2024-1-9	张春阳	剪纸手工	1080
17	2024-1-11	杨一帆	轻黏土手工	780
18	2024-1-11	李小蝶	剪纸手工	1080
19	2024-1-17	黄新磊	线描画	1080
20	2024-1-17	冯琪	水墨画	980

图 3-38

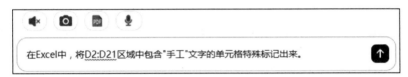

图 3-39

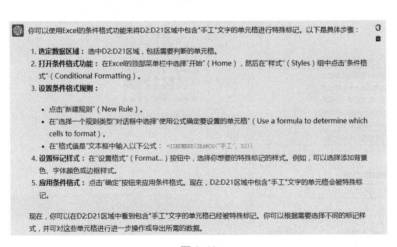

图 3-40

步骤 02　选中 D2:D21 单元格区域，在"开始"选项卡的"样式"组中单击"条件格式"→"新建规则"命令，如图 3-41 所示。

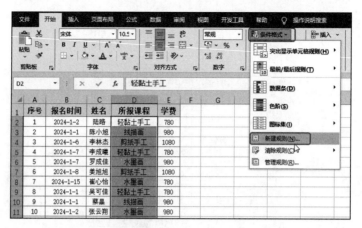

图 3-41

步骤 03　打开"新建格式规则"对话框，选择"使用公式确定要设置格式的单元格"规则类型，把"为符合此公式的值设置格式"设置为"=ISNUMBER(SEARCH("手工", D2))"，如图 3-42 所示。

步骤 04　单击"格式"按钮，打开"设置单元格格式"对话框，可以选择设置想使用的特殊格式，如图 3-43 所示。

图 3-42

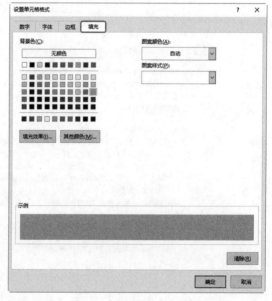

图 3-43

步骤 05　单击"确定"按钮，可以看到所有包含"手工"的单元格以特殊格式显示。

3.9 自动标识周末日期

本例中统计了公司员工的加班日期，需要将双休日加班的记录以特殊格式显示，如图 3-44 所示。

	A	B	C	D	E
1	加班日期	加班人员	开始时间	结束时间	加班小时数
2	2024-3-1	张红军	18:00	22:00	4
3	2024-3-1	李诗诗	18:00	21:00	3
4	2024-3-3	杜月红	8:30	12:00	3.5
5	2024-3-4	刘大为	18:00	20:30	2.5
6	2024-3-5	张艳	18:00	20:30	2.5
7	2024-3-8	程小丽	17:30	21:30	4
8	2024-3-9	张艳	8:00	11:00	3
9	2024-3-15	卢红	17:30	22:30	5
10	2024-3-16	刘丽	14:30	18:00	3.5
11	2024-3-17	杜月	8:00	12:00	4
12	2024-3-18	张成	10:00	17:30	7.5
13	2024-3-28	卢红燕	10:00	16:00	6
14	2024-3-29	刘丽	13:00	17:00	4
15	2024-3-30	杜月红	14:00	18:00	4

图 3-44

步骤 01 在聊天对话框中输入"在 Excel 中，将 A2:A16 区域中的周末日期自动特殊标识出来。"，如图 3-45 所示。发送问题后，可得到如图 3-46 所示的回复信息。

在Excel中，将A2:A16区域中的周末日期自动特殊标识出来。 ⬆

图 3-45

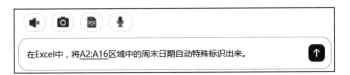

你可以使用条件格式化在 Excel 中将 A2:A16 区域中的周末日期自动特殊标识出来。以下是具体步骤：

1. **选中单元格区域**：选择 A2:A16 单元格区域，这是你想要应用条件格式化的范围。

2. **打开条件格式化对话框**：在 Excel 的顶部菜单栏中选择"开始"（Home），然后在"样式"（Styles）组中点击"条件格式化"（Conditional Formatting），再点击"新建规则"（New Rule）。

3. **选择规则类型**：在弹出的"新建格式规则"对话框中，选择"使用一个公式确定要设置格式的单元格"（Use a formula to determine which cells to format）。

4. **编写条件公式**：在"编辑规则格式"对话框中，在"格式值"（Format values where this formula is true）字段中输入以下条件格式化的公式：

```
=OR(WEEKDAY(A2)=1, WEEKDAY(A2)=7)
```

这个公式使用 WEEKDAY 函数来判断日期是星期几，1 表示星期天，7 表示星期六。OR 函数用于判断是否为周末日期。

5. **选择格式**：点击"格式"（Format）按钮，选择你想要应用的特殊标识样式，比如底色或字体颜色。然后点击"确定"（OK）。

6. **应用规则**：点击"确定"（OK）按钮来应用规则。

图 3-46

步骤 02　选中要设置的单元格区域，在"开始"选项卡的"样式"组中单击"条件格式"→"新建规则"命令。

步骤 03　打开"新建格式规则"对话框，选择"使用公式确定要设置格式的单元格"规则类型，在"为符合此公式的值设置格式"下输入"=OR(WEEKDAY(A2)=1, WEEKDAY(A2)=7)"，如图 3-47 所示。

步骤 04　单击"格式"按钮，打开"设置单元格格式"对话框，按照前面示例中相同的方法来设置所需的特殊格式。

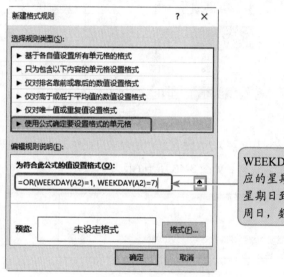

WEEKDAY 函数返回日期对应的星期数，用数字 1~7 表示星期日到星期六。数字 1 代表周日，数字 7 代表周六

图 3-47

🛠️ 3.10　高亮显示每行数据中的最大值 ◀◀◀

要突出显示每行中的最大值，我们需要使用公式来设置条件格式。在本例中，经过设置后突出显示每列中的最大值，可以直观地看到每位学生在几次月考中哪一次的成绩是最好的，如图 3-48 所示。

	A	B	C	D	E	F	G
1	姓名	1月月考	2月月考	3月月考	4月月考	5月月考	6月月考
2	周薇	486	597	508	480	608	606.5
3	杨佳	535.5	540.5	540	549.5	551	560.5
4	刘勋	587	482	493	501	502	588
5	张智志	529	589.5	587.5	587	588	578
6	宋云飞	504.5	505	503	575	488.5	581
7	王婷	587	493.5	572.5	573	588	574
8	王伟	502	493	587	588.5	500.5	580.5
9	李欣	552	538	552	568	589	592
10	周钦伟	498	487	488	499.5	445.5	468.5
11							

图 3-48

步骤 01 在聊天对话框中输入"在 Excel 中，将 B2:G10 区域中每一行中的最大值特殊标识出来。"，如图 3-49 所示。发送问题后，可得到如图 3-50 所示的回复信息。

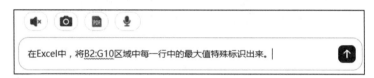

在Excel中，将B2:G10区域中每一行中的最大值特殊标识出来。|

图 3-49

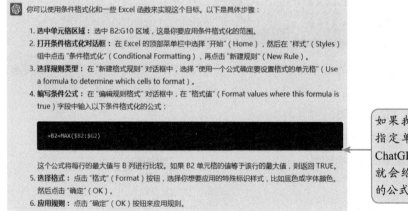

你可以使用条件格式化和一些 Excel 函数来实现这个目标。以下是具体步骤：

1. **选中单元格区域**：选中 B2:G10 区域，这是你要应用条件格式化的范围。
2. **打开条件格式化对话框**：在 Excel 的顶部菜单栏中选择"开始"（Home），然后在"样式"（Styles）组中点击"条件格式化"（Conditional Formatting），再点击"新建规则"（New Rule）。
3. **选择规则类型**：在"新建格式规则"对话框中，选择"使用一个公式确定要设置格式的单元格"（Use a formula to determine which cells to format）。
4. **编辑条件公式**：在"编辑规则格式"对话框中，在"格式值"（Format values where this formula is true）字段中输入以下条件格式化的公式：

=B2=MAX($B2:$G2)

这个公式将每行的最大值与 B 列进行比较。如果 B2 单元格的值等于该行的最大值，则返回 TRUE。

5. **选择格式**：点击"格式"（Format）按钮，选择你想要应用的特殊标识样式，比如底色或字体颜色。然后点击"确定"（OK）。
6. **应用规则**：点击"确定"（OK）按钮来应用规则。

> 如果我们在提问时指定单元格区域，ChatGPT 在回复时就会给出直接能用的公式，非常方便

图 3-50

步骤 02 选中要设置的单元格区域，在"开始"选项卡的"样式"组中单击"条件格式"→"新建规则"命令。

步骤 03 打开"新建格式规则"对话框，选择"使用公式确定要设置格式的单元格"规则类型，在"为符合此公式的值设置格式"下输入"=B2=MAX($B2:$G2)"，如图 3-51 所示。

步骤 04 单击"格式"按钮，打开"设置单元格格式"对话框，按照前面示例中相同的方法来设

置想用的特殊格式。

扩展应用：若使用公式"=A2=MIN($A2:$K2)"，则可以将最小值以特殊格式标记出来。或者分两次设置，以不同的格式标记最大值与最小值

图 3-51

3.11 将成绩最高的学生的姓名以特殊格式标记出来

表格的 B 列中显示的是学生的姓名，D 列中显示的是学生的模考成绩，要求找出最高成绩，并且将对应的学生姓名以特殊格式标记出来，即达到如图 3-52 所示的显示效果。

	A	B	C	D
1	序号	姓名	性别	模考成绩
2	7	钱诚	男	525
3	3	周学成	男	554
4	14	周松	男	568
5	13	李烟	女	575
6	16	赵晓波	女	578
7	4	陶毅	男	655
8	1	王晗	女	592
9	6	方小飞	男	612
10	11	陈雅丽	女	595
11	10	王成婷	女	597
12	8	程明宇	男	599
13	9	牧渔风	男	655
14	2	陈亮	男	611
15	5	于泽	男	612
16	12	权城	男	613

图 3-52

步骤 01 在聊天对话框中输入"在 Excel 中，B2:B16 区域是姓名，D2:D16 区域中是成绩，要求将 D2:D16 区域中成绩最高的对应在 B 列中的姓名特殊标记。"，如图 3-53 所示。发送问题后，可得到如图 3-54 所示的回复信息。

在Excel中，B2:B16区域是姓名，D2:D16区域中是成绩，要求将D2:D16区域中成绩最高的对应在B列中的姓名特殊标记。

图 3-53

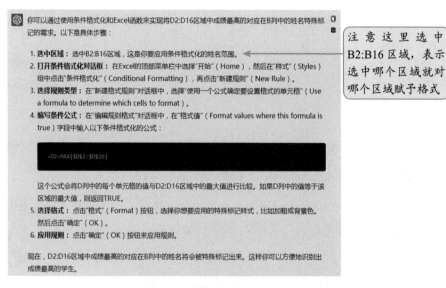

你可以通过使用条件格式化和Excel函数来实现将D2:D16区域中成绩最高的对应在B列中的姓名特殊标记的需求。以下是具体步骤：

1. **选中区域：** 选中B2:B16区域，这是你要应用条件格式化的姓名范围。
2. **打开条件格式化对话框：** 在Excel的顶部菜单栏中选择"开始"（Home），然后在"样式"（Styles）组中点击"条件格式化"（Conditional Formatting），再点击"新建规则"（New Rule）。
3. **选择规则类型：** 在"新建格式规则"对话框中，选择"使用一个公式确定要设置格式的单元格"（Use a formula to determine which cells to format）。
4. **编写条件公式：** 在"编辑规则格式"对话框中，在"格式值"（Format values where this formula is true）字段中输入以下条件格式化的公式：

    =D2=MAX($D$2:$D$16)

这个公式会将D列中的每个单元格的值与D2:D16区域中的最大值进行比较。如果D列的值等于该区域的最大值，则返回TRUE。

5. **选择格式：** 点击"格式"（Format）按钮，选择你想要应用的特殊标记样式，比如加粗或背景色。然后点击"确定"（OK）。
6. **应用规则：** 点击"确定"（OK）按钮来应用规则。

现在，D2:D16区域中成绩最高的对应在B列中的姓名将会被特殊标记出来。这样你可以方便地识别出成绩最高的学生。

> 注意这里选中 B2:B16 区域，表示选中哪个区域就对哪个区域赋予格式

图 3-54

步骤 02 选中 B2:B16 区域（因为要对这一列应用特殊格式），在"开始"选项卡的"样式"组中单击"条件格式"→"新建规则"命令，如图 3-55 所示。

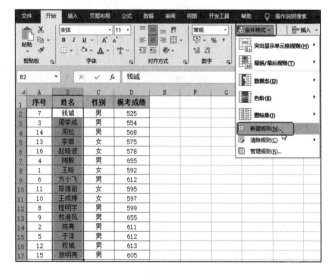

图 3-55

步骤 03　打开"新建格式规则"对话框，选择"使用公式确定要设置格式的单元格"规则类型，在"为符合此公式的值设置格式"下输入"=D2=MAX($B2:$G2)"，如图 3-56 所示。

步骤 04　单击"格式"按钮，打开"设置单元格格式"对话框，按照前面示例中相同的方法来设置想使用的特殊格式。

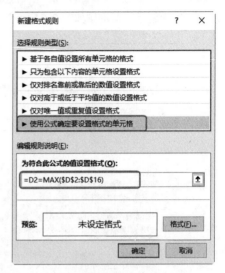

图 3-56

3.12　以特殊格式标记未包含指定文本的值

在本例中，表格为公司员工通讯录，要求将所有非合肥地区的员工的姓名标识出来，从而给予不同的住宿补贴，即达到如图 3-57 所示的显示效果。

	A	B	C	D
1	序号	员工姓名	地址	住宿补贴
2	1	包子贤	蚌埠市长江西路23号瑞金小区	800
3	2	张佳佳	芜湖市中山路36号柏庄丽城	800
4	3	赵子琪	合肥市黄山路125号海棠湾	400
5	4	韩琴琴	淮南市区田家庵路127号尚佳欧园	800
6	5	韩晓宇	合肥市六安路34号伟星公馆	400
7	6	张志明	合肥市和平路180号海信社区	400
8	7	赵志新	阜阳市清河北路38号柏庄春暖花开	800
9	8	夏长茹	芜湖市益江路98号绿地海顿公馆	800
10	9	余佩琪	马鞍山市翡翠路234号晨佳小区	800
11	10	杭世强	合肥市习友路319号融科九重锦绣	400
12	11	王密	铜陵市牛奶厂	800

图 3-57

步骤 01　在聊天对话框中输入"在 Excel 中，B2:B11 区域是姓名，C2:C11 区域是地址，要求将 C2:C11 区域中未包含"合肥市"的对应在 B 列中的姓名特殊标记。"，如图 3-58 所示。发送问题后，可得到如图 3-59 所示的回复信息。

在Excel中，B2:B11区域是姓名，C2:C11区域是地址，要求将C2:C11区域中未包含"合肥市"的对应在B列中的姓名特殊标记。

图 3-58

你可以使用Excel的条件格式功能来判断C2:C11区域中的地址是否包含"合肥市"，并在B2:B11区域中相应的姓名单元格添加特殊标记。以下是具体步骤：

1. **选定数据区域：** 选中C2:C11区域和B2:B11区域，包括需要判断的地址和对应姓名的单元格。
2. **打开条件格式功能：** 在Excel的顶部菜单栏中选择"开始"（Home），然后在"样式"（Styles）组中点击"条件格式"（Conditional Formatting）。
3. **设置条件格式规则：**

   - 点击"新建规则"（New Rule）。
   - 在"选择一个规则类型"对话框中选择"使用公式确定要设置的单元格"（Use a formula to determine which cells to format）。
   - 在"格式值是"文本框中输入以下公式：=ISNUMBER(SEARCH("合肥市", C2))=FALSE
4. **设置标记样式：** 在"设置格式"（Format...）按钮中，选择你想要的特殊标记的样式。例如，可以选择添加背景色、字体颜色或边框样式。
5. **应用条件格式：** 点击"确定"按钮来应用条件格式。现在，C2:C11区域中未包含"合肥市"的地址所在行的B列中的姓名单元格会被特殊标记。

现在，你可以在B2:B11区域中看到未包含"合肥市"的姓名对应的单元格已经被特殊标记。你可以根据需要选择不同的标记样式，并可对这些单元格进行进一步操作或导出所需的数据。

图 3-59

步骤 02 选中要设置的单元格区域，在"开始"选项卡的"样式"组中单击"条件格式"→"新建规则"命令。

步骤 03 打开"新建格式规则"对话框，选择"使用公式确定要设置格式的单元格"规则类型，在"为符合此公式的值设置格式"下输入"=ISNUMBER(SEARCH("合肥市", C2))=FALSE"，如图 3-60 所示。

步骤 04 单击"格式"按钮，打开"设置单元格格式"对话框，按照前面示例中相同的方法来设置想使用的特殊格式。

图 3-60

3.13 建立查询表的查询序号选择序列 ◀◀◀

在日常工作中，我们经常会看到这样一些表格，在实现数据查询时，查询对象可以从下拉列表中选择。例如，在本例中建立一个员工信息查询表，对于查询的编号，可以通过下拉列表进行选择。

步骤 01　在聊天对话框中输入"在 Excel 中，想为单元格建立可以选择输入的序列，这个序列为'员工信息表'中的 A2:A25 单元格区域。"，如图 3-61 所示。发送问题后，可得到如图 3-62 所示的回复信息。

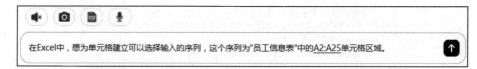

在Excel中，想为单元格建立可以选择输入的序列，这个序列为"员工信息表"中的A2:A25单元格区域。

图 3-61

在Excel中，你可以使用数据验证功能为单元格建立可以选择输入的序列。以下是具体步骤：

1. **选择单元格范围**：首先，选择你希望应用数据验证的单元格范围。

2. **打开数据验证对话框**：在Excel的顶部菜单栏中选择"数据"（Data），然后在"数据工具"（Data Tools）组中点击"数据验证"（Data Validation）按钮。

3. **选择列表**：
   - 在打开的数据验证对话框中，选择"列表"（List）选项卡。
   - 在"来源"（Source）框中输入你想要作为选择项的范围。在这种情况下，你可以输入"=员工信息表!A2:A25"来引用"员工信息表"中的A2:A25单元格区域。

4. **确认设置**：点击"确定"按钮以应用数据验证设置。

现在，选定的单元格范围就只能输入"员工信息表"中A2:A25单元格区域中的值。当你尝试在这些单元格中输入其他值时，Excel会显示一个下拉菜单，供你选择"员工信息表"中的值。

图 3-62

步骤 02　回到 Excel 程序中，按照 ChatGPT 给出的操作步骤，选中 C2 单元格，在"数据"选项卡的"数据工具"组中单击"数据验证"按钮（见图 3-63），打开"数据验证"对话框。

步骤 03　单击"允许"设置框右侧的下拉按钮，在下拉菜单中选择"序列"，如图 3-64 所示。

步骤 04　接着可以看到一个"来源"设置框，在设置框中输入"= 员工信息表 !A2:A25"（从 ChatGPT 回复信息中复制），如图 3-65 所示。

图 3-63

图 3-64

图 3-65

步骤 05　单击"确定"按钮完成设置，这时我们可以看到只要选中 C2 单元格就会出现一个下拉
按钮，单击后就会出现一个可选择的列表，如图 3-66 所示。

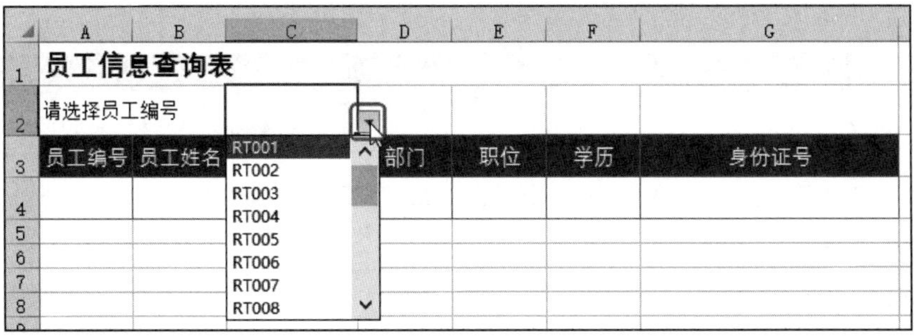

图 3-66

3.14　限定输入的数值为大于 0 的整数

　　通过设置数据验证可以实现限制输入数据的类型，例如在本例的表格中输入采购数量时，不允许输入小数，也不允许输入负数，只允许输入整数。该如何实现这种限制输入的操作呢？ ChatGPT 依然可以给出在 Excel 中的操作方案。

步骤 01　在聊天对话框中输入"在 Excel 中，要求 D2:D10 单元格区域中的值必须是整数，并且大于 0。"，如图 3-67 所示。发送问题后，可得到如图 3-68 所示的回复信息。

图 3-67

ChatGPT 贴心地给出了可选的设置项，因此即使这个步骤不执行，依然可以实现限制输入

图 3-68

步骤 02　回到 Excel 程序中，按照 ChatGPT 给出的操作步骤，选中"数量"列的单元格区域，在"数据"选项卡的"数据工具"组中单击"数据验证"按钮（见图 3-69），打开"数据验证"对话框。

图 3-69

步骤 03 依次设置验证条件："允许"条件为"整数","数据"条件为"大于或等于","最小值"条件为"0",如图 3-70 所示。

步骤 04 切换到"输入信息"选项卡,输入想呈现出的标题文字与信息,如图 3-71 所示。

图 3-70

图 3-71

步骤 05 单击"确定"按钮,返回工作表中。当选中"数量"列的单元格时会出现所设定的提示文字,如图 3-72 所示。当输入的数据不满足条件时会弹出错误提示,如图 3-73 所示是因为输入的是小数而弹出错误提示。

	A	B	C	D	E	F
1	销售日期	品名	条码	数量	单价	销售金额
2	2024-3-1	按摩椅	6971358500464	12	¥1,298.00	¥1,310.00
3	2024-3-2	按摩椅	6971358500781	8	¥1,580.00	¥1,588.00
4	2024-3-4	按摩椅	6971358500402		¥2,280.00	¥2,280.00
5	2024-3-4	按摩椅	6971358500414		0	¥8,900.00
6		按摩椅	6971358500078		0	¥2,980.00
7		按摩椅	6971358500187		0	¥2,258.00
8		按摩椅	6971358500411		¥1,098.00	¥1,098.00
9		按摩椅	6971358500164		¥998.00	¥998.00
10		按摩椅	6971358500521		¥898.00	¥898.00

允许输入
请输入大于或等于0的整数。

选中时显示提示文字

图 3-72

图 3-73

3.15　限定输入日期的有效范围

　　在表格中输入数据时，有些单元格只能输入特定类型的数据，如日期或整数等，此时可以利用数据有效性功能进行设置。在本例中，我们需要输入本月的采购日期，有两个要求，一是只能输入正确格式的日期，二是输入的日期必须限定在本月范围内。

步骤 01　在聊天对话框中输入"在 Excel 中，要求 A2:A20 单元格区域中的日期值必须介于"2024-3-1"和"2024-3-31"之间。"，如图 3-74 所示。发送问题后，可得到如图 3-75 所示的回复信息。

步骤 02　回到 Excel 程序中，按照 ChatGPT 给出的操作步骤，选中"销售日期"列的单元格区域，在"数据"选项卡的"数据工具"组中单击"数据验证"按钮，打开"数据验证"对话框。

步骤 03　依次设置验证条件："允许"条件为"日期"，"数据"条件为"介于"，"开始日期"条件为"2024-3-1"，"结束日期"条件为"2024-3-31"，如图 3-76 所示。

步骤 04　切换到"出错警告"选项卡，输入想呈现出的出错警告信息，如图 3-77 所示。

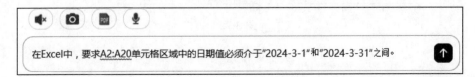

在Excel中，要求A2:A20单元格区域中的日期值必须介于"2024-3-1"和"2024-3-31"之间。

图 3-74

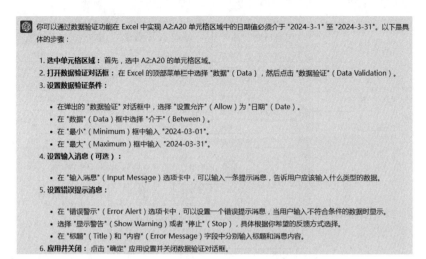

图 3-75

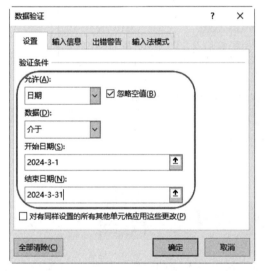

图 3-76

图 3-77

步骤 05　单击"确定"按钮，返回工作表中，在 A2:A20 单元格区域中输入的日期都能正确显示，
如果输入的日期不是程序能识别的标准日期，按 Enter 键时系统会弹出如图 3-78 所示
的提示框；输入不在设定范围内的日期时，按 Enter 键时也会弹出错误提示，如图 3-79
所示。

图 3-78

图 3-79

3.16　限制输入空格

在手动输入数据时，经常会有意或无意地输入一些多余的空格。这些多余的空格在仅仅查看数据时并无大碍，但如果数据要用于统计或查找等操作时，空格可能会为数据分析带来困扰。例如"哑铃"和"哑 铃"会被视为两个完全不同的对象。因此，在输入数据时，我们要遵循一定的规则，以便于后期的数据整理与分析。如果希望在数据录入中一旦出现空格就立刻弹出提示框进行提示，那么可以让 ChatGPT 来教我们如何操作。

步骤 01　在聊天对话框中输入"在 Excel 中，要求 B2:20 单元格区域中的数据不能有空格间隔，否则弹出错误提示。"，如图 3-80 所示。发送问题后，可得到如图 3-81 所示的回复信息。

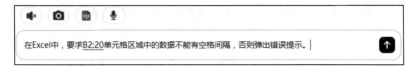

图 3-80

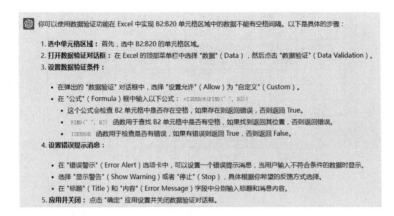

图 3-81

步骤 02　回到 Excel 程序中，按照 ChatGPT 给出的操作步骤，选中"销售日期"列的单元格区域，在"数据"选项卡的"数据工具"组中单击"数据验证"按钮，打开"数据验证"对话框。

步骤 03　依次设置验证条件："允许"条件为"自定义"，"公式"条件为"=ISERROR(FIND(" ",B2))"（ChatGPT 给出的公式），如图 3-82 所示。

步骤 04　切换到"出错警告"选项卡，输入想呈现出的出错警告信息，如图 3-83 所示。

图 3-82

图 3-83

步骤 05　单击"确定"按钮，当输入含空格的文本后会弹出错误提示框，如图 3-84 所示。

	A	B	C	D	E	F
1	销售日期	品名	条码	数量	单价	销售金额
2	2024-3-1	按摩椅	6971358500464	12	¥1,298.00	¥15,576.00
3	2024-3-2	按摩椅	6971358500781	8	¥1,580.00	¥12,640.00
4	2024-3-4	按摩椅	6971358500402	2	¥2,280.00	¥4,560.00
5	2024-3-4	按摩椅	6971358500414	2	¥8,900.00	¥17,800.00
6	2024-3-4	健腹轮	6971358500078	1	¥1,200.00	¥1,200.00
7	2024-3-7	哑 铃	6971358500187			¥0.00

数据格式错误 ×

✕　输入的数据存在空格。

重试(R)　取消　帮助(H)

图 3-84

提示

文中使用的公式解析为：先用 FIND 函数在 B2 单元格中查找空格的位置，如果找到，则返回位置值；如果未找到，则返回一个错误值。ISERROR() 函数用于判断值是否为任意错误值，如果是，则返回 TRUE；如果不是，则返回 FALSE。在本例中，如果结果为 TRUE，则允许输入，否则不允许输入。

3.17　限制输入重复的数据

对于不允许输入重复值的数据区域（例如学生学号、产品编码等），如果能让程序自动判断输入的数据是否重复，则可以从根源上避免错误的产生。

步骤 01　在聊天对话框中输入"在 Excel 中，要求 C2:C20 单元格区域中的数据不能出现重复，否则弹出错误提示。"，如图 3-85 所示。发送问题后，可得到如图 3-86 所示的回复信息。

🔇　📷　📄　🎤

在Excel中，要求C2:C20单元格区域中的数据不能出现重复，否则弹出错误提示。｜　⬆

图 3-85

你可以使用数据验证功能在 Excel 中实现 C2:C20 单元格区域中的数据不能出现重复。以下是具体的步骤：

1. **选中单元格区域**：首先，选中 C2:C20 的单元格区域。
2. **打开数据验证对话框**：在 Excel 的顶部菜单栏中选择 "数据"（Data），然后点击 "数据验证"（Data Validation）。
3. **设置数据验证条件**：

 • 在弹出的 "数据验证" 对话框中，选择 "设置允许"（Allow）为 "自定义"（Custom）。
 • 在 "公式"（Formula）框中输入以下公式：=COUNTIF($C$2:$C$20, C2)=1
  • 这个公式会检查 C2 单元格在 C2:C20 区域中出现的次数，如果为1（即不重复），则返回 True。
  • COUNTIF($C$2:$C$20, C2) 函数用于计算 C2 在 C2:C20 区域中出现的次数。
4. **设置错误提示消息**：

 • 在 "错误警示"（Error Alert）选项卡中，可以设置一个错误提示消息，当用户输入不符合条件的数据时显示。
 • 选择 "显示警告"（Show Warning）或者 "停止"（Stop），具体根据你希望的反馈方式选择。
 • 在 "标题"（Title）和 "内容"（Error Message）字段中分别输入标题和消息内容。
5. **应用并关闭**：点击 "确定" 应用设置并关闭数据验证对话框。

图 3-86

步骤 02 回到 Excel 程序中，按照 ChatGPT 给出的操作步骤，选中 "销售日期" 列的单元格区域，在 "数据" 选项卡的 "数据工具" 组中单击 "数据验证" 按钮，打开 "数据验证" 对话框。

步骤 03 依次设置验证条件："允许" 条件为 "自定义"，"公式" 条件为 "=COUNTIF($C$2:$C$20, C2)=1"（ChatGPT 给出的公式），如图 3-87 所示。

步骤 04 切换到 "出错警告" 选项卡，输入想呈现出的出错警告信息，如图 3-88 所示。

图 3-87

图 3-88

步骤 **05**　单击"确定"按钮，在 C 列中可以看到一旦输入了重复的条码，则会弹出错误提示框，如图 3-89 所示。

	A	B	C	D	E	F
1	销售日期	品名	条码	数量	单价	销售金额
2	2024-3-1	按摩椅	697500464	12	¥1,298.00	¥15,576.00
3	2024-3-2	按摩椅	697500781	8	¥1,580.00	¥12,640.00
4	2024-3-4	按摩椅	697500402	2	¥2,280.00	¥4,560.00
5	2024-3-4	健腹轮	697500414	2	¥8,900.00	¥17,800.00
6	2024-3-4	健腹轮	697500078	5	¥2,230.00	¥11,150.00
7	2024-3-7	按摩椅	697500781			¥0.00

请检查条码　　　　　　　　　　×

⊗　该条码已使用！

　重试(R)　　取消　　帮助(H)

图 3-89

提示

文中使用的公式解析为：COUNTIF() 函数用于对指定区域中符合指定条件的单元格计数。这里用来判断当前输入的数据在 \$C\$2:\$C\$20 这个区域中出现的次数是否等于 1，如果是，则允许输入，否则阻止输入。

3.18 批量删除数据的文本单位

当数值数据后带上了文本单位时，参与计算就会出现计算错误，如图 3-90 所示。这时需要去掉数据单位。我们可以向 ChatGPT 发问"请教"以获取批量删除数据单位的方法。

E2　　　　　　×　✓　fx　=C2*D2

	A	B	C	D	E
1	小票号	商品名称	数量	售价	销售金额（元）
2	9900000984	散装大核桃	1	20元	#VALUE!
3	9900000984	盒装牛肉	5	85元	#VALUE!
4	9900000984	盒装水晶梨	2	8元	#VALUE!
5	9900000985	袋装桑巾	1	5元	#VALUE!
6	9900000985	简装通心面	2	3元	#VALUE!
7	9900000985	盒装软中华	1	80元	#VALUE!
8	9900000985	盒装夹子	1	8元	#VALUE!
9	9900000985	散装大核桃	1	20元	#VALUE!
10	9900000985	盒装核桃仁	1	40元	#VALUE!
11	9900000985	盒装安利香皂	1	18元	#VALUE!
12	9900000985	散装中骏枣	1	30元	#VALUE!
13	9900000986	简装通心面	1	3元	#VALUE!

图 3-90

步骤 **01**　在聊天对话框中输入"在 Excel 中，D 列的数据都带有一个统一的单位，想批量删除数据的单位。"，如图 3-91 所示。发送问题后，可得到如图 3-92 所示的回复信息。

图 3-91

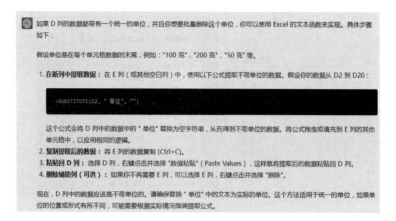

图 3-92

步骤 02　回到 Excel 程序中，按照 ChatGPT 给出的操作步骤，先在 D 列后插入一个辅助列（此例中为 E 列），选中 E2 单元格，输入 ChatGPT 给出的公式"=SUBSTITUTE(D2,"元","")"，按 Enter 键，如图 3-93 所示。

步骤 03　选中 E2 单元格，将公式向下复制，即可得到去除了文本单位的辅助数据，如图 3-94 所示。

E2		fx	=SUBSTITUTE(D2,"元","")		
	A	B	C	D	E	F
1	小票号	商品名称	数量	售价		销售金额(元)
2	9900000984	散装大核桃	1	20元	20	#VALUE!
3	9900000984	盒装牛肉	5	85元		#VALUE!
4	9900000984	盒装水晶梨	2	8元		#VALUE!
5	9900000985	袋装桌巾	1	5元		#VALUE!
6	9900000985	简装通心面	2	3元		#VALUE!
7	9900000985	盒装软中华	1	80元		#VALUE!
8	9900000985	盒装夹子	1	8元		#VALUE!
9	9900000985	散装大核桃	1	20元		#VALUE!
10	9900000985	盒装核桃仁	1	40元		#VALUE!
11	9900000985	盒装安利香皂	1	18元		#VALUE!
12	9900000985	散装中骏枣	1	30元		#VALUE!
13	9900000986	简装通心面	1	3元		#VALUE!

图 3-93

E2		fx	=SUBSTITUTE(D2,"元","")		
	A	B	C	D	E	F
1	小票号	商品名称	数量	售价		销售金额(元)
2	9900000984	散装大核桃	1	20元	20	#VALUE!
3	9900000984	盒装牛肉	5	85元	85	#VALUE!
4	9900000984	盒装水晶梨	2	8元	8	#VALUE!
5	9900000985	袋装桌巾	1	5元	5	#VALUE!
6	9900000985	简装通心面	2	3元	3	#VALUE!
7	9900000985	盒装软中华	1	80元	80	#VALUE!
8	9900000985	盒装夹子	1	8元	8	#VALUE!
9	9900000985	散装大核桃	1	20元	20	#VALUE!
10	9900000985	盒装核桃仁	1	40元	40	#VALUE!
11	9900000985	盒装安利香皂	1	18元	18	#VALUE!
12	9900000985	散装中骏枣	1	30元	30	#VALUE!
13	9900000986	简装通心面	1	3元	3	#VALUE!

图 3-94

步骤 04　选中 E2:E13 单元格区域，按 Ctrl+C 组合键进行复制，接着选中 D2:D13 单元格区域，在"开始"选项卡中单击"粘贴"按钮，在下拉列表中选择"值"（见图 3-95），这时可以看到 D 列数据呈现为去除了文本单位后的数据，同时 F 列中也得到了正确的计算结果，如图 3-96 所示。

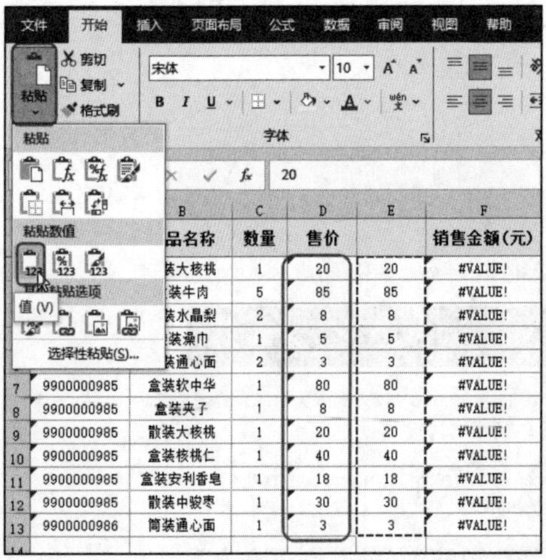

图 3-95

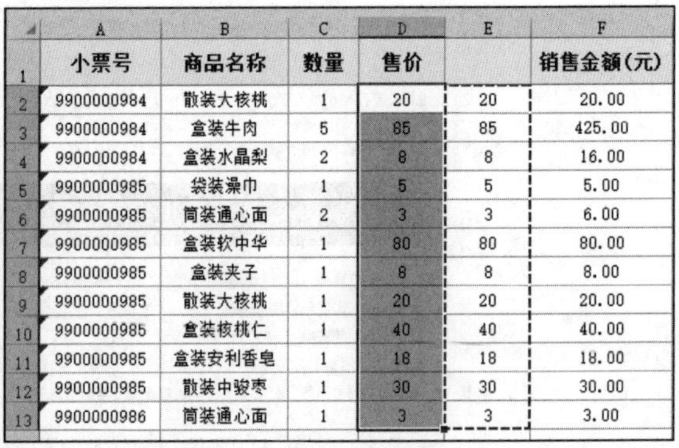

图 3-96

步骤 05　将辅助列 E 列删除。

> **提 示**
>
> 文中使用的公式解析为：SUBSTITUTE() 函数用于对指定字符串进行替换。首先第 1 个参数指定目标单元格，第 2 个参数为指定要替换的字符，第 3 个参数用于替换的字符。
> E 列的数据是公式返回的结果，因此需要以"值"的方式粘贴到 D 列中，如果直接复制，则表示将公式复制到了 D 列上，这时公式所引用的单元格将会发生变化，因此不能得到正确的结果。

3.19　批量删除数据的文本单位的优化方案

在 3.18 节的例子中，ChatGPT 给出的回复中有这样一句话："这个方法适用于统一的单位，如果单位的位置或形式有所不同，可能需要根据实际情况微调提取公式。"，那么当数据的单位不统一，并且单位前的数据长短不一时（假设数据表如图 3-97 所示），又该如何处理呢？我们依然可以向 ChatGPT 请教。

	A	B	C	D	E
1	小票号	商品名称	数量	售价	销售金额(元)
2	9900000984	散装大核桃	5袋	20	#VALUE!
3	9900000984	盒装牛肉	5盒	85	#VALUE!
4	9900000984	盒装水晶梨	11盒	8	#VALUE!
5	9900000985	袋装澡巾	5只	5	#VALUE!
6	9900000985	筒装通心面	12筒	3	#VALUE!
7	9900000985	盒装软中华	1盒	80	#VALUE!
8	9900000985	盒装夹子	10盒	8	#VALUE!
9	9900000985	散装大核桃	5袋	20	#VALUE!
10	9900000985	盒装核桃仁	2盒	40	#VALUE!
11	9900000985	盒装安利香皂	120盒	18	#VALUE!
12	9900000985	散装中骏枣	22袋	30	#VALUE!
13	9900000986	筒装通心面	15筒	3	#VALUE!

图 3-97

步骤 01　在聊天对话框中输入"在 Excel 中，C 列数据的末尾都带有一个字长度的单位，但单位不是统一的，如何批量把单位删除？"，如图 3-98 所示。发送问题后，可得到如图 3-99所示的回复信息。

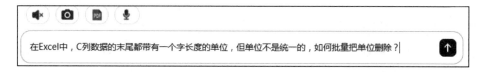

在Excel中，C列数据的末尾都带有一个字长度的单位，但单位不是统一的，如何批量把单位删除？

图 3-98

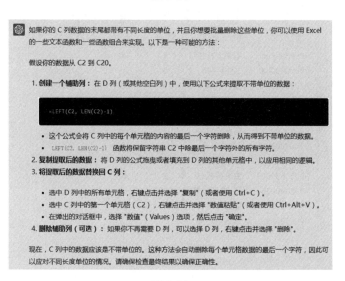

如果你的 C 列数据的末尾都带有不同长度的单位，并且你想要批量删除这些单位，你可以使用 Excel 的一些文本函数和一些函数组合来实现。以下是一种可能的方法：

假设你的数据从 C2 到 C20。

1. 创建一个辅助列：在 D 列（或其他空白列）中，使用以下公式来提取不带单位的数据：

```
=LEFT(C2, LEN(C2)-1)
```

- 这个公式会将 C 列中的每个单元格的内容的最后一个字符删除，从而得到不带单位的数据。
- LEFT(C2, LEN(C2)-1) 函数将保留字符串 C2 中除最后一个字符外的所有字符。

2. 复制提取后的数据：将 D 列的公式拖曳或者填充到 D 列的其他单元格中，以应用相同的逻辑。

3. 将提取后的数据替换回 C 列：
- 选中 D 列中的所有单元格，右键点击并选择 "复制"（或者使用 Ctrl+C）。
- 选中 C 列中的第一个单元格（C2），右键点击并选择 "数值粘贴"（或者使用 Ctrl+Alt+V）。
- 在弹出的对话框中，选择 "数值"（Values）选项，然后点击 "确定"。

4. 删除辅助列（可选）：如果你不再需要 D 列，可以选择 D 列，右键点击并选择 "删除"。

现在，C 列中的数据应该是不带单位的。这种方法会自动删除每个单元格数据的最后一个字符，因此可以应对不同长度单位的情况。请确保检查最终结果以确保正确性。

图 3-99

步骤 02   回到 Excel 程序中，按照 ChatGPT 给出的操作步骤，先在 C 列后插入一个辅助列
（此例中为 D 列），选中 D2 单元格，输入 ChatGPT 给出的公式"=LEFT(C2,
LEN(C2)-1)"，按 Enter 键，如图 3-100 所示。

步骤 03   选中 D2 单元格，将公式向下复制，即可得到去除了文本单位的辅助数据，如图 3-101
所示。

D2		fx	=LEFT(C2, LEN(C2)-1)

	A	B	C	D	E	F
1	小票号	商品名称	数量		售价	销售金额(元)
2	9900000984	散装大核桃	5袋	5	20	#VALUE!
3	9900000984	盒装牛肉	5盒		85	#VALUE!
4	9900000984	盒装水晶梨	11盒		8	#VALUE!
5	9900000985	袋装澡巾	5只		5	#VALUE!
6	9900000985	筒装通心面	12筒		3	#VALUE!
7	9900000985	盒装软中华	1盒		80	#VALUE!
8	9900000985	盒装夹子	10盒		8	#VALUE!
9	9900000985	散装大核桃	5袋		20	#VALUE!
10	9900000985	盒装核桃仁	2盒		40	#VALUE!
11	9900000985	盒装安利香皂	120盒		18	#VALUE!
12	9900000985	散装中骏枣	22袋		30	#VALUE!
13	9900000986	筒装通心面	15筒		3	#VALUE!

图 3-100

D2		fx	=LEFT(C2, LEN(C2)-1)

	A	B	C	D	E	F
1	小票号	商品名称	数量		售价	销售金额(元)
2	9900000984	散装大核桃	5袋	5	20	#VALUE!
3	9900000984	盒装牛肉	5盒	5	85	#VALUE!
4	9900000984	盒装水晶梨	11盒	11	8	#VALUE!
5	9900000985	袋装澡巾	5只	5	5	#VALUE!
6	9900000985	筒装通心面	15筒	15	3	#VALUE!
7	9900000985	盒装软中华	1盒	1	80	#VALUE!
8	9900000985	盒装夹子	10盒	10	8	#VALUE!
9	9900000985	散装大核桃	5袋	5	20	#VALUE!
10	9900000985	盒装核桃仁	2盒	2	40	#VALUE!
11	9900000985	盒装安利香皂	120盒	120	18	#VALUE!
12	9900000985	散装中骏枣	22袋	22	30	#VALUE!
13	9900000986	筒装通心面	15筒	15	3	#VALUE!

图 3-101

步骤 04   接着按照 3.18 节中例子的方法，通过复制和粘贴，将 D 列的公式返回结果以"值"的
形式粘贴到 C 列中，最后将辅助列 D 列删除，从而完成对 C 列数据单位的批量删除，
如图 3-102 所示。

	A	B	C	D	E
1	小票号	商品名称	数量	售价	销售金额(元)
2	9900000984	散装大核桃	5	20	100.00
3	9900000984	盒装牛肉	5	85	425.00
4	9900000984	盒装水晶梨	11	8	88.00
5	9900000985	袋装澡巾	5	5	25.00
6	9900000985	筒装通心面	15	3	45.00
7	9900000985	盒装软中华	1	80	80.00
8	9900000985	盒装夹子	10	8	80.00
9	9900000985	散装大核桃	5	20	100.00
10	9900000985	盒装核桃仁	2	40	80.00
11	9900000985	盒装安利香皂	120	18	2160.00
12	9900000985	散装中骏枣	22	30	660.00
13	9900000986	筒装通心面	15	3	45.00

图 3-102

步骤 05   将辅助列 D 列删除。

提示

在 ChatGPT 中，我们可以看到，它回复的内容简单阐述了当前公式的作用。而我们在使用 ChatGPT 协助工作的同时，也达到了学习 Excel 函数的目的。比如本例中的公式"=LEFT(C2, LEN(C2)-1)"，首先使用 LEN() 函数判断 C2 单元格中字符串的长度，然后使用 LEFT() 函数从 C2 单元格的最左侧开始提取字符，提取的长度是总字符长度减 1，即除去最后一个字符的所有字符。

3.20　使用规范的日期便于计算数据

在输入日期数据或通过其他途径导入数据时，经常会产生文本型的日期数据。不规范的日期数据会导致数据无法计算、汇总和统计。

日期型的数据不能输入为"20230325""2023.3.25""23.3.25"等这类不规范的格式，否则在后期进行数据处理时，就可能无法运算或运算错误。如图 3-103 所示，要根据所输入的入职时间来计算工龄，同时还要计算工龄工资，由于当前的入职时间不是程序能识别的日期格式，进而导致后面的公式计算错误，如图 3-103 所示。

	A	B	C	D	E	F	G
1	编号	姓名	所在部门	所属职位	入职时间	工龄	工龄工资
2	001	李成雪	销售部	业务员	2020.3.1	#VALUE!	#VALUE!
3	002	陈江远	财务部	经理	2023.7.1	#VALUE!	#VALUE!
4	003	刘莹	售后服务部	经理	2015.12.1	#VALUE!	#VALUE!
5	004	苏瑞瑞	售后服务部	员工	2017.2.1	#VALUE!	#VALUE!
6	005	苏运成	销售部	员工	2017.4.5	#VALUE!	#VALUE!
7	006	周洋	销售部	业务员	2022.4.14	#VALUE!	#VALUE!
8	007	林成瑞	工程部	部门经理	2023.6.14	#VALUE!	#VALUE!
9	008	邹阳阳	行政部	员工	2016.1.28	#VALUE!	#VALUE!
10	009	张景源	销售部	部门经理	2023.2.2	#VALUE!	#VALUE!
11	010	苏敏	财务部	员工	2016.2.19	#VALUE!	#VALUE!
12	011	何平	销售部	业务员	2020.4.7	#VALUE!	#VALUE!
13	012	李梅	售后服务部	员工	2017.2.25	#VALUE!	#VALUE!
14	013	何艳红	销售部	业务员	2016.2.25	#VALUE!	#VALUE!
15	014	胡平	行政部	员工	2023.2.25	#VALUE!	#VALUE!
16	015	胡晓阳	售后服务部	员工	2017.2.25	#VALUE!	#VALUE!

图 3-103

步骤 01　在聊天对话框中输入"在 Excel 中，E 列中的日期都显示为"2020.3.1"这种格式，如何批量转换为标准的日期格式？"，如图 3-104 所示。发送问题后，可得到如图 3-105 所示的回复信息。

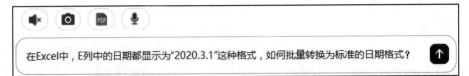

图 3-104

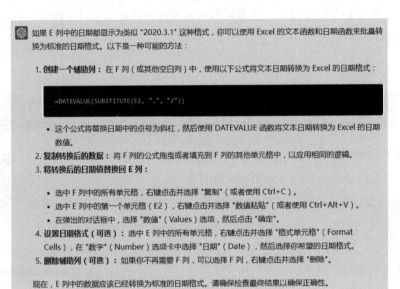

图 3-105

步骤 **02** 回到 Excel 程序中，按照 ChatGPT 给出的操作步骤，先在 E 列后插入一个辅助列（在此例中为 F 列），选中 D2 单元格，输入 ChatGPT 给出的公式"=DATEVALUE(SUBSTITUTE(E2,".","/"))"，按 Enter 键，如图 3-106 所示。

步骤 **03** 选中 F2 单元格，将公式向下复制得到转换后的日期，如图 3-107 所示。

F2			× ✓	fx	=DATEVALUE(SUBSTITUTE(E2,".","/"))			
▲	A	B	C	D	E	F	G	H
1	编号	姓名	所在部门	所属职位	入职时间		工龄	工龄工资
2	001	李成雪	销售部	业务员	2020.3.1	2020-3-1	#VALUE!	#VALUE!
3	002	陈江远	财务部	经理	2023.7.1		#VALUE!	#VALUE!
4	003	刘莹	售后服务部	经理	2015.12.1		#VALUE!	#VALUE!
5	004	苏瑞瑞	售后服务部	员工	2017.2.1		#VALUE!	#VALUE!
6	005	苏运成	销售部	员工	2017.4.5		#VALUE!	#VALUE!
7	006	周洋	销售部	业务员	2022.4.14		#VALUE!	#VALUE!
8	007	林成瑞	工程部	部门经理	2023.6.14		#VALUE!	#VALUE!

图 3-106

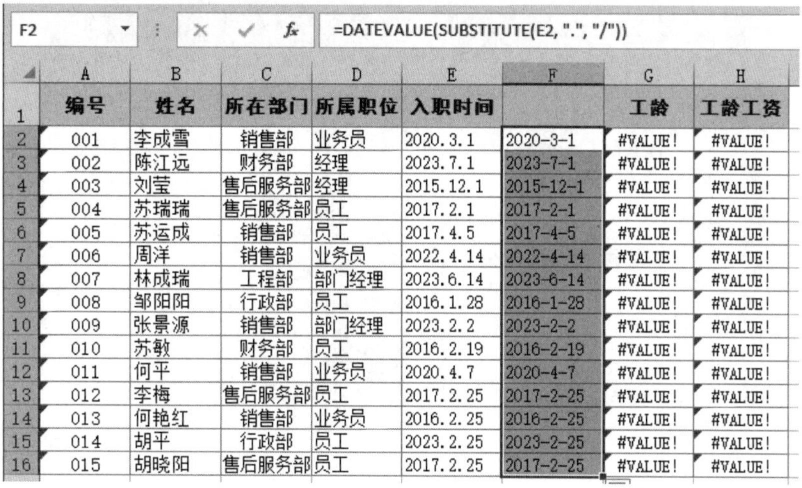

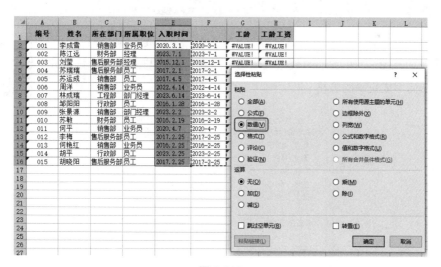

图 3-107

步骤 04　选中 F2:F16 单元格区域，按 Ctrl+C 组合键进行复制，接着选中 E2 单元格，按
　　　Ctrl+Alt+V 组合键打开"选择性粘贴"对话框，选中"数值"，如图 3-108 所示。

图 3-108

步骤 05　单击"确定"按钮，得到粘贴后的正确日期，可以看到 G 列与 H 列中得到了正确的计
　　　算结果，如图 3-109 所示。

	A	B	C	D	E	F	G	H
1	编号	姓名	所在部门	所属职位	入职时间		工龄	工龄工资
2	001	李成雪	销售部	业务员	2020-3-1	#VALUE!	4	200
3	002	陈江远	财务部	经理	2023-7-1	#VALUE!	1	0
4	003	刘莹	售后服务部	经理	2015-12-1	#VALUE!	9	700
5	004	苏瑞瑞	售后服务部	员工	2017-2-1	#VALUE!	7	500
6	005	苏运成	销售部	员工	2017-4-5	#VALUE!	7	500
7	006	周洋	销售部	业务员	2022-4-14	#VALUE!	2	0
8	007	林成瑞	工程部	部门经理	2023-6-14	#VALUE!	1	0
9	008	邹阳阳	行政部	员工	2016-1-28	#VALUE!	8	600
10	009	张景源	销售部	部门经理	2023-2-2	#VALUE!	1	0
11	010	苏敏	财务部	员工	2016-2-19	#VALUE!	8	600
12	011	何平	销售部	业务员	2020-4-7	#VALUE!	4	200
13	012	李梅	售后服务部	员工	2017-2-25	#VALUE!	7	500
14	013	何艳红	销售部	业务员	2016-2-25	#VALUE!	8	600
15	014	胡平	行政部	员工	2023-2-25	#VALUE!	1	0
16	015	胡晓阳	售后服务部	员工	2017-2-25	#VALUE!	7	500

图 3-109

步骤 06　将辅助列 F 列删除。

3.21 解决一列数据多个属性问题

当遇到一列具有多个属性的情况时，常用的解决方式是将其分列显示。例如，针对如 图 3-110 所示的数据表，可以将城市名称与上期均价数据分列显示，从而形成正确的表格。

	A	B	C
1	上期均价(元/㎡)	本期均价(元/㎡)	环比涨跌(%)
2	北京, 42619	47955	
3	天津, 14859	13402	
4	深圳, 54562	55670	
5	杭州, 26415	22640	
6	武汉, 12488	11239	
7	苏州, 17282	16500	
8	秦皇岛, 28971	26530	
9	长沙, 9660	10600	
10	东莞, 16900	15767	
11	福州, 16981	18960	
12	重庆, 10779	11630	
13	哈尔滨, 21829	20980	
14	西安, 11224	10800	

图 3-110

步骤 01　在聊天对话框中输入"在 Excel 中，A 列中的数据有一个统一的间隔符','，如何以此间隔符号将数据拆分为两列？"，如图 3-111 所示。发送问题后，可得到如图 3-112 所示的回复信息。

图 3-111

> ChatGPT 对于 Excel 软件中功能项的称谓可能会有稍许差异，需要知晓。比如这里的"文本到列"就是"分列"功能

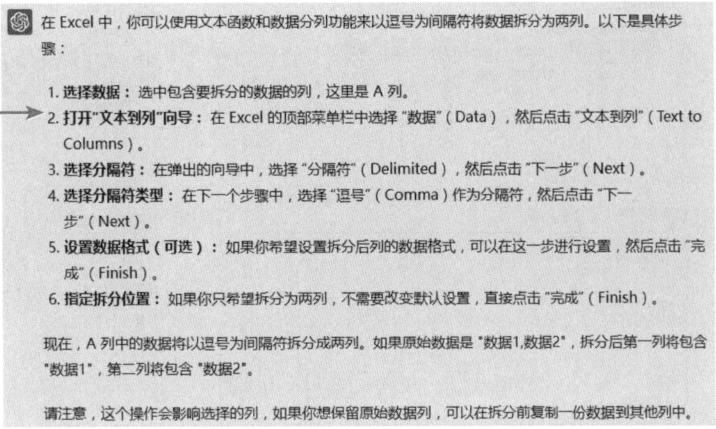

在 Excel 中，你可以使用文本函数和数据分列功能来以逗号为间隔符将数据拆分为两列。以下是具体步骤：

1. **选择数据**：选中包含要拆分的数据的列，这里是 A 列。
2. **打开"文本到列"向导**：在 Excel 的顶部菜单栏中选择 "数据"（Data），然后点击 "文本到列"（Text to Columns）。
3. **选择分隔符**：在弹出的向导中，选择 "分隔符"（Delimited），然后点击 "下一步"（Next）。
4. **选择分隔符类型**：在下一个步骤中，选择 "逗号"（Comma）作为分隔符，然后点击 "下一步"（Next）。
5. **设置数据格式（可选）**：如果你希望设置拆分后列的数据格式，可以在这一步进行设置，然后点击 "完成"（Finish）。
6. **指定拆分位置**：如果你只希望拆分为两列，不需要改变默认设置，直接点击 "完成"（Finish）。

现在，A 列中的数据将以逗号为间隔符拆分成两列。如果原始数据是 "数据1,数据2"，拆分后第一列将包含 "数据1"，第二列将包含 "数据2"。

请注意，这个操作会影响选择的列，如果你想想保留原始数据列，可以在拆分前复制一份数据到其他列中。

图 3-112

步骤 02 回到 Excel 程序中，按照 ChatGPT 给出的操作步骤，先在 A 列的右侧插入空白列（用于显示分列后的数据），选中要分列的单元格区域，在"数据"选项卡的"数据工具"组中单击"分列"按钮，如图 3-113 所示。

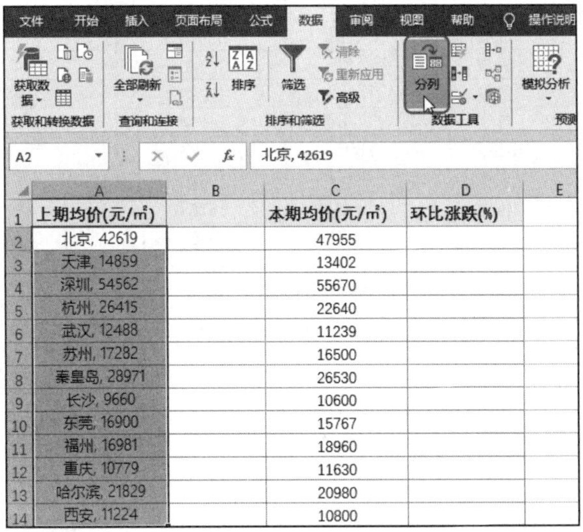

图 3-113

步骤 03 打开"文本分列向导 - 第1步，共3步"对话框，选中"分隔符号"单选按钮，如图3-114 所示。单击"下一步"按钮，在"分隔符号"栏中勾选"逗号"复选框，如图3-115所示。

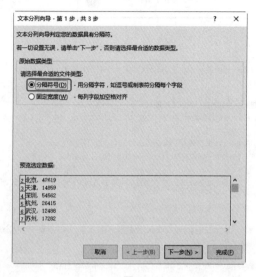

图 3-114

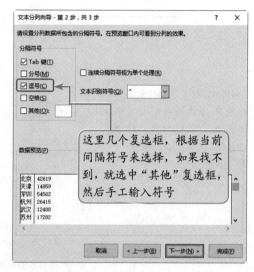

图 3-115

步骤 04 单击"完成"按钮，即可将单列数据分组为两列，如图3-116所示。

	A	B	C	D
1	上期均价(元/㎡)		本期均价(元/㎡)	环比涨跌(%)
2	北京	42619	47955	
3	天津	14859	13402	
4	深圳	54562	55670	
5	杭州	26415	22640	
6	武汉	12488	11239	
7	苏州	17282	16500	
8	秦皇岛	28971	26530	
9	长沙	9660	10600	
10	东莞	16900	15767	
11	福州	16981	18960	
12	重庆	10779	11630	
13	哈尔滨	21829	20980	
14	西安	11224	10800	

图 3-116

步骤 05 新整理表格的列标识，即可引用B列与C列的数据进行数据运算，如图3-117所示。

▲	A	B	C	D
1	城市	上期均价(元/㎡)	本期均价(元/㎡)	环比涨跌(%)
2	北京	42619	47955	0.125202375
3	天津	14859	13402	
4	深圳	54562	55670	
5	杭州	26415	22640	
6	武汉	12488	11239	
7	苏州	17282	16500	

D2　=(C2-B2)/B2

图 3-117

提 示

进行分列操作时，需要数据具有一定的规律，如宽度相等、使用同一种间隔符号（空格、逗号、分号均可）间隔等。默认的分隔符有"Tab 键""分号""逗号""空格"。如果使用的分隔符不在默认列表中，只要能保障格式统一，就可以使用"其他"复选框来自定义分隔符号。另外，如果要分列的单元格区域不是最后一列，则在执行分列操作前，一定要在待拆分的那一列的右侧先插入一个空白列，否则在拆分后，右侧一列的数据会被分列后的数据覆盖掉。

3.22　批量处理文本数据

有时拿到的数据表含有大量的文本数据，这些数据无法用于正确的计算与分析。例如，在如图 3-118 所示的数据表中，可以看到无法进行最大值、最小值、平均分及协方差的计算。因而，要先找到了错误的原因，才能对文本数字进行批量转换。

▲	A	B	C	D	E	F	G
1	某技能考试成绩数据分析						
2	1组	2组	3组	4组			
3	89	82	78	98		最大值	0
4	98	87	90	99		最小值	0
5	69	80	77	96		平均分	#DIV/0!
6	87	73	85	94		协方差	#DIV/0!
7	85	85	82	96			
8	85	90	91	88			
9	95	70	90	94			
10	68	89	87	96			
11	78	87	82	98			
12	82	78	86	96			
13	85	81	91	82			
14	98	96	94	98			
15	99	98	96	92			
16	91	91	97	87			
17	96	94	87	82			
18	96	97	96	94			

图 3-118

步骤 01　在聊天对话框中输入"在 Excel 中，A3:D18 单元格区域中是文本格式的数据，想将它们转换为数值数据方便计算。"，如图 3-119 所示。发送问题后，可得到如图 3-120 所示的回复信息。

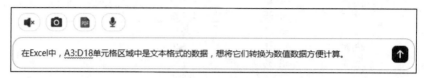

图 3-119

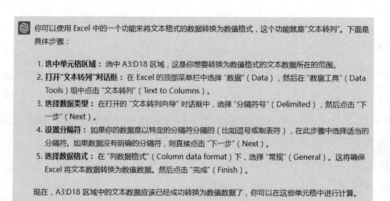

你可以使用 Excel 中的一个功能来将文本格式的数据转换为数值格式，这个功能就是"文本转列"。下面是具体步骤：

1. **选中单元格区域**：选中 A3:D18 区域，这是你想要转换为数值格式的文本数据所在的范围。
2. **打开"文本转列"对话框**：在 Excel 的顶部菜单栏中选择"数据"（Data），然后在"数据工具"（Data Tools）组中点击"文本转列"（Text to Columns）。
3. **选择数据类型**：在打开的"文本转列向导"对话框中，选择"分隔符号"（Delimited），然后点击"下一步"（Next）。
4. **设置分隔符**：如果你的数据是以特定的分隔符分隔的（比如逗号或制表符），在此步骤中选择适当的分隔符。如果数据没有明确的分隔符，则直接点击"下一步"（Next）。
5. **选择数据格式**：在"列数据格式"（Column data format）下，选择"常规"（General）。这将确保 Excel 将文本数据转换为数值数据。然后点击"完成"（Finish）。

现在，A3:D18 区域中的文本数据应该已经成功转换为数值数据了，你可以在这些单元格中进行计算。

图 3-120

步骤 02　回到 Excel 程序中，按照 ChatGPT 给出的操作步骤，先选中第一列，在"数据"选项卡的"数据工具"组中单击"分列"按钮，如图 3-121 所示。

图 3-121

步骤 03　打开向导后，保持选中"分隔符号"，如图 3-122 所示。保持默认设置，依次单击"下一步"按钮，即可将文本数据转换为数值数据，如图 3-123 所示。

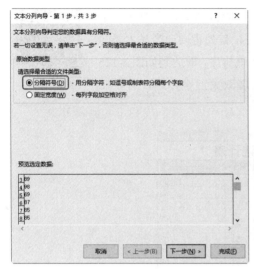

图 3-122

	A	B	C	D	E	F	G
1	某技能考试成绩数据分析						
2	1组	2组	3组	4组			
3	89	82	78	98		最大值	99
4	98	87	90	99		最小值	68
5	69	80	77	96		平均分	87.5625
6	87	73	85	94		协方差	9.76366564
7	85	85	82	96			
8	85	90	91	88			
9	95	70	90	94			
10	68	89	87	96			
11	78	87	82	98			
12	82	78	86	96			
13	85	81	91	82			
14	98	96	94	98			
15	99	98	96	92			
16	91	91	97	87			
17	96	94	87	82			
18	96	97	96	94			

图 3-123

步骤 04　按照相同的方法依次对各列的数据进行转换，从而让数据都能得到正确的计算结果，如图 3-124 所示。

	A	B	C	D	E	F	G
1	某技能考试成绩数据分析						
2	1组	2组	3组	4组			
3	89	82	78	98		最大值	99
4	98	87	90	99		最小值	68
5	69	80	77	96		平均分	88.71875
6	87	73	85	94		协方差	7.92518339
7	85	85	82	96			
8	85	90	91	88			
9	95	70	90	94			
10	68	89	87	96			
11	78	87	82	98			
12	82	78	86	96			
13	85	81	91	82			
14	98	96	94	98			
15	99	98	96	92			
16	91	91	97	87			
17	96	94	87	82			
18	96	97	96	94			

图 3-124

3.23 如何实现双关键字排序数据

按双关键字排序是指当按某一个字段排序出现相同值时，再按第 2 个条件进行排序。例如，在本例中通过设置两个条件，首先将同一产品大类的数据排列到一起，再对相同大类中的金额按从高到低排序，即达到如图 3-125 所示的排序效果。如果不知道如何在 Excel 中实现双关键字排序，可以在 ChatGPT 中提问以"请教"相关的方法。

	A	B	C	D
1	4月份销售统计表			
2	代码	产品大类	数量(吨)	金额(万元)
3	0327	高分子类产品	7.57	12.56
4	0632	高分子类产品	7.06	12.08
5	0533	高分子类产品	8.91	11.85
6	2828	高分子类产品	8.15	10.3
7	2828	高分子类产品	5.79	9.58
8	2294	高分子类产品	5.51	9.05
9	2128	高分子类产品	5.05	8.06
10	2199	高分子类产品	7.01	8.05
11	0632	高分子类产品	5.00	8
12	2128	高分子类产品	3.69	7.98
13	0327	高分子类产品	7.83	7.66
14	2597	高分子类产品	7.65	7.56
15	1254	高分子类产品	7.55	7.1
16	1631	化工类产品	8.97	11.96
17	0777	化工类产品	8.16	10.58
18	1254	化工类产品	5.97	9.96
19	0777	化工类产品	7.68	8.96
20	2380	化工类产品	7.66	8.88
21	1254	化工类产品	7.57	8.56
22	2380	化工类产品	7.16	8.35
23	1160	化工类产品	5.01	8.05
24	0777	化工类产品	7.86	7.75
25	0777	化工类产品	7.76	7.68
26	1690	化工类产品	7.75	7.66
27	1254	化工类产品	7.63	7.56
28	0327	化工类产品	7.61	7.55

图 3-125

步骤 01　在聊天对话框中输入"在 Excel 中，先将"产品大类"进行升序排序，再将"金额"进行降序排序。"，如图 3-126 所示。发送问题后，可得到如图 3-127 所示的回复信息。

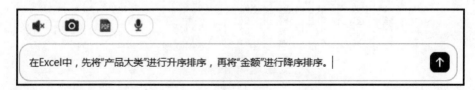

图 3-126

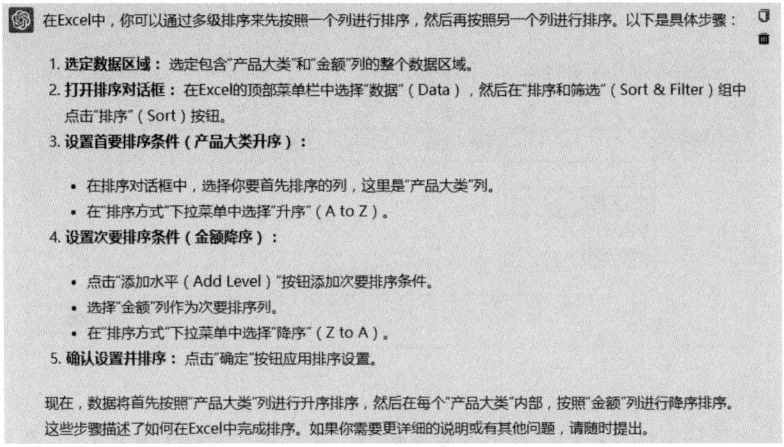

在Excel中，你可以通过多级排序来先按照一个列进行排序，然后再按照另一个列进行排序。以下是具体步骤：

1. **选定数据区域：** 选定包含"产品大类"和"金额"列的整个数据区域。
2. **打开排序对话框：** 在Excel的顶部菜单栏中选择"数据"（Data），然后在"排序和筛选"（Sort & Filter）组中点击"排序"（Sort）按钮。
3. **设置首要排序条件（产品大类升序）：**
   - 在排序对话框中，选择你要首先排序的列，这里是"产品大类"列。
   - 在"排序方式"下拉菜单中选择"升序"（A to Z）。
4. **设置次要排序条件（金额降序）：**
   - 点击"添加水平（Add Level）"按钮添加次要排序条件。
   - 选择"金额"列作为次要排序列。
   - 在"排序方式"下拉菜单中选择"降序"（Z to A）。
5. **确认设置并排序：** 点击"确定"按钮应用排序设置。

现在，数据将首先按照"产品大类"列进行升序排序，然后在每个"产品大类"内部，按照"金额"列进行降序排序。这些步骤描述了如何在Excel中完成排序。如果你需要更详细的说明或其他问题，请随时提出。

图 3-127

步骤 02　回到 Excel 程序中，按照 ChatGPT 给出的操作步骤，选中整个表格区域，在"数据"选项卡的"排序和筛选"组中单击"排序"按钮（见图 3-128），打开"排序"对话框。

图 3-128

步骤 03　单击"主要关键字"设置框右侧的下拉按钮，在下拉列表中单击"产品大类"，排序次序采用默认的"升序"，如图 3-129 所示。

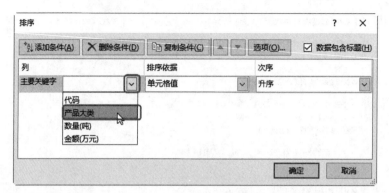

图 3-129

步骤 04　单击"添加条件"按钮，在"次要关键字"中选择"金额（万元）"，在"次序"下拉
列表中单击"降序"选项，如图 3-130 所示。

图 3-130

步骤 05　单击"确定"按钮，返回工作表中，即可看到结果为：先按"产品大类"进行排序，再
对相同"产品大类"中的记录按"金额（万元）"这一列的值从高到低排序，如图 3-125
所示。

3.24　快速筛选出大于指定值的条目

在本例的一张员工档案表（见图 3-131）中，要求从中筛选查看工龄大
于 5 年的所有记录。

	A	B	C	D	E	F
1	姓名	性别	部门	入职时间	工龄	
2	钟小宁	女	行政部	2016-6-12	8	
3	刘春华	男	招商部	2019-2-20	5	
4	何振	男	运营部	2019-4-7	5	
5	张兰兰	女	运营部	2020-2-19	4	
6	王先仁	男	运营部	2016-2-2	8	
7	董晓迪	男	售后部	2018-6-14	6	
8	罗成佳	女	运营部	2019-10-4	5	
9	刘云飞	男	运营部	2018-6-9	6	
10	林依晨	女	运营部	2020-5-25	4	
11	李欣欣	女	招商部	2017-6-16	7	
12	李汪洋	女	运营部	2018-4-5	6	
13	李平	女	售后部	2023-1-28	1	
14	姜旭旭	男	招商部	2023-10-6	1	
15	霍晶丽	女	财务部	2017-7-1	7	
16	桂波	男	财务部	2021-7-1	3	
17	古肖晨	男	招商部	2020-7-1	4	
18	窦云	女	运营部	2021-2-14	3	
19	崔衡	男	运营部	2021-2-9	3	
20	陈晓	男	运营部	2023-2-25	1	
21	陈小芳	女	售后部	2019-2-25	5	
22	陈曦	女	售后部	2021-8-26	3	
23	蔡晶	女	行政部	2022-4-12	2	

图 3-131

步骤 01　在聊天对话框中输入"在 Excel 中，将 A2:E23 区域中'工龄'列中大于 5 的数据筛选出来。"，如图 3-132 所示。发送问题后，可得到如图 3-133 所示的回复信息。

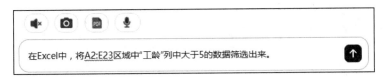

图 3-132

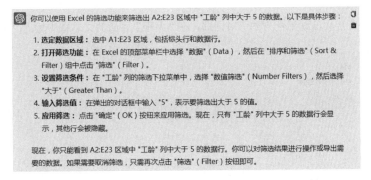

图 3-133

步骤 02　回到 Excel 程序中，按照 ChatGPT 给出的操作步骤，选中 A1:E23 区域，在"数据"选项卡的"排序和筛选"组中单击"筛选"按钮，如图 3-134 所示。

图 3-134

步骤 **03**　单击"工龄"列的"筛选"下拉按钮，在下拉菜单中执行"数字筛选"→"大于"命令，如图 3-135 所示。

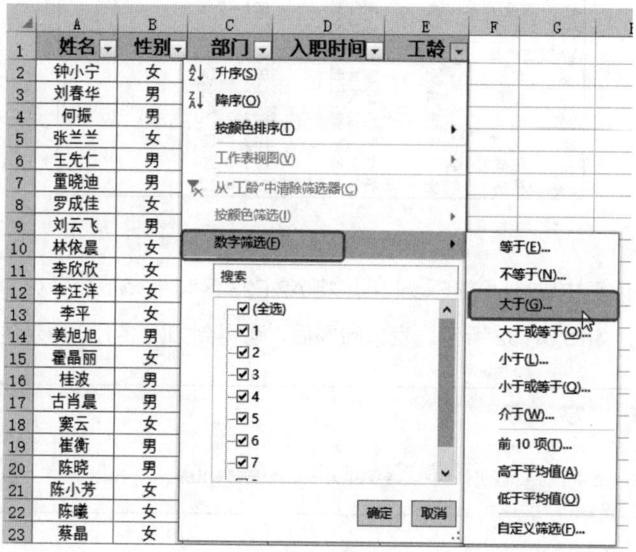

图 3-135

步骤 **04**　打开"自定义自动筛选方式"对话框，在"大于"后面的文本框中输入"5"，如图 3-136 所示。

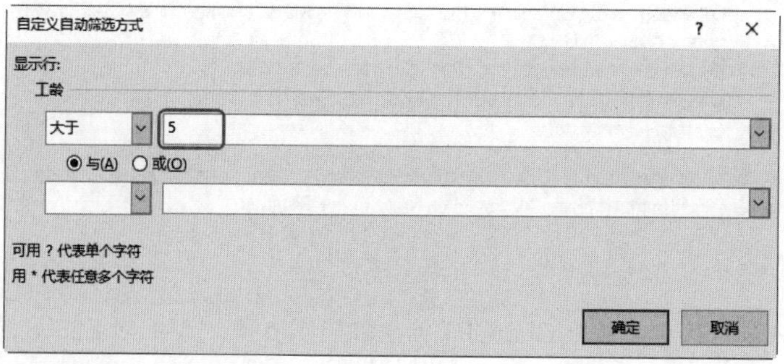

图 3-136

步骤 05　单击"确定"按钮，返回工作表中，即可筛选出工龄大于 5 的记录，如图 3-137 所示。

姓名	性别	部门	入职时间	工龄	F
钟小宁	女	行政部	2016-6-12	8	
王先仁	男	运营部	2016-2-2	8	
董晓迪	男	售后部	2018-6-14	6	
刘云飞	男	运营部	2018-6-9	6	
李欣欣	女	招商部	2017-6-16	7	
李汪洋	女	运营部	2018-4-5	6	
霍晶丽	女	财务部	2017-7-1	7	

图 3-137

提示

当不是进行筛选查看而要显示出全部数据时，可以取消筛选。例如，前面对"工龄"
字段进行了筛选，当不需要进行筛选查看时，可单击"工龄"右侧的下拉按钮，在
下拉菜单中选择"从'工龄'中清除筛选器"命令，如图 3-138 所示。

图 3-138

3.25　将包含某文本的条目筛选出来 ◀◀◀

文本筛选，顾名思义，就是针对文本字段的筛选。因此，可以筛选出"包
含"某文本、"开头是"某文本或者"结尾是"某文本的记录。严格来说，"开
头是"和"结尾是"也属于包含的范畴。例如，在下面的大学生入学档案表
中，可以从身份证号码中筛选包含"1996"的记录，这表示筛选出 1996 年
出生的学生，从而实现对特定年龄学生的筛选。

步骤 01　在聊天对话框中输入"在 Excel 中，将 A1:D16 区域中'身份证号码'列中包含'1996'
的筛选出来。"，如图 3-139 所示。发送问题后，可得到如图 3-140 所示的回复信息。

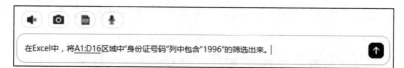

图 3-139

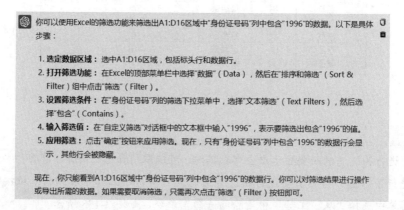

图 3-140

步骤 02   回到 Excel 程序中，按照 ChatGPT 给出的操作步骤，选中 A1:D16 区域，在"数据"选项卡的"排序和筛选"组中单击"筛选"按钮。

步骤 03   单击"身份证号码"列的"筛选"下拉按钮，在下拉菜单中执行"文本筛选"→"包含"命令（见图 3-141），打开"自定义自动筛选方式"对话框。

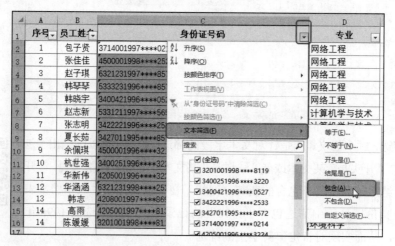

图 3-141

步骤 04   在"包含"后面的文本框中输入"1996"，如图 3-142 所示。

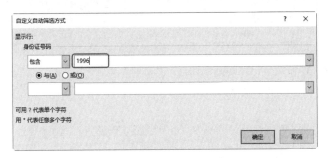

图 3-142

步骤 05　单击"确定"按钮，即可看到筛选出的记录，如图 3-143 所示。

序号	员工姓名	身份证号码	专业
4	韩琴琴	5333231996****8579	网络工程
5	韩晓宇	3400421996****0527	网络工程
7	张志明	3422221996****2533	计算机学与技术
9	余佩琪	4500001996****3214	计算机学与技术
10	杭世强	3400251996****3220	环境科学
11	华新伟	4205001996****3224	环境科学

图 3-143

3.26　对日期数据进行筛选

本例中需要根据"借出日期"筛选出本月的所有借出记录，这涉及日期数据的筛选问题。如果不知道该从哪里下手，可以向 ChatGPT"请教"以获取操作思路。

步骤 01　在聊天对话框中输入"在 Excel 中，将 A1:F27 区域'借出日期'列中任意指定月份的记录筛选出来。"，如图 3-144 所示。发送问题后，可得到如图 3-145 所示的回复信息。

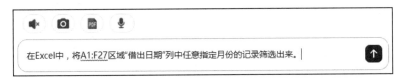

图 3-144

步骤 02　回到 Excel 程序中，按照 ChatGPT 给出的操作步骤，在"数据"选项卡的"排序和筛选"

组中单击"筛选"按钮。

步骤 03 单击"借出日期"列的"筛选"下拉按钮，在下拉菜单中指向"日期筛选"，可以看到子菜单中有多个关于日期的筛选项，如"之前""介于""本周""上月""本月"等（见图 3-146），可以按实际情况进行选择。

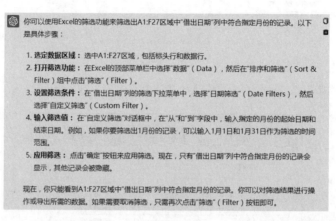

图 3-145

图 3-146

对于这里的"今天""本周""上月"等选项，程序会以当前系统日期为准自动筛选符合要求的记录

步骤 04 例如，单击"介于"选项，设置起始日期和结束日期，如图 3-147 所示。接着单击"确定"按钮，即可筛选出满足条件的记录，如图 3-148 所示。

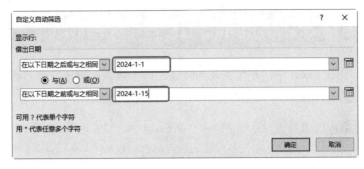

图 3-147

	A	B	C	D	E	F
1	图书编码	借出日期	图书分类	作者	出版社	价格
3	00007280	2024-1-4	现当代小说 小说	吴渡胜	北京出版社	29.80元
9	00028850	2024-1-12	现当代小说 小说	胡春辉 周立波	时代文艺出版社	10.00元
10	00018583	2024-1-12	科学技术 少儿 科普百科	秋明 杨宁松 徐永	辽宁少年儿童出版社	23.80元
12	00012330	2024-1-12	现当代小说 小说	紫鱼儿	凤凰出版传媒集团	28.00元
15	00016452	2024-1-1	识字 汉语 幼儿启蒙 少儿	朱自强	青岛出版社	17.80元
16	00018586	2024-1-1	现当代小说 小说	兰樾 兰樾	企业管理出版社	28.00元
17	00017493	2024-1-7	散文杂著集 作品集 文学	沈夏	武汉出版社	21.80元
18	00011533	2024-1-5	言情小说 小说	阿飞	华文出版社	28.00元

图 3-148

另外，在日期数据添加自动筛选后，日期会自动被分组，有多年的数据先按年分，年下面再按月细分（见图 3-149），可以通过选中复选框来筛选查看任意指定月份的数据。

图 3-149

3.27　同时满足多条件筛选

在 Excel 中，若想实现同时满足两个条件的筛选，并将筛选的结果保存到新的存储格中，该如何操作？同样可以向 ChatGPT 求助这个问题。

步骤 01 在聊天对话框中输入"在 Excel 中，想实现同时满足两个条件的筛选，并且将筛选的结果保存到新的存储格中，该如何操作？"，如图 3-150 所示。发送问题后，可得到如图 3-151 所示的回复信息。

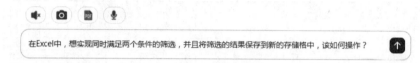

图 3-150

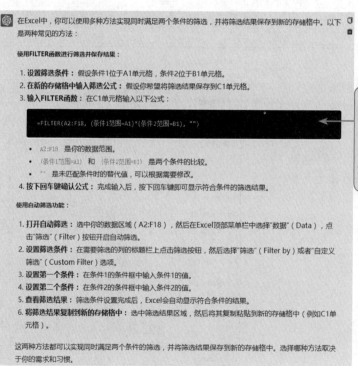

图 3-151

步骤 02 回到 Excel 程序中，按照 ChatGPT 给出的操作步骤，选中 A2:F18 区域，在"数据"选项卡的"排序和筛选"组中单击"筛选"按钮。

步骤 03　单击"部门"列的"筛选"下拉按钮，在下拉菜单中选择"销售 2 部"分类（见图 3-152），
单击"确定"按钮得到首次筛选结果，如图 3-153 所示。

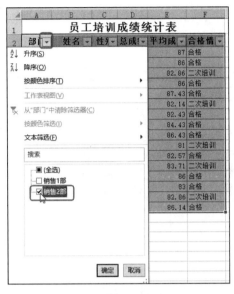

图 3-152

员工培训成绩统计表					
部门	姓名	性别	总成绩	平均成绩	合格情况
销售2部	高攀	男	605	86.43	合格
销售2部	贺家乐	女	567	81	二次培训
销售2部	陈怡	女	578	82.57	合格
销售2部	周蓓	女	586	83.71	二次培训
销售2部	夏慧	女	602	86	合格
销售2部	韩文信	男	581	83	合格
销售2部	葛丽	女	580	82.86	二次培训
销售2部	张飞	男	603	86.14	合格

图 3-153

步骤 04　单击"合格情况"列的筛选下拉按钮，在下拉菜单中选择"二次培训"分类（见图 3-154），
单击"确定"按钮得到二次筛选结果，如图 3-155 所示。

图 3-154

二次筛选的结果就是同时满足两个条件的结果

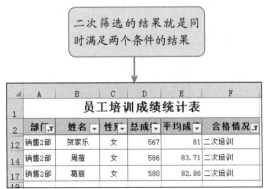

员工培训成绩统计表					
部门	姓名	性别	总成绩	平均成绩	合格情况
销售2部	贺家乐	女	567	81	二次培训
销售2部	周蓓	女	586	83.71	二次培训
销售2部	葛丽	女	580	82.86	二次培训

图 3-155

由于数据筛选是将不满足条件的记录隐藏起来，只显示满足条件的数据。如果想将筛选得到的数据拿到别处使用，可以复制筛选的结果。

步骤 05　选中筛选得到的数据，按 Ctrl+C 组合键进行复制（见图 3-156），然后选择保存位置，按 Ctrl+V 组合键即可保存得到的新表格，如图 3-157 所示。

	A	B	C	D	E	F
1			员工培训成绩统计表			
2	部门	姓名	性别	总成绩	平均成绩	合格情况
12	销售2部	贺家乐	女	567	81	二次培训
14	销售2部	周蓓	女	586	83.71	二次培训
17	销售2部	葛丽	女	580	82.86	二次培训
19						
20						

图 3-156

	A	B	C	D	E	F
1	部门	姓名	性别	总成绩	平均成绩	合格情况
2	销售2部	贺家乐	女	567	81	二次培训
3	销售2部	周蓓	女	586	83.71	二次培训
4	销售2部	葛丽	女	580	82.86	二次培训
5						

图 3-157

 提示

在添加筛选后，可以看到每个字段会根据当前字段中的数据进行自动分类，例如"销售 1 部""销售 2 部""二次培训"和"合格"。如果这些分类满足筛选需求，可以直接通过勾选对应的复选框进行筛选。如果不满足需求，还可以通过单击"文本筛选"（见图 3-158）或"数字筛选"（见图 3-159）来设置其他筛选条件。

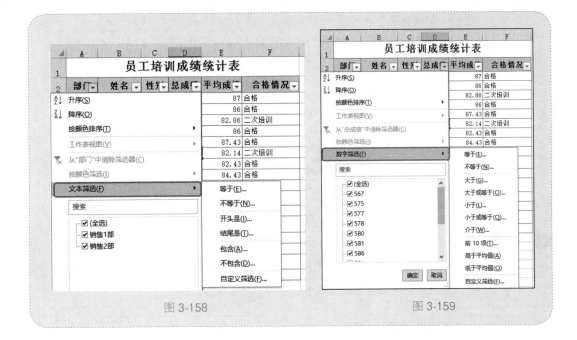

图 3-158　　　　　　　　　　　图 3-159

3.28 筛选出满足多个条件中任意一个的记录

筛选出满足多个条件中任意一个的记录，可称为"或"条件筛选。这种筛选方式要求记录只需满足两个或多个条件中的一个即可。例如，若需要在入职考试的记录中筛选出笔试分数不低于 90 分（包含 90 分）或者面试分数高于 90 分（包含 90 分）的记录，该如何操作呢？

步骤 01　在聊天对话框中输入"在 Excel 中，想筛选出满足给定的两个条件中其中任意一个的记录，该如何操作？"，如图 3-160 所示。发送问题后，可得到如图 3-161 所示的回复信息。

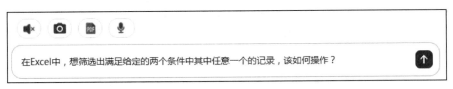

图 3-160

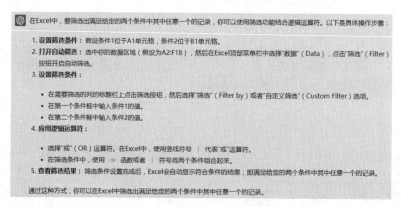

图 3-161

步骤 02　查看 ChatGPT 的回复信息，可以发现它只能实现对同一字段的"或"条件筛选，于是重新发问"延续上一个问题，两个条件并非同一字段下的，怎么办呢？"，如图 3-162 所示。发送问题后，可得到如图 3-163 所示的回复信息。

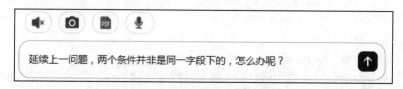

图 3-162

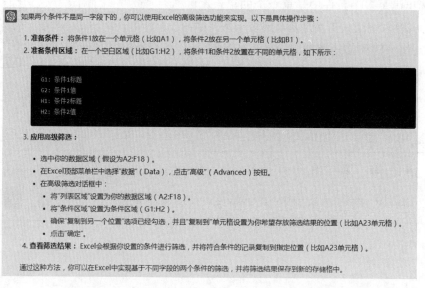

图 3-163

步骤 03 回到 Excel 程序中，按照 ChatGPT 给出的操作步骤，先建立筛选条件，本例中把筛选条件建立在 F1:G2 区域。选中 A2:D18 区域，在"数据"选项卡的"排序和筛选"组中单击"高级"按钮，如图 3-164 所示。

步骤 04 打开"高级筛选"对话框，设置"列表区域""条件区域"地址，选中"将筛选结果复制到其他位置"单选按钮，设置"复制到"的单元格地址，如图 3-165 所示。

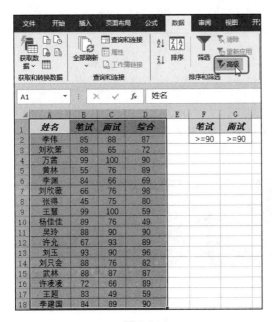

图 3-164

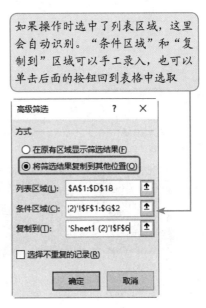

图 3-165

步骤 05 单击"确定"按钮，返回工作表中，发现筛选结果是"笔试"和"面试"分数同时达到 90 的记录（见图 3-166），而我们想筛选出的是任意一项分数达到 90 的记录。

	A	B	C	D	E	F	G	H	I
1	姓名	笔试	面试	综合		笔试	面试		
2	李伟	85	88	87		>=90	>=90		
3	刘欢第	88	65	72					
4	万茜	99	100	90					
5	黄林	55	76	89					
6	李渊	84	66	69		姓名	笔试	面试	综合
7	刘欣薇	66	76	98		万茜	99	100	90
8	张得	45	75	80		王慧	99	100	59
9	王慧	99	100	59		刘玉	93	90	96
10	杨佳佳	89	76	49					
11	吴玲	88	90	90					
12	许允	67	93	89					
13	刘玉	93	90	96					
14	刘只会	88	76	82					
15	武林	88	87	87					
16	许凌凌	72	66	89					
17	王超	83	49	59					
18	李建国	84	89	90					

图 3-166

步骤06 于是再次向 ChatGPT 提问"按照上面的操作得到的是同时满足两个条件的筛选，我想实现只满足任意一个条件即被筛选出来。"，如图 3-167 所示。发送问题后，可得到如图 3-168 所示的回复信息。

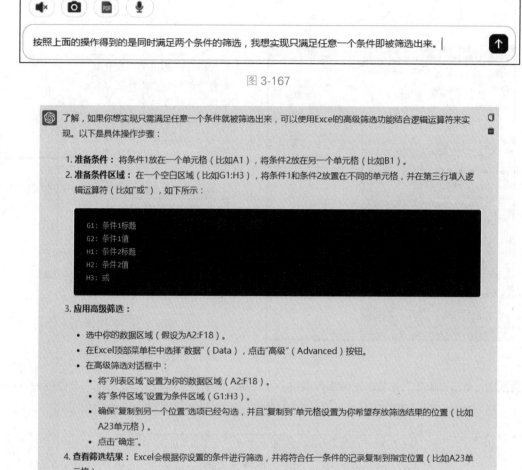

图 3-167

图 3-168

步骤07 我们看到 ChatGPT 的回复中对条件的设置方法进行了修正，即当表示"或"条件时，条件值不能位于同一行中，第二个条件值必须下移一行，于是对条件区域进行修改，如图 3-169 所示。

	A	B	C	D	E	F	G
1	姓名	笔试	面试	综合		笔试	面试
2	李伟	85	88	87		>=90	
3	刘欢第	88	65	72			>=90
4	万茜	99	100	90			
5	黄林	55	76	89			
6	李渊	84	66	69			
7	刘欣薇	66	76	98			

图 3-169

步骤 08 再次打开"高级筛选"对话框，按照前面的方法操作即可得到满足要求的筛选结果，如图 3-170 所示。

	A	B	C	D	E	F	G	H	I
1	姓名	笔试	面试	综合		笔试	面试		
2	李伟	85	88	87		>=90			
3	刘欢第	88	65	72			>=90		
4	万茜	99	100	90					
5	黄林	55	76	89					
6	李渊	84	66	69		姓名	笔试	面试	综合
7	刘欣薇	66	76	98		万茜	99	100	90
8	张得	45	75	80		王慧	99	100	59
9	王慧	99	100	59		吴玲	88	90	90
10	杨佳佳	89	76	49		许允	67	93	89
11	吴玲	88	90	90		刘玉	93	90	96
12	许允	67	93	89					
13	刘玉	93	90	96					
14	刘只会	88	76	82					
15	武林	88	87	87					
16	许凌凌	72	66	89					
17	王起	83	49	59					
18	李建国	84	89	90					

图 3-170

第4章

Chapter 4

了解 ChatGPT 给予 Excel 函数的帮助

本章将初步探讨如何使用 ChatGPT 来帮助我们应用函数，包括提供函数的语法规则、根据描述推荐合适的函数以及帮助理解复杂的数学公式等方面。

4.1 向 ChatGPT 询问 Excel 函数的语法和示例

Excel 是一款强大的数据管理和分析工具，其核心功能之一便是函数。通过灵活的公式设计可以解决日常办公中的众多数据计算、统计和分析需求，使工作变得高效、智能。然而，许多用户在使用公式时可能会遇到学不会、记不住、不会用等问题。在 AI 时代，这些问题将迎刃而解，我们可以通过向 ChatGPT 提问来学习函数的语法和示例，只要我们准确描述需求，就能直接获得解决问题的公式。

例如，向 ChatGPT 提问"在 Excel 中，SUMPRODUCT 函数具有什么功能？"（见图4-1），在发送问题后，得到的回复信息详细解释了该函数的语法及其功能概述，如图4-2 所示。

图 4-1

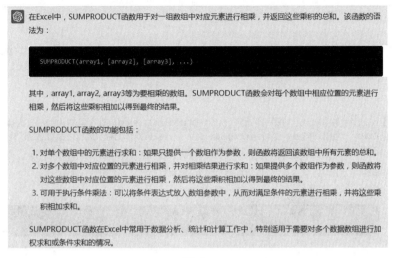

图 4-2

继续提问"请给出一个典型的应用范例。"，如图 4-3 所示。这时 ChatGPT 给出了一个对数组先求乘积再求和的范例，如图 4-4 所示。

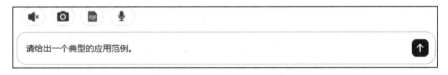

图 4-3

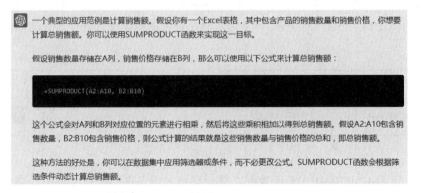

图 4-4

继续提问"请给出一个按条件求和的例子。"，如图 4-5 所示。可以先学习一下 ChatGPT 给出的判断条件，再看看对满足条件的数据进行求和的范例，如图 4-6 所示。

图 4-5

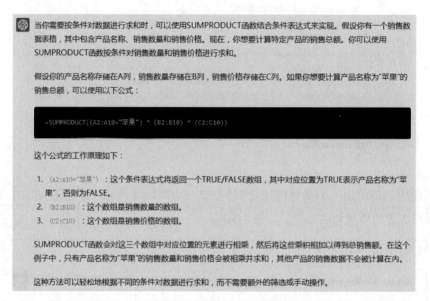

图 4-6

继续提问"请继续给出一个按条件统计条目数量的例子。"，如图 4-7 所示。可以先学习一下 ChatGPT 给出的判断条件，再学习对满足条件的数据条目进行计数的范例，如图 4-8 所示。

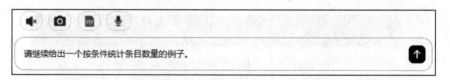

图 4-7

继续提问"SUMPRODUCT 函数可以进行满足多重条件的加总运算吗？请举例。"，如图 4-9 所示。可以学习 ChatGPT 提供的一个范例，其中使用 SUMPRODUCT 函数公式来处理复杂的条件。这个公式首先对双重条件进行判断，然后只对同时满足双重条件的数据进行加总运算，如图 4-10 所示。

当你需要按条件统计符合特定条件的条目数量时，同样可以使用SUMPRODUCT函数结合条件表达式来实现。假设你有一个销售数据表格，其中包含产品名称、销售数量和销售价格。现在，你想要统计产品名称为"苹果"的销售数量。你可以使用SUMPRODUCT函数按条件统计符合条件的条目数量。

假设你的产品名称存储在A列，销售数量存储在B列。如果你想要统计产品名称为"苹果"的销售数量，可以使用以下公式：

```
=SUMPRODUCT((A2:A10="苹果") * 1)
```

这个公式的工作原理如下：

1. (A2:A10="苹果")：这个条件表达式将返回一个TRUE/FALSE数组，其中对应位置为TRUE表示产品名称为"苹果"，否则为FALSE。
2. 1：这个数组中的每个元素都是1，用于代表每个符合条件的条目。

SUMPRODUCT函数会对这两个数组中对应位置的元素进行相乘，然后将这些乘积相加以得到符合条件的条目数量。在这个例子中，只有产品名称为"苹果"的销售数量会被计算，其他产品的销售数据不会被计算在内。

这种方法可以轻松地根据不同的条件统计符合条件的条目数量，而不需要额外的筛选或手动操作。

图 4-8

SUMPRODUCT函数可以进行满足多重条件的加总运算吗？请举例。

图 4-9

是的，SUMPRODUCT函数可以进行满足多重条件的加总运算。你可以将多个条件表达式结合起来，然后使用SUMPRODUCT函数来实现按多重条件加总。

假设你有一个销售数据表格，其中包含产品名称、销售数量和销售价格。现在，你想要计算销售数量大于100且销售价格高于50的产品的销售总额。你可以使用以下公式：

```
=SUMPRODUCT((B2:B10>100) * (C2:C10>50) * (B2:B10) * (C2:C10))
```

这个公式的工作原理如下：

1. (B2:B10>100)：这个条件表达式将返回一个TRUE/FALSE数组，其中对应位置为TRUE表示销售数量大于100，否则为FALSE。
2. (C2:C10>50)：这个条件表达式将返回一个TRUE/FALSE数组，其中对应位置为TRUE表示销售价格大于50，否则为FALSE。
3. (B2:B10)：这个数组是销售数量的数组。
4. (C2:C10)：这个数组是销售价格的数组。

SUMPRODUCT函数会对这四个数组中对应位置的元素进行相乘，然后将这些乘积相加以得到符合多重条件的产品的销售总额。在这个例子中，只有销售数量大于100且销售价格高于50的产品的销售数量和销售价格会被相乘并求和，其他产品的销售数据不会被计算在内。

这种方法可以轻松地根据多重条件对数据进行加总，而不需要额外的筛选或手动操作。

图 4-10

> 通过上面一系列的提问以及得到的回复信息，我们可以体会到 ChatGPT 的强大功能。借助 ChatGPT 的功能，显著提高了我们在当前快节奏工作中的效率。

4.2 让 ChatGPT 按给定任务提供 Excel 函数建议

ChatGPT 可以按用户给定的任务提供如何使用 Excel 函数的建议，即只要我们能准确地表达需求，ChatGPT 就能为我们提供一些应用建议。此外，它还可以通过我们的追问逐步细化问题，最终得出我们想要的解决方案。在实际应用过程中，笔者深刻体会到了这一点，发现非常实用。

例如，向 ChatGPT 提问"Excel 表格中统计了车间工人 4 月份的产值，需要根据产值计算月奖金，奖金发放规则是：生产件数小于 300 件时无奖金；生产件数大于或等于 300 件时奖金为 300 元，并且每增加 10 件，奖金增加 50 元。该如何写出公式？"，如图 4-11 所示。

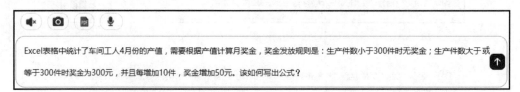

图 4-11

发送问题后，得到的回复信息如图 4-12 所示。

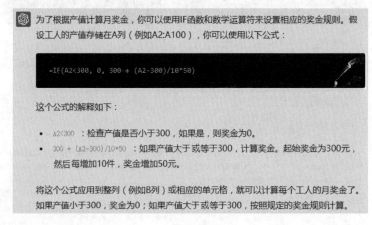

图 4-12

根据 ChatGPT 回复的公式，将其应用到 Excel 中进行求解，其求解结果如图 4-13 所示。

	A	B	C	D	E	F
	所属车间	姓名	性别	职位	生产件数	奖金
1	一车间	何志新	男	高级技工	351	555
2	二车间	周志鹏	男	技术员	367	635
3	二车间	夏楚奇	男	初级技工	386	730
4	一车间	周金星	女	初级技工	291	0
5	二车间	张明宇	男	技术员	401	805
6	一车间	赵思飞	男	中级技工	305	325
7	二车间	韩佳人	女	高级技工	384	720
8	一车间	刘莉莉	女	初级技工	289	0
9	一车间	王淑芬	女	初级技工	347	535
10	一车间	郑嘉新	男	初级技工	290	0
11	一车间	张盼盼	女	技术员	450	1050
12	二车间	侯诗奇	男	初级技工	312	360

F2 =IF(E2<300, 0, 300 + (E2-300)/10*50)

图 4-13

这个结果与实际求解任务的要求不符，实际要求是：每增加 10 件，奖金增加 50 元，对于不是 10 的倍数的情况，则不进行计算。因此，需要对公式做出调整。在 ChatGPT 中，重新调整问句，把限制条件描述得更精确："Excel 表格中统计了车间工人 4 月份的产值，需要根据产值计算月奖金，奖金发放规则是：生产件数小于 300 件时无奖金；生产件数大于或等于 300 件时奖金为 300 元，并且每增加 10 件，奖金增加 50 元，不足 10 件的部分不计算奖金。该如何写出公式？"，如图 4-14 所示。

Excel 表格中统计了车间工人 4 月份的产值，需要根据产值计算月奖金，奖金发放规则是：生产件数小于 300 件时无奖金；生产件数大于或等于 300 件时奖金为 300 元，并且每增加 10 件，奖金增加 50 元，不足 10 件的部分不计算奖金。该如何写出公式？

图 4-14

发送问题后，得到的回复信息如图 4-15 所示。

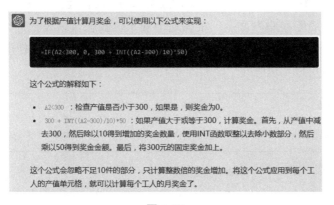

为了根据产值计算月奖金，可以使用以下公式来实现：

```
=IF(A2<300, 0, 300 + INT((A2-300)/10)*50)
```

这个公式的解释如下：

- A2<300 ：检查产值是否小于 300，如果是，则奖金为 0。
- 300 + INT((A2-300)/10)*50 ：如果产值大于或等于 300，计算奖金。首先，从产值中减去 300，然后除以 10 得到增加的奖金数量，使用 INT 函数取整以去除小数部分，然后乘以 50 得到奖金金额。最后，将 300 元的固定奖金加上。

这个公式会忽略不足 10 件的部分，只计算整数倍的奖金增加。将这个公式应用到每个工人的产值单元格，就可以计算每个工人的月奖金了。

图 4-15

根据 ChatGPT 重新回复的公式，将公式应用到 Excel 中进行求解，可以得到满足要求的求解结果，如图 4-16 所示。

F2			f_x	=IF(E2<300, 0, 300 + INT((E2-300)/10)*50)		
	A	B	C	D	E	F
1	所属车间	姓名	性别	职位	生产件数	奖金
2	一车间	何志新	男	高级技工	351	550
3	二车间	周志鹏	男	技术员	367	600
4	二车间	夏楚奇	男	初级技工	386	700
5	一车间	周金星	女	初级技工	291	0
6	二车间	张明宇	男	技术员	401	800
7	一车间	赵思飞	男	中级技工	305	300
8	二车间	韩佳人	女	高级技工	384	700
9	一车间	刘莉莉	女	初级技工	289	0
10	一车间	王淑芬	女	初级技工	347	500
11	二车间	郑嘉新	男	初级技工	290	0
12	一车间	张盼盼	女	技术员	450	1050
13	二车间	侯诗奇	男	初级技工	312	350

图 4-16

4.3 根据 ChatGPT 的提示完成函数公式的编写

在我们将分析意图整理成文字并收到 ChatGPT 的回复后，接下来需要根据提示回到 Excel 中完成相关公式的编写。通过这一过程，可以不断提升对 Excel 的应用能力。

例如，在下面的例子中设置了 5 层判断条件："面试成绩 =100" 时，返回 "满分" 文字；"95 ≤面试成绩 <100" 时，返回 "优秀" 文字；"80 ≤面试成绩 <95" 时，返回 "良好" 文字；"60 ≤面试成绩 <80" 时，返回 "及格" 文字；"面试成绩 <60" 时，返回 "不及格" 文字。根据这个要求，我们可以先把提问文字整理为 "在 Excel 表格中，我想根据测试分数返回不同的测评结果，如果我不想使用 IF 函数进行多层嵌套，有其他函数可以实现吗？"，如图 4-17 所示。

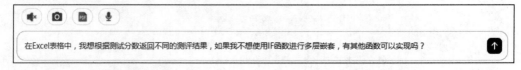

图 4-17

发送问题后，得到的回复信息如图 4-18 所示。

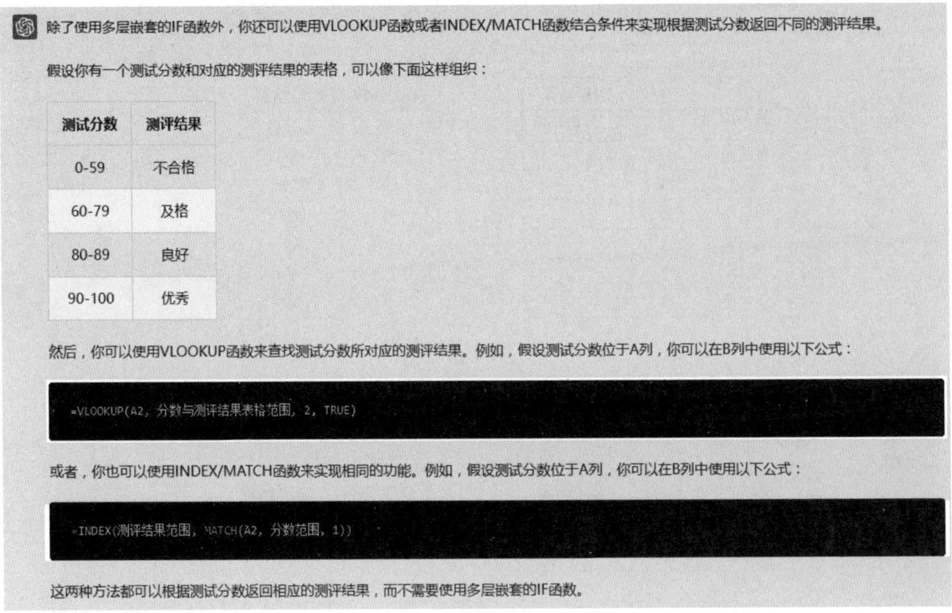

除了使用多层嵌套的IF函数外，你还可以使用VLOOKUP函数或者INDEX/MATCH函数结合条件来实现根据测试分数返回不同的测评结果。

假设你有一个测试分数和对应的测评结果的表格，可以像下面这样组织：

测试分数	测评结果
0-59	不合格
60-79	及格
80-89	良好
90-100	优秀

然后，你可以使用VLOOKUP函数来查找测试分数所对应的测评结果。例如，假设测试分数位于A列，你可以在B列中使用以下公式：

```
=VLOOKUP(A2, 分数与测评结果表格范围, 2, TRUE)
```

或者，你也可以使用INDEX/MATCH函数来实现相同的功能。例如，假设测试分数位于A列，你可以在B列中使用以下公式：

```
=INDEX(测评结果范围, MATCH(A2, 分数范围, 1))
```

这两种方法都可以根据测试分数返回相应的测评结果，而不需要使用多层嵌套的IF函数。

图 4-18

根据 ChatGPT 的提示，回到 Excel 中编辑公式。

步骤 01　首先编辑分数与测评结果作为辅助数据，如图 4-19 所示。

	A	B	C	D	E	F
1	姓名	面试	测评结果		测试分数	测评结果
2	苏文娇	80			0	不及格
3	黄辰辰	96			60	及格
4	尤越	73			80	良好
5	何启新	90			95	优秀
6	周志鹏	55			100	满分
7	夏奇	77				
8	周金星	95				
9	张明宇	76				
10	赵飞	99				
11	韩玲玲	78				
12	刘莉	78				
13	李杰	89				
14	周莉美	64				

图 4-19

步骤 02　选中 C2 单元格，将 ChatGPT 提供的公式 "=VLOOKUP(A2, 分数与测评结果表格范围，2, TRUE)" 复制到编辑器中。由于当前表格的测试分数显示在 B 列中，因此选中 A2 单元格（见图 4-20），将其更改为 B2（见图 4-21）。

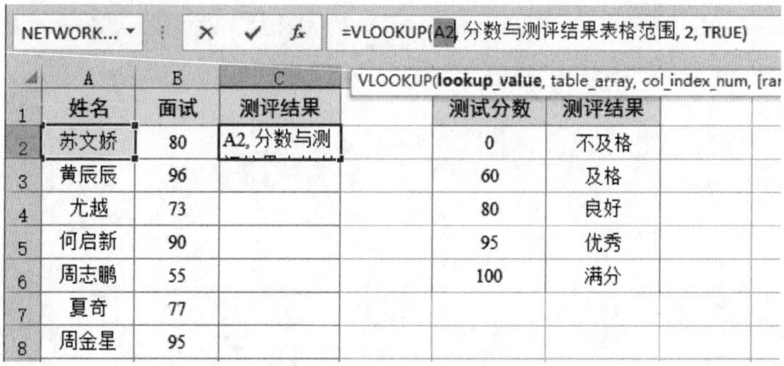

图 4-20

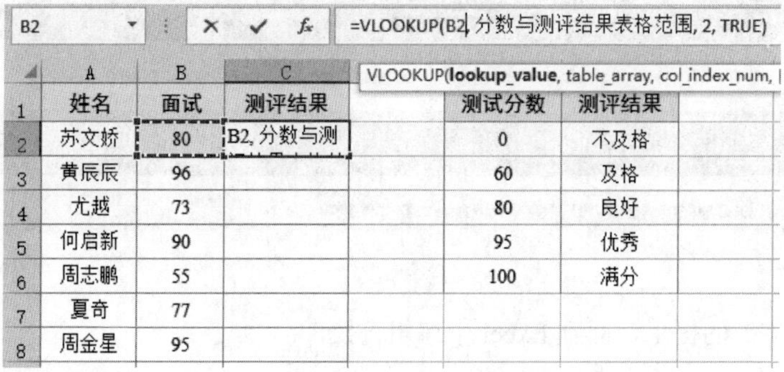

图 4-21

步骤 03　选中公式中的"分数与测评结果表格范围"，接着拖动鼠标以选取 E2:F6 单元格区域，如图 4-22 所示。

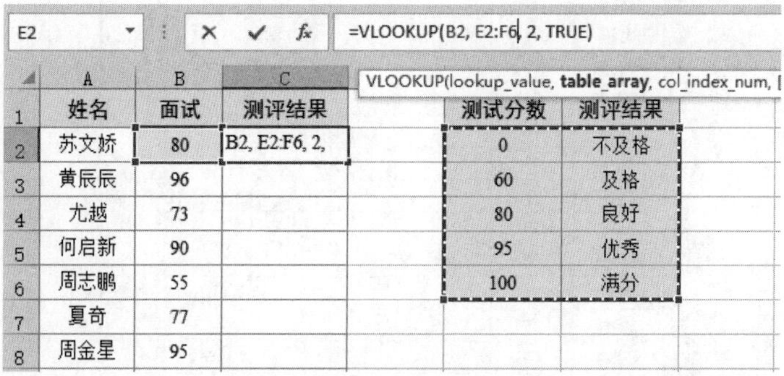

图 4-22

步骤 04　接着在公式编辑区中选中 E2:F6 部分，按 F4 键转换为绝对引用方式，如图 4-23 所示。

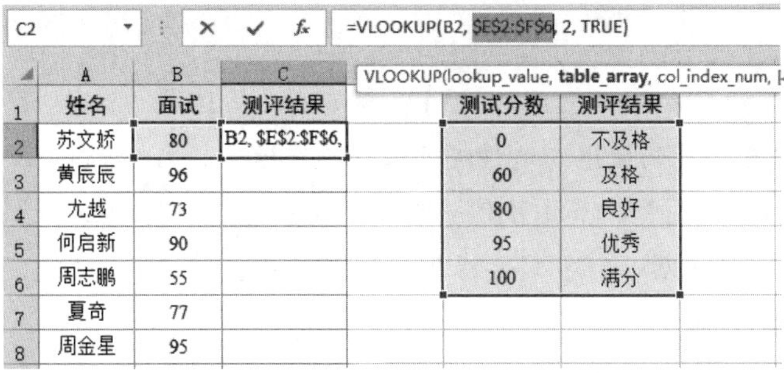

C2　=VLOOKUP(B2, $E$2:$F$6, 2, TRUE)

VLOOKUP(lookup_value, table_array, col_index_num, [

	A	B	C	D	E	F
1	姓名	面试	测评结果		测试分数	测评结果
2	苏文娇	80	B2, $E$2:$F$6,		0	不及格
3	黄辰辰	96			60	及格
4	尤越	73			80	良好
5	何启新	90			95	优秀
6	周志鹏	55			100	满分
7	夏奇	77				
8	周金星	95				

绝对引用方式指的是无论公式移到哪里，这个区域的引用始终不变。为什么要改为绝对引用方式？这是因为这个公式建立后需要向下填充批量应用，如果不改为绝对引用，公式向下填充时这里的引用位置会发生变化，而实事上要求这个用于判断的单元格区域是始终不变的，所以要对引用方式进行修改

图 4-23

步骤 05　按 Enter 键得到第一个公式返回的结果，如图 4-24 所示。

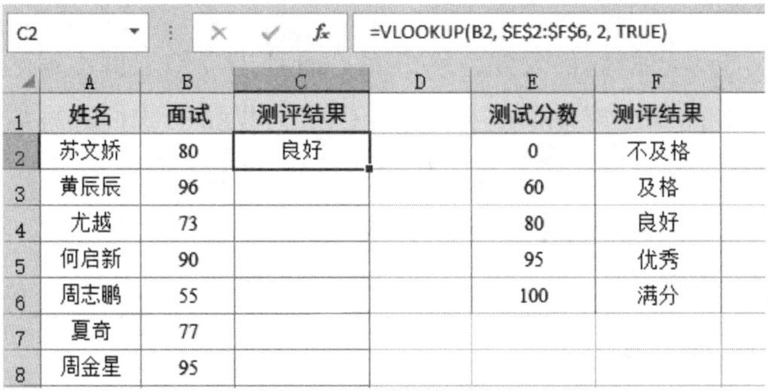

C2　=VLOOKUP(B2, $E$2:$F$6, 2, TRUE)

	A	B	C	D	E	F
1	姓名	面试	测评结果		测试分数	测评结果
2	苏文娇	80	良好		0	不及格
3	黄辰辰	96			60	及格
4	尤越	73			80	良好
5	何启新	90			95	优秀
6	周志鹏	55			100	满分
7	夏奇	77				
8	周金星	95				

图 4-24

步骤 06　通过向下填充公式，可以根据 B 列中的测评分数得到批量的结果，如图 4-25 所示。

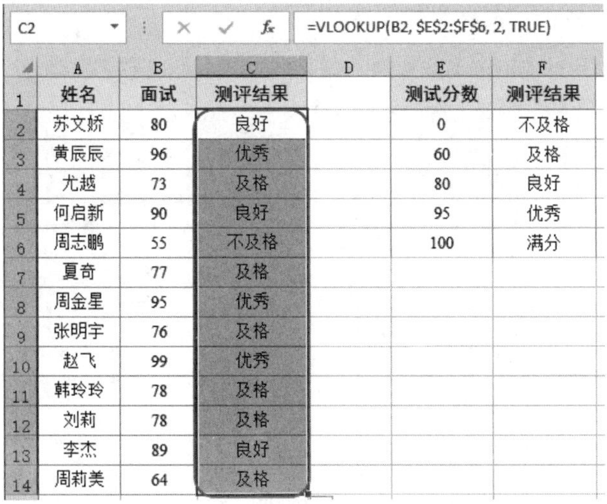

C2　=VLOOKUP(B2, $E$2:$F$6, 2, TRUE)

	A	B	C	D	E	F
1	姓名	面试	测评结果		测试分数	测评结果
2	苏文娇	80	良好		0	不及格
3	黄辰辰	96	优秀		60	及格
4	尤越	73	及格		80	良好
5	何启新	90	良好		95	优秀
6	周志鹏	55	不及格		100	满分
7	夏奇	77	及格			
8	周金星	95	优秀			
9	张明宇	76	及格			
10	赵飞	99	优秀			
11	韩玲玲	78	及格			
12	刘莉	78	及格			
13	李杰	89	良好			
14	周莉美	64	及格			

图 4-25

提示

如果求解目的非常明确，可以在向 ChatGPT 提问时就明确指定单元格区域，这样 ChatGPT 在给出的多数公式可以直接复制使用（这种提问方式将在后面的第 4 章中大量使用）。如果求解目标相对模糊，想与 ChatGPT 一起探讨解决方案，那么在从 ChatGPT 获取公式并回到 Excel 中使用后，可能需要根据当前表格的实际情况对公式中的单元格引用区域进行适当的修正。

4.4 用 ChatGPT 帮助理解公式

ChatGPT 不仅能为我们提供公式应用方案，而且当我们遇到不理解的公式时，也可以向 ChatGPT 求助。这样，ChatGPT 可以帮助我们理解这些公式背后的计算逻辑，从而加深我们对函数的理解和掌握。

例如，向 ChatGPT 提问"请问'=TEXTJOIN("、",TRUE,IF(C2:C10=" 录取 ",A2:A10,""))'这个公式如何理解？能解决什么问题？"，如图 4-26 所示。

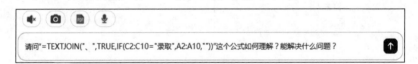

请问"=TEXTJOIN("、",TRUE,IF(C2:C10="录取",A2:A10,""))"这个公式如何理解？能解决什么问题？

图 4-26

发送问题后，得到的回复信息如图 4-27 所示。

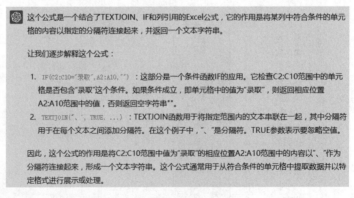

这个公式是一个结合了TEXTJOIN、IF和列引用的Excel公式，它的作用是将某列中符合条件的单元格的内容以指定的分隔符连接起来，并返回一个文本字符串。

让我们逐步解释这个公式：

1. IF(C2:C10="录取",A2:A10,"") ：这部分是一个条件函数IF的应用。它检查C2:C10范围中的单元格是否包含"录取"这个条件。如果条件成立，即单元格中的值为"录取"，则返回相应位置A2:A10范围中的值，否则返回空字符串""。
2. TEXTJOIN("、",TRUE,...) ：TEXTJOIN函数用于将指定范围内的文本串联在一起，其中分隔符用于在每个文本之间添加分隔符。在这个例子中，"、"是分隔符。TRUE参数表示要忽略空值。

因此，这个公式的作用是将C2:C10范围中值为"录取"的相应位置A2:A10范围中的内容以"、"作为分隔符连接起来，形成一个文本字符串。这个公式通常用于从符合条件的单元格中提取数据并以特定格式进行展示或处理。

图 4-27

对照着 ChatGPT 的提示，再结合表格实例进行理解，可以更高效地学习和掌握函数的应用。如图 4-28 所示，IF 函数首先判断 C2:C10 单元格区域中是否为"录取"。如果是，则返回相应位置 A2:A10 范围中的值，否则返回空字符串 " "。之后，使用 TEXTJOIN 函数将 IF 函数那一部分的返回值用"、"连接起来。所以最终的返回结果是所有录取人员的名单。

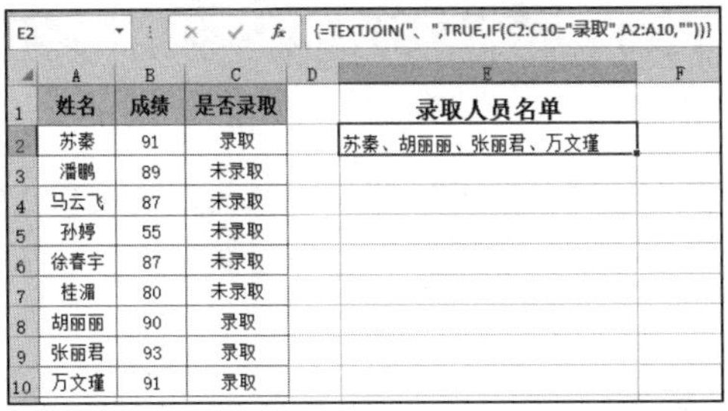

图 4-28

4.5　获取 Excel 函数的网络学习资源

要获取 Excel 函数的网络学习资源，依然是先向 ChatGPT 提问。通过 ChatGPT 的回复，我们可以找到适合自己的学习资源。

例如，可以向 ChatGPT 提问"在哪里可以获取 Excel 函数的网络学习资源？"，如图 4-29 所示。

在哪里可以获取Excel 函数的网络学习资源？

图 4-29

发送问题后，得到的回复信息如图 4-30 所示。

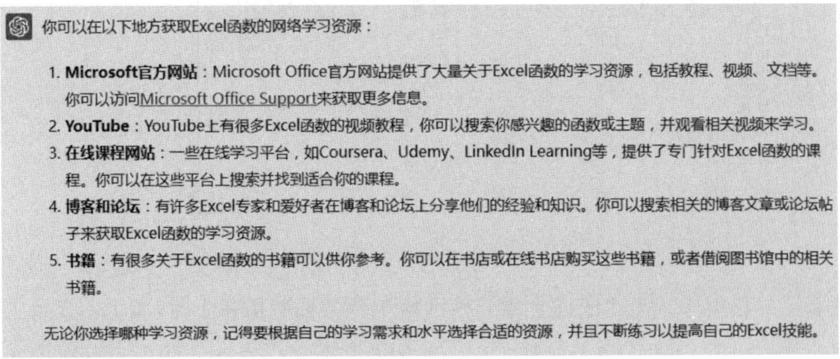

你可以在以下地方获取Excel函数的网络学习资源：

1. **Microsoft官方网站**：Microsoft Office官方网站提供了大量关于Excel函数的学习资源，包括教程、视频、文档等。你可以访问Microsoft Office Support来获取更多信息。
2. **YouTube**：YouTube上有很多Excel函数的视频教程，你可以搜索你感兴趣的函数或主题，并观看相关视频来学习。
3. **在线课程网站**：一些在线学习平台，如Coursera、Udemy、LinkedIn Learning等，提供了专门针对Excel函数的课程。你可以在这些平台上搜索并找到适合你的课程。
4. **博客和论坛**：有许多Excel专家和爱好者在博客和论坛上分享他们的经验和知识。你可以搜索相关的博客文章或论坛帖子来获取Excel函数的学习资源。
5. **书籍**：有很多关于Excel函数的书籍可以供你参考。你可以在书店或在线书店购买这些书籍，或者借阅图书馆中的相关书籍。

无论你选择哪种学习资源，记得要根据自己的学习需求和水平选择合适的资源，并且不断练习以提高自己的Excel技能。

图 4-30

第5章

ChatGPT 辅助生成 Excel 函数公式

ChatGPT 在函数公式的编写上的表现堪称神助攻，它就像一位能力超群的私人助理。只要我们能够准确表达自己的需求，求解公式问题对它而言轻而易举。在这方面，ChatGPT 带来的价值是前所未有的。即使是使用 Excel 多年的资深用户，在公式编写方面也不一定能做到秒编秒用，但 ChatGPT 却能做到这一点。

5.1 一次性对区域数据求和

表格中统计了各类别费用在 1 月、2 月、3 月的预算金额。下面要求用一个公式计算出总预算费用（各类别各月份的总计），如图 5-1 所示。

	A	B	C	D	E	F
1	费用类别	1月预算	2月预算	3月预算		总预算费用
2	差旅费	5000	2000	3000		74000
3	餐饮费	2000	2000	2000		
4	通讯费	2000	4000	4000		
5	交通费	1000	1000	4000		
6	办公用品采购费	5000	2000	4000		
7	业务拓展费	4000	10000	7000		
8	招聘培训费	5000	5000	0		

图 5-1

步骤 **01** 在聊天对话框中输入"B2:B8 单元格区域中是各项费用在 1 月、2 月、3 月的预算费用，想一次性计算出预算费用总和。"，如图 5-2 所示。发送问题后，可得到如图 5-3 所示的回复信息。

图 5-2

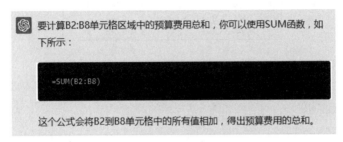

图 5-3

步骤 02　选中公式并按 Ctrl+C 复制，切换到 Excel 程序，选中 F2 单元格，光标定位到编辑栏中，按 Ctrl+V 组合键进行粘贴，如图 5-4 所示。

	A	B	C	D	E	F
1	费用类别	1月预算	2月预算	3月预算		总预算费用
2	差旅费	5000	2000	3000		=SUM(B2:D8)
3	餐饮费	2000	2000	2000		
4	通讯费	2000	4000	4000		
5	交通费	1000	1000	4000		
6	办公用品采购费	5000	2000	4000		
7	业务拓展费	4000	10000	7000		
8	招聘培训费	5000	5000	0		

NETWORK...　×　✓　fx　=SUM(B2:D8)

图 5-4

步骤 03　粘贴公式后，按 Enter 键即可得出计算结果，如图 5-1 所示。

5.2　对每日出库量累计求和

　　表格中按日统计了产品的出库量，现要对出库数量按日累计求和，即得到如图 5-5 所示的 C 列数据。

	A	B	C	D
1	日期	出库数量	累计出库	
2	2024-3-1	132	132	
3	2024-3-2	167	299	
4	2024-3-3	89	388	
5	2024-3-4	134	522	
6	2024-3-5	100	622	
7	2024-3-6	98	720	
8	2024-3-7	190	910	
9	2024-3-8	156	1066	
10	2024-3-9	88	1154	
11	2024-3-10	132	1286	

图 5-5

步骤 01 在聊天对话框中输入"对一列数据依次向下累计求和，用什么公式可以实现？"，如图 5-6 所示。发送问题后，可得到如图 5-7 所示的回复信息。

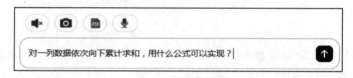

图 5-6

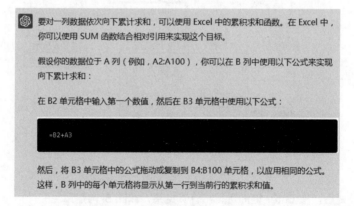

图 5-7

步骤 02 选中公式并按 Ctrl+C 组合键进行复制，切换到 Excel 程序，首先在 C2 单元格输入第一个数值"132"，接着选中 C3 单元格，输入公式"=C2+B3"，如图 5-8 所示。

步骤 03 按 Enter 键即可计算出结果。重新选中 C3 单元格，鼠标指向右下角，出现填充柄（见图 5-9）时，按住鼠标左键向下拖动即可进行累计求和，如图 5-10 所示。

	A	B	C	D
1	日期	出库数量	累计出库	
2	2024-3-1	132	132	
3	2024-3-2	167	=C2+B3	
4	2024-3-3	89		
5	2024-3-4	134		
6	2024-3-5	100		
7	2024-3-6	98		
8	2024-3-7	190		
9	2024-3-8	156		
10	2024-3-9	88		
11	2024-3-10	132		

NETWORK... ▼ : × ✓ *fx* =C2+B3

图 5-8

C3 ▼ : × ✓ *fx* =C2+B3

	A	B	C	D
1	日期	出库数量	累计出库	
2	2024-3-1	132	132	
3	2024-3-2	167	299	
4	2024-3-3	89		
5	2024-3-4	134		
6	2024-3-5	100		
7	2024-3-6	98		
8	2024-3-7	190		
9	2024-3-8	156		
10	2024-3-9	88		
11	2024-3-10	132		

图 5-9

	A	B	C	D
1	日期	出库数量	累计出库	
2	2024-3-1	132	132	
3	2024-3-2	167	299	
4	2024-3-3	89	388	
5	2024-3-4	134	522	
6	2024-3-5	100	622	
7	2024-3-6	98	720	
8	2024-3-7	190	910	
9	2024-3-8	156	1066	
10	2024-3-9	88	1154	
11	2024-3-10	132	1286	
12				

图 5-10

5.3 统计某个销售平台的合计金额

表格中统计了各商品在不同销售平台的销售金额，现要计算出天猫这个销售平台的总销售金额，如图 5-11 所示。

	A	B	C	D	E
1	商品编码	销售平台	销售金额（元）		天猫平台销售金额
2	WJ3606B	天猫	6035		22022
3	WJ3608B	唯品会	900		
4	WJ3608C	京东	1550		
5	WJ3610C	京东	1700		
6	WJ8868	天猫	1090		
7	WJ8869	京东	1230		
8	WJ8870	唯品会	2600		
9	WJ8871	京东	1636		
10	WJ8872	天猫	5650		
11	WJ8873	京东	910		
12	WJ8874	京东	1038		
13	Z8G031	天猫	2228		
14	Z8G031	天猫	3200		
15	Z8G032	天猫	2587		
16	Z8G033	唯品会	925		
17	ZG6011	天猫	1232		

图 5-11

步骤 01　在聊天对话框中输入"B2:B17 单元格区域中是销售平台，C2:C17 单元格区域中是销售金额，写一个公式统计出'天猫'平台的总销售额。"，如图 5-12 所示。发送问题后，可得到如图 5-13 所示的回复信息。

B2:B17单元格区域中是销售平台，C2:C17单元格区域中是销售金额，写一个公式统计出"天猫"平台的总销售额。

图 5-12

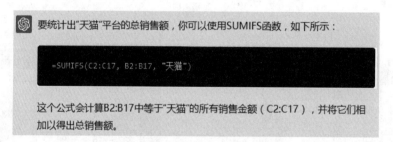

要统计出"天猫"平台的总销售额，你可以使用SUMIFS函数，如下所示：

=SUMIFS(C2:C17, B2:B17, "天猫")

这个公式会计算B2:B17中等于"天猫"的所有销售金额（C2:C17），并将它们相加以得出总销售额。

图 5-13

步骤 02　选中公式并按 Ctrl+C 组合键进行复制。切换到 Excel 程序，选中 E2 单元格，光标定位到编辑栏中，按 Ctrl+V 组合键进行粘贴，如图 5-14 所示。

NETWORK...		fx	=SUMIFS(C2:C17, B2:B17, "天猫")	
	A	B	C	D	E
1	商品编码	销售平台	销售金额(元)		天猫平台销售金额
2	WJ3606B	天猫	6035		B17，"天猫"）
3	WJ3608B	唯品会	900		
4	WJ3608C	京东	1550		
5	WJ3610C	京东	1700		
6	WJ8868	天猫	1090		
7	WJ8869	京东	1230		
8	WJ8870	唯品会	2600		
9	WJ8871	京东	1636		
10	WJ8872	天猫	5650		
11	WJ8873	京东	910		
12	WJ8874	京东	1038		
13	Z8G031	天猫	2228		
14	Z8G031	天猫	3200		
15	Z8G032	天猫	2587		
16	Z8G033	唯品会	925		
17	ZG6011	天猫	1232		

图 5-14

步骤 03　粘贴公式后，按 Enter 键即可得出计算结果，如图 5-11 所示。

SUMIF 函数

用途：对报表范围中符合指定条件的值求和。

语法：SUMIF(range，criteria，sum_range)。

参数说明：

- range：为条件区域，用于条件判断的单元格区域。
- criteria：为求和条件，由数字、逻辑表达式等组成的判定条件。
- sum_range：为实际求和区域，需要求和的单元格、区域或引用。

5.4　统计某两个销售平台的合计金额

在如图 5-15 所示的表格中统计了各产品的销售金额，现要统计出某两个销售平台的总销售金额。

	A	B	C	D	E
1	商品编码	销售平台	销售金额(元)		京东和唯品会总销售金额
2	WJ3606B	天猫	6035		12489
3	WJ3608B	唯品会	900		
4	WJ3608C	京东	1550		
5	WJ3610C	京东	1700		
6	WJ8868	天猫	1090		
7	WJ8869	京东	1230		
8	WJ8870	唯品会	2600		
9	WJ8871	京东	1636		
10	WJ8872	天猫	5650		
11	WJ8873	京东	910		
12	WJ8874	京东	1038		
13	Z8G031	天猫	2228		
14	Z8G031	天猫	3200		
15	Z8G032	天猫	2587		
16	Z8G033	唯品会	925		
17	ZG6011	天猫	1232		

图 5-15

步骤 01　在聊天对话框中输入"B2:B17 单元格区域中是销售平台，C2:C17 单元格区域中是销售金额，写一个公式统计出'京东'和'唯品会'两个平台的总销售额。"，如图 5-16 所示。发送问题后，可得到如图 5-17 所示的回复信息。

B2:B17单元格区域中是销售平台，C2:C17单元格区域中是销售金额，写一个公式统计出"京东"和"唯品会"两个平台的总销售额。

图 5-16

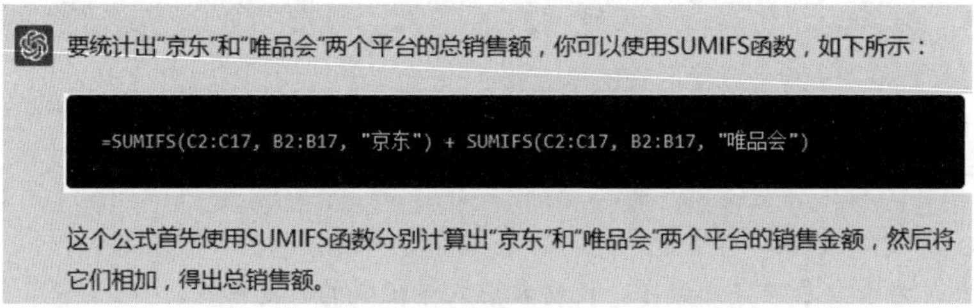

要统计出"京东"和"唯品会"两个平台的总销售额，你可以使用SUMIFS函数，如下所示：

```
=SUMIFS(C2:C17, B2:B17, "京东") + SUMIFS(C2:C17, B2:B17, "唯品会")
```

这个公式首先使用SUMIFS函数分别计算出"京东"和"唯品会"两个平台的销售金额，然后将它们相加，得出总销售额。

图 5-17

步骤 02　选中公式并按 Ctrl+C 组合键进行复制。切换到 Excel 程序，选中 F2 单元格，光标定位到编辑栏中，按 Ctrl+V 组合键进行粘贴，如图 5-18 所示。

	A	B	C	D	E	F	G
	商品编码	销售平台	销售金额(元)		京东和唯品会总销售金额		
2	WJ3606B	天猫	6035		B2:B17，"唯品会")		
3	WJ3608B	唯品会	900				
4	WJ3608C	京东	1550				
5	WJ3610C	京东	1700				
6	WJ8868	天猫	1090				
7	WJ8869	京东	1230				
8	WJ8870	唯品会	2600				
9	WJ8871	京东	1636				
10	WJ8872	天猫	5650				
11	WJ8873	京东	910				
12	WJ8874	京东	1038				
13	Z8G031	天猫	2228				
14	Z8G031	天猫	3200				
15	Z8G032	天猫	2587				
16	Z8G033	唯品会	925				
17	ZG6011	天猫	1232				

编辑栏：=SUMIFS(C2:C17, B2:B17, "京东") + SUMIFS(C2:C17, B2:B17, "唯品会")

图 5-18

步骤 03　粘贴公式后，按 Enter 键即可得出计算结果，如图 5-15 所示。

5.5　统计各部门工资总额

在如图 5-19 所示的表格中统计了各员工的工资（分属于不同的部门），现要统计出各个部门的工资总额，即得到 F2:F5 单元格区域的数据。

步骤 01　在聊天对话框中输入"B2:B12 单元格区域中是不同的部门，C2:C12 单元格区域中是工资额，请依照 E2:E4 中的部门计算各部门的总工资额。"，如图 5-20 所示。发送问题后，可得到如图 5-21 所示的回复信息。

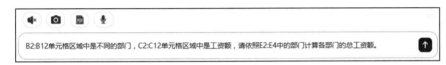

	A	B	C	D	E	F
1	姓名	所属部门	工资		部门	工资总额
2	潘鹏	企划部	5565		财务部	9800
3	马云飞	财务部	4600		销售部	53580
4	孙婷	销售部	14900		企划部	13565
5	徐春宇	销售部	2680			
6	桂湄	办公室	4200			
7	胡丽丽	销售部	15000			
8	张丽君	财务部	5200			
9	万文瑾	销售部	15200			
10	孙文胜	销售部	5800			
11	周保国	办公室	4280			
12	崔志飞	企划部	8000			

图 5-19

B2:B12单元格区域中是不同的部门，C2:C12单元格区域中是工资额，请依照E2:E4中的部门计算各部门的总工资额。

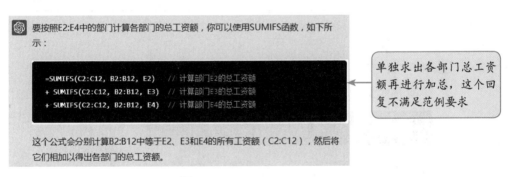

图 5-20

要按照E2:E4中的部门计算各部门的总工资额，你可以使用SUMIFS函数，如下所示：

```
=SUMIFS(C2:C12, B2:B12, E2)   // 计算部门E2的总工资额
+ SUMIFS(C2:C12, B2:B12, E3)  // 计算部门E3的总工资额
+ SUMIFS(C2:C12, B2:B12, E4)  // 计算部门E4的总工资额
```

这个公式会分别计算B2:B12中等于E2、E3和E4的所有工资额（C2:C12），然后将它们相加以得出各部门的总工资额。

单独求出各部门总工资额再进行加总，这个回复不满足范例要求

图 5-21

步骤 02　从回复信息可以看到，ChatGPT 回复的答案与该范例的要求有差异（它返回的是分别求出各个部门的总工资额，再进行整体加总），因此再次在聊天对话框中输入“B2:B12 单元格区域中是不同的部门，C2:C12 单元格区域中是工资额，请依照 E2:E4 中的部门计算各部门的总工资额，并分别显示于 F2:F4 区域。”，如图 5-22 所示。发送问题后，可得到如图 5-23 所示的回复信息。

B2:B12单元格区域中是不同的部门，C2:C12单元格区域中是工资额，请依照E2:E4中的部门计算各部门的总工资额，并分别显示于F2:F4区域。

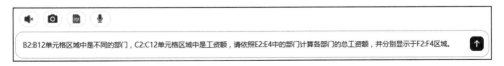

图 5-22

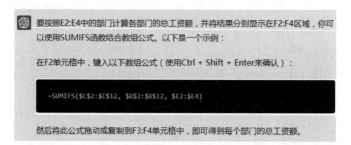

图 5-23

步骤 03　这次 ChatGPT 使用 SUMIFS 函数进行公式设计，而我们想使用 SUMIF 函数，于是再次在聊天对话框中追加提问"请用 SUMIF 函数写出公式。"，如图 5-24 所示。发送问题后，可得到如图 5-25 所示的回复信息。

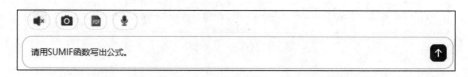

图 5-24

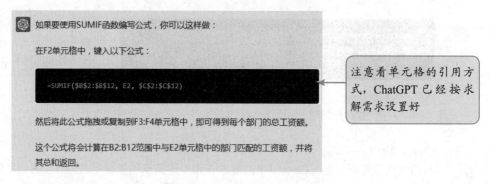

图 5-25

步骤 04　选中公式并按 Ctrl+C 组合键进行复制。切换到 Excel 程序，选中 F2 单元格，光标定位到编辑栏中，按 Ctrl+V 组合键进行粘贴，如图 5-26 所示。

步骤 05　粘贴公式后，按 Enter 键即可得出计算结果，将光标定位到 F2 单元格右下角，出现拾取器，如图 5-27 所示。

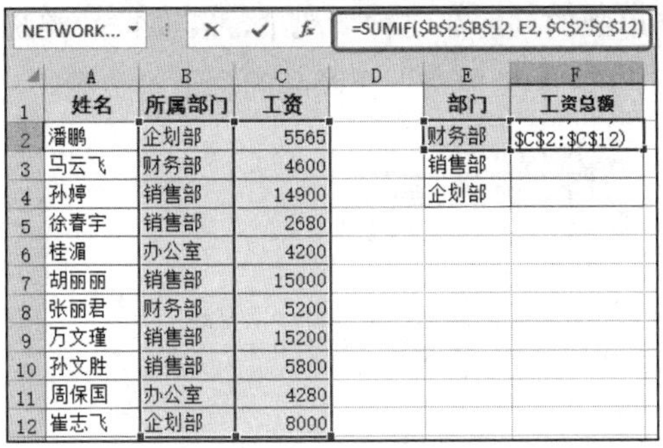

图 5-26

图 5-27

步骤 06 按住鼠标左键不放向下拖动，即可得到每个部门的总工资额，如图 5-28 所示。

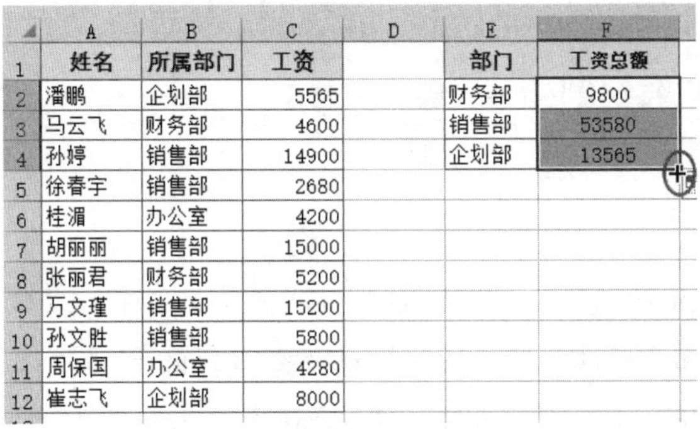

图 5-28

提示

根据不同的求解需求与提问方式，有时 ChatGPT 提供的答案或函数可能与当前的求解目的略有差异。在这种情况下，可以通过再次细化要求来重新提问或追问，正如本例中所进行的两次修正一样，最终得到需要的公式。但根据笔者的使用经验，只要将问题表述清楚，ChatGPT 一般都能帮我们找到正确的求解公式。

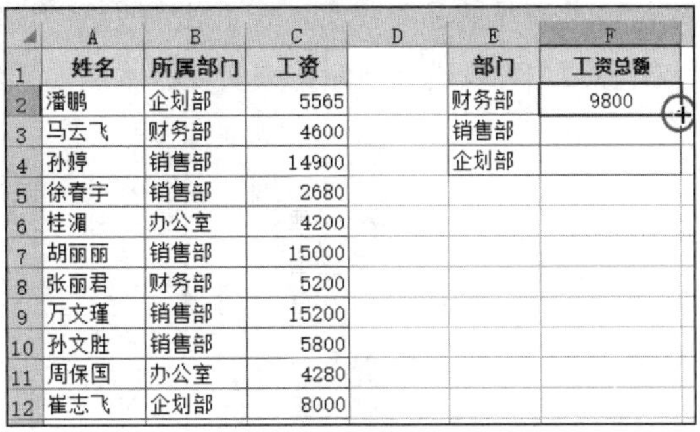

5.6　用通配符对某一类数据求和

数据的存在形式多种多样，根据不同的数据表现形式，在进行数据计算时需要采取不同的应对方式。例如，在如图 5-29 所示的表格中，商品名称包含了商品的品类信息，但并没有为品类建立单独的列。在这种情况下，若要按品类统计销售额，可以借助通配符来实现。本例要求统计出"手工曲奇"类商品的总销售金额。

	A	B	C	D	E	F
1	商品名称	销售数量	销售金额		手工曲奇总销售金额	
2	手工曲奇（迷你）	175	2100		7790	
3	手工曲奇（草莓）	146	1971			
4	手工曲奇（红枣）	68	918			
5	马蹄酥（花生）	66	844.8			
6	手工曲奇（香草）	150	2045			
7	伏苓糕（铁盒）	15	537			
8	伏苓糕（椒盐）	54	529.2			
9	伏苓糕（礼盒）	29	1521.5			
10	薄烧（榛果）	20	512			
11	薄烧（醇香）	49	490			
12	手工曲奇（巧克力）	35	472.5			
13	薄烧（蔓越莓）	43	430			
14	马蹄酥（椒盐）	30	384			
15	马蹄酥（孜然）	19	376.2			
16	薄烧（杏仁）	32	320			
17	手工曲奇（原味）	21	283.5			
18	马蹄酥（可可）	40	984			
19	伏苓糕（桂花）	20	180			
20	马蹄酥（海苔）	13	166.4			
21	伏苓糕（绿豆沙）	11	99			
22	伏苓糕（香芋）	10	90			

图 5-29

步骤 01 在聊天对话框中输入"A2:A19 单元格区域中是商品名称，C2:C19 单元格区域中是销售金额，写一个公式统计出 A2:A19 区域中包含'手工曲奇'文字的总销售额。"，如图 5-30 所示。发送问题后，可得到如图 5-31 所示的回复信息。

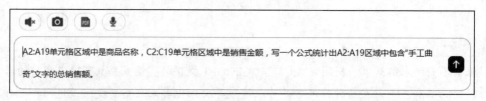

A2:A19单元格区域中是商品名称，C2:C19单元格区域中是销售金额，写一个公式统计出A2:A19区域中包含"手工曲奇"文字的总销售额。

图 5-30

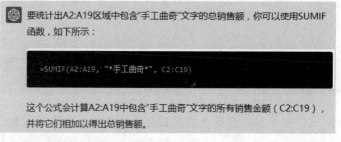

要统计出A2:A19区域中包含"手工曲奇"文字的总销售额，你可以使用SUMIF函数，如下所示：

```
=SUMIF(A2:A19, "*手工曲奇*", C2:C19)
```

这个公式会计算A2:A19中包含"手工曲奇"文字的所有销售金额（C2:C19），并将它们相加以得出总销售额。

图 5-31

步骤 02　选中公式并按 Ctrl+C 组合键进行复制。切换到 Excel 程序，选中 E2 单元格，将光标定位到编辑栏中，按 Ctrl+V 组合键进行粘贴，如图 5-32 所示。

NETWORK... ▼		× ✓ fx	=SUMIF(A2:A19, "*手工曲奇*", C2:C19)		
▲	A	B	C	D	E
1	商品名称	销售数量	销售金额		手工曲奇总销售金额
2	手工曲奇（迷你）	175	2100		工曲奇*", C2:C19)
3	手工曲奇（草莓）	146	1971		
4	马蹄酥（花生）	66	844.8		
5	手工曲奇（香草）	150	2045		
6	伏苓糕（铁盒）	15	537		
7	伏苓糕（椒盐）	54	529.2		
8	伏苓糕（礼盒）	29	1521.5		
9	薄烧（榛果）	20	512		
10	薄烧（醇香）	49	490		
11	手工曲奇（巧克力）	35	472.5		
12	薄烧（蔓越莓）	43	430		
13	马蹄酥（椒盐）	30	384		
14	手工曲奇（红枣）	68	918		
15	薄烧（杏仁）	32	320		
16	手工曲奇（原味）	21	283.5		
17	马蹄酥（可可）	40	984		
18	伏苓糕（桂花）	20	180		
19	马蹄酥（海苔）	13	166.4		

图 5-32

步骤 03　粘贴公式后，按 Enter 键即可得出计算结果，如图 5-29 所示。

公式中的通配符

公式中使用了"*"号通配符。"*"号可以代替任意字符，表示只要以"手工曲奇"开头的都是统计对象。除"*"号是通配符外，"?"号也是通配符，它用于代替任意单个字符，如"吴?"可以代表"吴三""吴四"和"吴有"等，但不能代表"吴有才"，因为"有才"是两个字符。

5.7　统计指定仓库指定商品的出库总数量

在下面的范例中，按照不同的仓库统计某种商品的出库合计数量，即达到如图 5-33 所示的统计结果。

步骤 01　在聊天对话框中输入"C2:C23 单元格区域中是不同的仓库，D2:D23 单元格区域中是商品类别，E2:E23 单元格区域中是出库件数，请依照 G2:G4 中的仓库名称计算'瓷片'这个商品类别的总出库件数，并分别显示于 H2:H4 区域。"，如图 5-34 所示。发送问题后，可得到如图 5-35 所示的回复信息。

出单日期	商品编码	仓库名称	商品类别	出库件数		仓库	瓷片
2024-4-8	WJ3606B	建材商城仓库	瓷片	35		西城仓	1032
2024-4-8	WJ3608B	建材商城仓库	瓷片	900		建材商城仓库	2015
2024-4-3	WJ3608C	东城仓	瓷片	550		东城仓	1411
2024-4-4	WJ3610C	东城仓	瓷片	170			
2024-4-2	WJ8868	建材商城仓库	大理石	90			
2024-4-2	WJ8869	东城仓	大理石	230			
2024-4-8	WJ8870	西城仓	大理石	600			
2024-4-7	WJ8871	东城仓	大理石	636			
2024-4-6	WJ8872	东城仓	大理石	650			
2024-4-5	WJ8873	东城仓	大理石	10			
2024-4-16	WJ8874	东城仓	大理石	38			
2024-4-4	Z8G031	建材商城仓库	抛轴砖	28			
2024-4-3	Z8G031	建材商城仓库	抛轴砖	200			
2024-4-14	Z8G033	西城仓	抛轴砖	25			
2024-4-10	ZG6011	西城仓	瓷片	32			
2024-4-17	ZG6012	西城仓	瓷片	1000			
2024-4-16	ZG6013	西城仓	抛轴砖	133			
2024-4-3	ZG6016	西城仓	抛轴砖	817			
2024-4-11	ZG6017	西城仓	抛轴砖	274			
2024-4-17	ZG63010	东城仓	瓷片	691			
2024-4-13	ZG63011A	建材商城仓库	瓷片	1000			
2024-4-19	ZG63016B	建材商城仓库	瓷片	80			

图 5-33

C2:C23单元格区域中是不同的仓库，D2:D23单元格区域中是商品类别，E2:E23单元格区域中是出库件数，请依照G2:G4中的仓库名称计算"瓷片"这个商品类别的总出库件数，并分别显示于H2:H4区域。

图 5-34

要按照G2:G4中的仓库名称计算"瓷片"这个商品类别的总出库件数，并将结果分别显示在H2:H4区域，你可以使用SUMIFS函数。以下是一个示例：

在H2单元格中，键入以下公式：

```
=SUMIFS($E$2:$E$23, $C$2:$C$23, G2, $D$2:$D$23, "瓷片")
```

然后将此公式拖动或复制到H3:H4单元格中，即可得到每个仓库中"瓷片"商品类别的总出库件数。

这个公式将会根据条件，统计C2:C23中等于G2（第一个仓库名称）且D2:D23中等于"瓷片"的出库件数，然后返回总和。

图 5-35

 选中公式并按 Ctrl+C 组合键进行复制。切换到 Excel 程序，选中 H2 单元格，光标定位到编辑栏中，按 Ctrl+V 组合键进行粘贴，如图 5-36 所示。

H2　　　fx　=SUMIFS($E$2:$E$23, $C$2:$C$23, G2, $D$2:$D$23, "瓷片")

	A	B	C	D	E	F	G	H
1	出单日期	商品编码	仓库名称	商品类别	出库件数		仓库	瓷片
2	2024-4-8	WJ3606B	建材商城仓库	瓷片	35		西城仓	1032
3	2024-4-8	WJ3608B	建材商城仓库	瓷片	900		建材商城仓库	
4	2024-4-3	WJ3608C	东城仓	瓷片	550		东城仓	
5	2024-4-4	WJ3610C	东城仓	瓷片	170			
6	2024-4-2	WJ8868	建材商城仓库	大理石	90			
7	2024-4-2	WJ8869	东城仓	大理石	230			
8	2024-4-8	WJ8870	西城仓	大理石	600			
9	2024-4-7	WJ8871	东城仓	大理石	636			
10	2024-4-6	WJ8872	东城仓	大理石	650			
11	2024-4-5	WJ8873	东城仓	大理石	10			
12	2024-4-16	WJ8874	东城仓	大理石	38			
13	2024-4-4	Z8G031	建材商城仓库	抛釉砖	28			
14	2024-4-3	Z8G031	建材商城仓库	抛釉砖	200			
15	2024-4-14	Z8G033	西城仓	抛釉砖	25			
16	2024-4-10	ZG6011	西城仓	瓷片	32			
17	2024-4-17	ZG6012	西城仓	瓷片	1000			
18	2024-4-16	ZG6013	西城仓	抛釉砖	133			
19	2024-4-3	ZG6016	西城仓	抛釉砖	817			
20	2024-4-11	ZG6017	西城仓	抛釉砖	274			
21	2024-4-17	ZG63010	东城仓	瓷片	691			
22	2024-4-13	ZG63011A	建材商城仓库	瓷片	1000			
23	2024-4-19	ZG63016B	建材商城仓库	瓷片	80			

图 5-36

步骤 03　粘贴公式后，按 Enter 键即可得出计算结果。选中 H2 单元格，拖动右下角的填充柄向下填充公式（见图 5-37），即可得到多个仓库中关于"瓷片"这个商品的出库总数。

	A	B	C	D	E	F	G	H
1	出单日期	商品编码	仓库名称	商品类别	出库件数		仓库	瓷片
2	2024-4-8	WJ3606B	建材商城仓库	瓷片	35		西城仓	1032
3	2024-4-8	WJ3608B	建材商城仓库	瓷片	900		建材商城仓库	2015
4	2024-4-3	WJ3608C	东城仓	瓷片	550		东城仓	1411
5	2024-4-4	WJ3610C	东城仓	瓷片	170			
6	2024-4-2	WJ8868	建材商城仓库	大理石	90			
7	2024-4-2	WJ8869	东城仓	大理石	230			
8	2024-4-8	WJ8870	西城仓	大理石	600			
9	2024-4-7	WJ8871	东城仓	大理石	636			
10	2024-4-6	WJ8872	东城仓	大理石	650			
11	2024-4-5	WJ8873	东城仓	大理石	10			
12	2024-4-16	WJ8874	东城仓	大理石	38			
13	2024-4-4	Z8G031	建材商城仓库	抛釉砖	28			
14	2024-4-3	Z8G031	建材商城仓库	抛釉砖	200			
15	2024-4-14	Z8G033	西城仓	抛釉砖	25			
16	2024-4-10	ZG6011	西城仓	瓷片	32			
17	2024-4-17	ZG6012	西城仓	瓷片	1000			
18	2024-4-16	ZG6013	西城仓	抛釉砖	133			
19	2024-4-3	ZG6016	西城仓	抛釉砖	817			
20	2024-4-11	ZG6017	西城仓	抛釉砖	274			
21	2024-4-17	ZG63010	东城仓	瓷片	691			
22	2024-4-13	ZG63011A	建材商城仓库	瓷片	1000			
23	2024-4-19	ZG63016B	建材商城仓库	瓷片	80			

图 5-37

SUMIFS 函数

用途：根据多个条件，对符合条件的单元格中的数字进行求和。

语法：　SUMIFS(sum_range, criteria_range1, criteria1, [criteria_range2, criteria2], …)。

参数说明：

- sum_range：要求和的单元格区域。
- criteria_range1：用于第一个条件判断的单元格区域。
- criteria1：第一个判断条件，由数字、逻辑表达式等组成的判定条件。例如，可以将条件输入为 32、">32"、B4、"苹果" 或 "32"。
- criteria_range2, criteria2, … (optional)：第二个条件判断的单元格区域及第二个判断条件。最多可以输入 127 个区域 / 条件对。

5.8 计算平均分时将文本项也计算在内

在如图 5-38 所示的表格中统计了多次测试成绩（包括缺考的），现要计算出平均值（缺考的也计算在内）。

	A	B	C	D
1	姓名	1次测试	2次测试	3次测试
2	赵青军	88	98	81
3	石小波	64	85	85
4	杨恩	92	85	78
5	王伟	缺考	84	75
6	胡组丽	89	86	80
7	罗佳	76	84	65
8	张轩	78	64	缺考
9	张亚文	91	89	82
10				
11	平均值	74.9583		

图 5-38

步骤 01　在聊天对话框中输入 "B2:D9 区域中是多次测试成绩，现在要计算出平均测试成绩，并且将显示'缺考'的单元格也计算在内。"，如图 5-39 所示。发送问题后，可得到如图 5-40 所示的回复信息。

B2:D9区域中是多次测试成绩，现在要计算出平均测试成绩，并且将显示"缺考"的单元格也计算在内。　↑

图 5-39

> 如果要计算B2:D9区域中所有测试成绩的平均值，并且要将显示"缺考"的单元格也计算在内，可以使用以下公式：
>
> ```
> =IFERROR(SUM(B2:D9) / COUNTA(B2:D9), "缺考")
> ```
>
> 这个公式使用了SUM函数来计算B2:D9范围内的总分数，然后除以COUNTA函数计算这个范围内非空单元格的数量，包括显示"缺考"的单元格。最后，使用IFERROR函数来处理"缺考"情况，如果有错误（例如除数为零），则显示"缺考"。
>
> 将这个公式放在E2单元格中，然后拖动或复制到E3:E9以计算每个人的平均测试成绩。

图 5-40

步骤 02　选中公式并按 Ctrl+C 组合键进行复制。切换到 Excel 程序，选中 B11 单元格，将光标定位到编辑栏中，按 Ctrl+V 组合键进行粘贴，如图 5-41 所示。

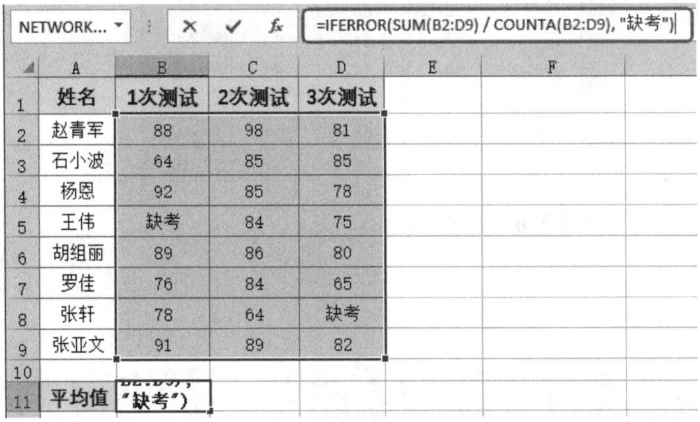

	A	B	C	D	E	F
1	姓名	1次测试	2次测试	3次测试		
2	赵青军	88	98	81		
3	石小波	64	85	85		
4	杨恩	92	85	78		
5	王伟	缺考	84	75		
6	胡组丽	89	86	80		
7	罗佳	76	84	65		
8	张轩	78	64	缺考		
9	张亚文	91	89	82		
10						
11	平均值	"缺考")				

NETWORK... ✕ ✓ *fx* =IFERROR(SUM(B2:D9) / COUNTA(B2:D9), "缺考")

图 5-41

步骤 03　粘贴公式后，按 Enter 键即可得出计算结果。根据 ChatGPT 的提示，将这个公式放在 E2 单元格中，然后拖动或复制到 E3:E9 以计算每个人的平均测试成绩。当然，将公式应用到其他位置需要根据情况调整对单元格区域的引用。

步骤 04　将公式复制到 E2 单元格中，并将公式中的引用区域都更改为 B2:D2，如图 5-42 所示。

步骤 05　按 Enter 键即可得出第一个人的平均分，选中 E2 单元格，拖动右下角的填充柄向下填充公式（见图 5-43），即可计算每个人的平均测试成绩。

E2		× ✓ fx	=IFERROR(SUM(B2:D2) / COUNTA(B2:D2), "缺考")				

	A	B	C	D	E	F	G	H
1	姓名	1次测试	2次测试	3次测试	平均值			
2	赵青军	88	98	81	2:D2), "缺考")			
3	石小波	64	85	85				
4	杨恩	92	85	78				
5	王伟	缺考	84	75				
6	胡组丽	89	86	80				
7	罗佳	76	84	65				
8	张轩	78	64	缺考				
9	张亚文	91	89	82				

图 5-42

	A	B	C	D	E	F
1	姓名	1次测试	2次测试	3次测试	平均值	
2	赵青军	88	98	81	89	
3	石小波	64	85	85	78	
4	杨恩	92	85	78	85	
5	王伟	缺考	84	75	53	
6	胡组丽	89	86	80	85	
7	罗佳	76	84	65	75	
8	张轩	78	64	缺考	47.3333	
9	张亚文	91	89	82	87.3333	
10						
11	平均值	74.9583				

图 5-43

5.9 排除新店计算平均利润

在如图 5-44 所示的表格中统计了各个分店的利润金额，现要求出除新店之外的平均利润。

	A	B	C	D
1	分店	利润(万元)		平均利润（新店除外）
2	市府广场店	108.37		108.68
3	舒城路店(新店)	50.21		
4	城隍庙店	98.25		
5	南七店	112.8		
6	太湖路店(新店)	45.32		
7	青阳南路店	163.5		
8	黄金广场店	98.09		
9	大润发店	102.45		
10	兴园小区店(新店)	56.21		
11	香雅小区店	77.3		

图 5-44

步骤 01 在聊天对话框中输入 "A2:A11 单元格区域中是分店名称，B2:B11 单元格区域中是利润，现在需要排除 A2:A11 区域中末尾是 '（新店）'文字的单元格，计算平均利润。"，如图 5-45 所示。发送问题后，可得到如图 5-46 所示的回复信息。

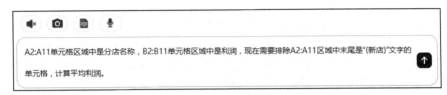

图 5-45

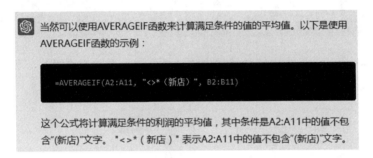

图 5-46

步骤 02 选中公式并按 Ctrl+C 组合键进行复制。切换到 Excel 程序，选中 D2 单元格，将光标定位到编辑栏中，按 Ctrl+V 组合键进行粘贴，如图 5-47 所示。

NETWORK... ▼	⋮ ✕ ✓ fx	=AVERAGEIF(A2:A11,"<>*(新店)",B2:B11)	
	A	B	C	D
1	分店	利润(万元)		平均利润（新店除外）
2	市府广场店	108.37		店)",B2:B11)
3	舒城路店(新店)	50.21		
4	城隍庙店	98.25		
5	南七店	112.8		
6	太湖路店(新店)	45.32		
7	青阳南路店	163.5		
8	黄金广场店	98.09		
9	大润发店	102.45		
10	兴园小区店(新店)	56.21		
11	香雅小区店	77.3		

图 5-47

步骤 03 粘贴公式后，按 Enter 键即可得出计算结果。

AVERAGEIF 函数

用途：根据指定的条件计算范围内满足条件的单元格的平均值。

语法：AVERAGEIF(range, criteria, [average_range])。

参数说明：

- range：要应用条件检查的范围，这个参数不可少。
- criteria：表示要应用于 range 的条件。可以是数字、文本、表达式或引用。
- [average_range]（可选参数）：包含要计算平均值的实际值的范围。如果省略此参数，则使用 range 中满足条件的值来计算平均值。

5.10 统计各班级的平均分

在如图 5-48 所示的表格中统计了学生成绩（分属于不同的班级），现要计算出各个班级的平均分，即得到 F2:F4 单元格区域中的值。

	A	B	C	D	E	F
1	班级	姓名	分数		班级	平均分数
2	五(1)班	林若涵	93		五(1)班	87.5
3	五(2)班	张轩	72		五(2)班	84.75
4	五(1)班	张亚文	87		五(3)班	82
5	五(2)班	陆路	90			
6	五(3)班	罗佳怡	60			
7	五(1)班	王小蝶	88			
8	五(3)班	刘余	99			
9	五(1)班	韩智贤	82			
10	五(2)班	杨维玲	88			
11	五(3)班	王翔	89			
12	五(2)班	徐志恒	89			
13	五(3)班	朱虹丽	80			

图 5-48

步骤 01　在聊天对话框中输入"A2:A13 单元格区域中是班级，C2:C13 单元格区域中是分数，请依照 E2:E4 中的班级名称计算平均分，并分别显示于 F2:F4 区域。"，如图 5-49 所示。发送问题后，可得到如图 5-50 所示的回复信息。

步骤 02　选中公式并按 Ctrl+C 组合键进行复制。切换到 Excel 程序，选中 F2 单元格，将光标定位到编辑栏中，按 Ctrl+V 组合键进行粘贴，如图 5-51 所示。

A2:A13单元格区域中是班级，C2:C13单元格区域中是分数，请依照E2:E4中的班级名称计算平均分，并分别显示于F2:F4区域。

图 5-49

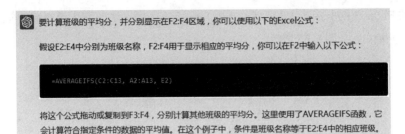

要计算班级的平均分，并分别显示在F2:F4区域，你可以使用以下的Excel公式：

假设E2:E4中分别为班级名称，F2:F4用于显示相应的平均分，你可以在F2中输入以下公式：

```
=AVERAGEIFS(C2:C13, A2:A13, E2)
```

将这个公式拖动或复制到F3:F4，分别计算其他班级的平均分。这里便用了AVERAGEIFS函数，它会计算符合指定条件的数据的平均值。在这个例子中，条件是班级名称等于E2:E4中的相应班级。

图 5-50

NETWORK...		×	✓	fx	=AVERAGEIFS(C2:C13, A2:A13, E2)	
	A	B	C	D	E	F	G
1	班级	姓名	分数		班级	平均分数	
2	五(1)班	林若涵	93		五(1)班	A13, E2)	
3	五(2)班	张轩	72		五(2)班		
4	五(1)班	张亚文	87		五(3)班		
5	五(2)班	陆路	90				
6	五(3)班	罗佳怡	60				
7	五(1)班	王小蝶	88				
8	五(3)班	刘余	99				
9	五(1)班	韩智贤	82				
10	五(2)班	杨维玲	88				
11	五(3)班	王翔	89				
12	五(2)班	徐志恒	89				
13	五(3)班	朱虹丽	80				

图 5-51

步骤 03 由于建立的公式还需要向下复制以实现对其他班级求平均值，因此需要将单元格的引用改为绝对引用方式，如图 5-52 所示。

NETWORK...		×	✓	fx	=AVERAGEIFS($C$2:$C$13, $A$2:$A$13, E2)	
	A	B	C	D	E	F	G
1	班级	姓名	分数		班级	平均分数	
2	五(1)班	林若涵	93		五(1)班	$A$13, E2)	
3	五(2)班	张轩	72		五(2)班		
4	五(1)班	张亚文	87		五(3)班		
5	五(2)班	陆路	90				
6	五(3)班	罗佳怡	60				
7	五(1)班	王小蝶	88				
8	五(3)班	刘余	99				
9	五(1)班	韩智贤	82				
10	五(2)班	杨维玲	88				
11	五(3)班	王翔	89				
12	五(2)班	徐志恒	89				
13	五(3)班	朱虹丽	80				

> 更改为绝对引用方式的简单操作方法是，选中单元格区域后，按一次 F4 键即可

图 5-52

步骤 04　按 Enter 键得出计算结果，然后选中 F2 单元格，拖动右下角的填充柄把公式填充到 F4 单元格中，如图 5-53 所示。

	A	B	C	D	E	F
1	班级	姓名	分数		班级	平均分数
2	五(1)班	林若涵	93		五(1)班	87.5
3	五(2)班	张轩	72		五(2)班	84.75
4	五(1)班	张亚文	87		五(3)班	82
5	五(2)班	陆路	90			
6	五(3)班	罗佳怡	60			
7	五(1)班	王小蝶	88			
8	五(3)班	刘余	99			
9	五(1)班	韩智贤	82			
10	五(2)班	杨维玲	88			
11	五(3)班	王翔	89			
12	五(2)班	徐志恒	89			
13	五(3)班	朱虹丽	80			

图 5-53

提 示

在本例中，我们可以看到 ChatGPT 给出的公式还需要小幅度修正。如果知道如何进行修改，就可以自己动手修改一下。如果不知道如何修改，可以调整提问的措辞，再次向 ChatGPT 追问，以得到进一步的回复内容。

AVERAGEIFS 函数

用途：根据多个条件计算范围内满足所有条件的单元格的平均值。

语法：AVERAGEIFS(average_range, criteria_range1, criteria1, [criteria_range2, criteria2, …])。

参数说明：

- average_range：包含要计算平均值的实际值的范围，这个参数不可少。
- criteria_range1：第一个条件的范围。
- criteria1：第一个条件的判断条件。
- [criteria_range2, criteria2], …：（可选参数）可以添加多个条件范围和条件判断。

5.11　计算一车间女职工的平均工资

表格中统计了车间职工的工资（分属于不同的车间，并且性别不同），现在要求统计出指定车间、指定性别的平均工资（见图 5-54），即需要同时满足两个条件。

	A	B	C	D	E
1	姓名	车间	性别	工资	
2	赵青军	一车间	女	3620	
3	石小波	二车间	女	3540	
4	杨恩	二车间	女	2600	
5	王伟	一车间	女	2520	
6	胡组丽	二车间	女	3450	
7	苗新军	一车间	男	4600	
8	张轩	二车间	女	2460	
9	夏裙	一车间	男	2500	
10	顾玉凤	一车间	女	3400	
11	余冬梅	二车间	女	3510	
12	张亚文	一车间	男	4000	
13					
14	一车间女职工平均工资	3180			

图 5-54

步骤 01　在聊天对话框中输入"B2:B12 单元格区域中是车间名称，C2:C12 单元格区域中是性别，D2:D12 单元格区域中是工资，现在需要计算'一车间'中'女'职工的平均工资。"，如图 5-55 所示。发送问题后，可得到如图 5-56 所示的回复信息。

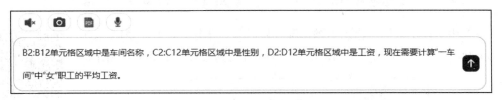

图 5-55

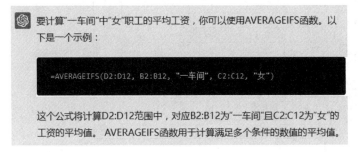

图 5-56

步骤 02　选中公式并按 Ctrl+C 组合键进行复制。切换到 Excel 程序，选中 B14 单元格，将光标定位到编辑栏中，按 Ctrl+V 组合键进行粘贴，如图 5-57 所示。

▲	A	B	C	D	E	F	G
1	**姓名**	**车间**	**性别**	**工资**			
2	赵青军	一车间	女	3620			
3	石小波	二车间	女	3540			
4	杨恩	二车间	女	2600			
5	王伟	二车间	女	2520			
6	胡组丽	二车间	女	3450			
7	苗新军	一车间	男	4600			
8	张轩	二车间	女	2460			
9	夏裙	一车间	男	2500			
10	顾玉凤	一车间	女	3400			
11	余冬梅	二车间	女	3510			
12	张亚文	一车间	男	4000			
13							
14	一车间女职工平均工资	D12,B2:B12,"一车间",C2:C12,"女")					

公式栏：=AVERAGEIFS(D2:D12,B2:B12,"一车间",C2:C12,"女")

图 5-57

步骤 03　粘贴公式后，按 Enter 键即可得出计算结果。

5.12　根据签到表统计到会人数

表格中统计了某日的员工出勤情况（只选取了部分数据）。"1"表示确认出勤，"缺席"表示未出勤，现在要求统计出勤人数，如图 5-58 所示。

▲	A	B	C	D	E
1	**员工编号**	**姓名**	**是否出勤**		**出勤人数**
2	TL1	张海燕	1		**8**
3	TL2	张仪	1		
4	TL3	何丽	1		
5	TL4	李凝	缺席		
6	TL5	陈华	1		
7	TL6	周逸	1		
8	TL7	于宝强	缺席		
9	TL8	于娜	1		
10	TL9	陈振海	1		
11	TL10	黄俊杰	缺席		
12	TL11	常丽	1		

图 5-58

步骤 01　在聊天对话框中输入"统计出 C2:C12 单元格区域中数字出现的个数。"，如图 5-59 所示。发送问题后，可得到如图 5-60 所示的回复信息。

图 5-59

因为已经约定出勤用数字 1 表示，所以统计出数字的个数就表示出勤人数。

> 要统计C2:C12单元格区域中数字出现的个数，你可以使用COUNT函数。COUNT函数用于计算指定范围内的数字数量。以下是一个示例：
>
> ```
> =COUNT(C2:C12)
> ```
>
> 这个公式将计算C2:C12范围中的数字数量，不包括空单元格或非数字内容。COUNT函数简单地统计数字的数量，因此它可以帮助你快速了解C2:C12范围中数字的个数。

图 5-60

步骤 02 选中公式并按 Ctrl+C 组合键进行复制。切换到 Excel 程序，选中 E2 单元格，将光标定位到编辑栏中，按 Ctrl+V 组合键进行粘贴，如图 5-61 所示。

	NETWORK...	×	✓	fx	=COUNT(C2:C12)

	A	B	C	D	E
1	员工编号	姓名	是否出勤		出勤人数
2	TL1	张海燕	1		=COUNT(C2:C12)
3	TL2	张仪	1		
4	TL3	何丽	1		
5	TL4	李凝	缺席		
6	TL5	陈华	1		
7	TL6	周逸	1		
8	TL7	于宝强	缺席		
9	TL8	于娜	1		
10	TL9	陈振海	1		
11	TL10	黄俊杰	缺席		
12	TL11	常丽	1		

图 5-61

步骤 03 粘贴公式后，按 Enter 键即可得出统计的结果。

COUNT 函数

用途：计算给定范围内包含数字的单元格数量。

语法：COUNT(value1, [value2], …)。

参数说明：

- value1, value2, …：要计数的单元格、数值、引用或范围。可以指定多个参数。

5.13 统计工资大于 6000 元的人数

表格中统计了每位员工的工资，现在要求统计出工资金额大于 6000 元的共有几人，即达到如图 5-62 所示的统计结果。

⊿	A	B	C	D	E
1	姓名	部门	应发工资		大于6000元的人数
2	陈华	行政部	4968		6
3	周逸	人事部	5460		
4	于宝强	行政部	4516		
5	于娜	设计部	5570		
6	陈振海	行政部	6605		
7	黄俊杰	人事部	5828		
8	常丽	销售部	12589		
9	郑立媛	设计部	6297		
10	马同燕	设计部	5155		
11	莫云	销售部	14269		
12	钟华	研发部	6238		
13	张燕	人事部	5384		
14	柳小续	研发部	6788		

图 5-62

步骤 01　在聊天对话框中输入"统计 C2:C14 单元格区域中工资额大于 6000 元的个数。"，如图 5-63 所示。发送问题后，可得到如图 5-64 所示的回复信息。

图 5-63

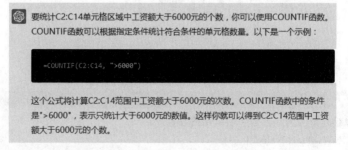

图 5-64

步骤 02　选中公式并按 Ctrl+C 组合键进行复制。切换到 Excel 程序，选中 E2 单元格，将光标定位到编辑栏中，按 Ctrl+V 组合键进行粘贴，如图 5-65 所示。

NETWORK...		× ✓ fx	=COUNTIF(C2:C14, ">6000")	

	A	B	C	D	E
1	姓名	部门	应发工资		大于6000元的人数
2	陈华	行政部	4968		">6000")
3	周逸	人事部	5460		
4	于宝强	行政部	4516		
5	于娜	设计部	5570		
6	陈振海	行政部	6605		
7	黄俊杰	人事部	5828		
8	常丽	销售部	12589		
9	郑立媛	设计部	6297		
10	马同燕	设计部	5155		
11	莫云	销售部	14269		
12	钟华	研发部	6238		
13	张燕	人事部	5384		
14	柳小续	研发部	6788		

图 5-65

步骤 03　粘贴公式后，按 Enter 键即可得出统计的结果。

COUNTIF 函数

用途：计算满足特定条件的单元格数量。

语法：COUNTIF(range, criteria)。

参数说明：

- range：要应用条件检查的范围。
- criteria：表示要应用于 range 的条件。这可以是数字、文本、表达式或引用。

5.14　按学历统计人数

在如图 5-66 所示的表格中统计了公司某次应聘中应聘者的相关信息，现在想统计出各个学历的人数有多少。

	A	B	C	D	E	F	G	H
1	姓名	性别	部门	年龄	学历		学历	人数
2	穆宇飞	男	财务部	29	研究生		研究生	7
3	于青青	女	企划部	32	研究生		本科	5
4	吴小华	女	财务部	27	研究生		专科	1
5	刘平	男	后勤部	26	研究生			
6	韩学平	男	企划部	30	本科			
7	张成	男	后勤部	27	研究生			
8	邓宏	男	后勤部	29	研究生			
9	杨娜	男	财务部	35	专科			
10	邓超超	女	后勤部	25	本科			
11	苗兴华	男	企划部	34	本科			
12	包娟娟	女	人事部	27	研究生			
13	于涛	女	企划部	30	本科			
14	陈潇	男	人事部	28	本科			

图 5-66

步骤 **01** 在聊天对话框中输入"**E2:E14** 单元格区域中显示的是学历名称，请依照 **G2:G4** 单元格中指定的学历名称分别统计人数，并显示于 **H2:H4** 区域。"，如图 5-67 所示。发送问题后，可得到如图 5-68 所示的回复信息。

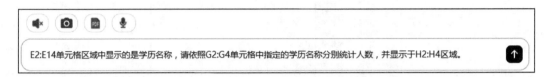

E2:E14单元格区域中显示的是学历名称，请依照G2:G4单元格中指定的学历名称分别统计人数，并显示于H2:H4区域。

图 5-67

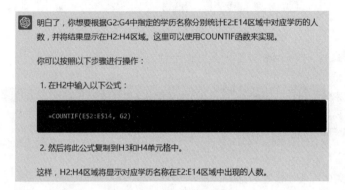

明白了，你想要根据G2:G4中指定的学历名称分别统计E2:E14区域中对应学历的人数，并将结果显示在H2:H4区域。这里可以使用COUNTIF函数来实现。

你可以按照以下步骤进行操作：

1. 在H2中输入以下公式：

```
=COUNTIF(E$2:E$14, G2)
```

2. 然后将此公式复制到H3和H4单元格中。

这样，H2:H4区域将显示对应学历名称在E2:E14区域中出现的人数。

图 5-68

步骤 **02** 选中公式并按 Ctrl+C 组合键进行复制。切换到 Excel 程序，选中 H2 单元格，将光标定位到编辑栏中，按 Ctrl+V 组合键进行粘贴，如图 5-69 所示。

姓名	性别	部门	年龄	学历		学历	人数
穆宇飞	男	财务部	29	研究生		研究生	
于青青	女	企划部	32	研究生		本科	
吴小华	女	财务部	27	研究生		专科	
刘平	男	后勤部	26	研究生			
韩学平	男	企划部	30	本科			
张成	男	后勤部	27	研究生			
邓宏	男	财务部	29	研究生			
杨娜	男	财务部	35	专科			
邓超超	女	后勤部	25	本科			
苗兴华	男	企划部	34	本科			
包娟娟	女	人事部	27	研究生			
于涛	女	企划部	30	本科			
陈潇	男	人事部	28	本科			

图 5-69

步骤 **03** 按 Enter 键即可得出统计的结果。选中 H2 单元格，拖动右下角的填充柄向下填充公式（见图 5-70），即可统计出各个学历的人数。

	A	B	C	D	E	F	G	H
1	姓名	性别	部门	年龄	学历		学历	人数
2	穆宇飞	男	财务部	29	研究生		研究生	7
3	于青青	女	企划部	32	研究生		本科	5
4	吴小华	女	财务部	27	研究生		专科	1
5	刘平	男	后勤部	26	研究生			
6	韩学平	男	企划部	30	本科			
7	张成	男	后勤部	27	研究生			
8	邓宏	男	财务部	29	研究生			
9	杨娜	男	财务部	35	专科			
10	邓超超	女	后勤部	25	本科			
11	苗兴华	男	企划部	34	本科			
12	包娟娟	女	人事部	27	研究生			
13	于涛	女	企划部	30	本科			
14	陈潇	男	人事部	28	本科			

图 5-70

5.15　在成绩表中分别统计及格人数与不及格人数

在如图 5-71 所示的表格中统计了学生的考试分数，现在要求分别统计出及格与不及格人数。

	A	B	C	D	E
1	姓名	成绩		区间	人数
2	杨娜	77		60分及以上人数	10
3	邓超超	60		60分以下人数	5
4	苗兴华	92			
5	包娟娟	67			
6	于涛	78			
7	陈潇	46			
8	简佳丽	55			
9	肖菲菲	86			
10	李洁	64			
11	陈玉	54			
12	吴丽丽	86			
13	何月兰	52			
14	郭恩惠	58			
15	谭凯	87			
16	陈琼	98			

图 5-71

步骤 01　在聊天对话框中输入"B2:B16 单元格区域中显示的是成绩，要分别统计出大于或等于 60 分的人数和小于 60 分的人数。"，如图 5-72 所示。发送出问题后，可得到如图 5-73 所示的回复信息。

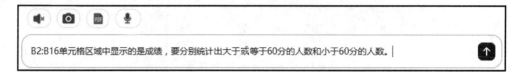

图 5-72

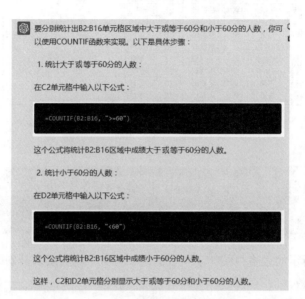

要分别统计出B2:B16单元格区域中大于或等于60分和小于60分的人数，你可以使用COUNTIF函数来实现。以下是具体步骤：

1. 统计大于或等于60分的人数：

在C2单元格中输入以下公式：

```
=COUNTIF(B2:B16, ">=60")
```

这个公式将统计B2:B16区域中成绩大于或等于60分的人数。

2. 统计小于60分的人数：

在D2单元格中输入以下公式：

```
=COUNTIF(B2:B16, "<60")
```

这个公式将统计B2:B16区域中成绩小于60分的人数。

这样，C2和D2单元格分别显示大于或等于60分和小于60分的人数。

图 5-73

步骤 02　选中公式"=COUNTIF(B2:B16, ">=60")"，按 Ctrl+C 组合键进行复制。切换到 Excel 程序，选中 E2 单元格，将光标定位到编辑栏中，按 Ctrl+V 组合键进行粘贴（见图 5-74），按 Enter 键得出统计结果。

	A	B	C	D	E
	NETWORK... ▼	× ✓ fx		=COUNTIF(B2:B16, ">=60")	
1	姓名	成绩		区间	人数
2	杨娜	77		60分及以上人数	60")
3	邓超超	60		60分以下人数	
4	苗兴华	92			
5	包娟娟	67			
6	于涛	78			
7	陈潇	46			
8	简佳丽	55			
9	肖菲菲	86			
10	李洁	64			
11	陈玉	54			
12	吴丽丽	86			
13	何月兰	52			
14	郭恩惠	58			
15	谭凯	87			
16	陈琼	98			

图 5-74

步骤 03　在 Chataa 中选中公式 "=COUNTIF(B2:B16, "<60")"，按 Ctrl+C 组合键进行复制。切换到 Excel 程序，选中 E3 单元格，将光标定位到编辑栏中，按 Ctrl+V 组合键进行粘贴（见图 5-75），按 Enter 键得出统计结果。

	A	B	C	D	E
	NETWORK... ▼ ： × ✓ ƒx =COUNTIF(B2:B16, "<60")				
1	姓名	成绩		区间	人数
2	杨娜	77		60分及以上人数	10
3	邓超超	60		60分以下人数	"<60")
4	苗兴华	92			
5	包娟娟	67			
6	于涛	78			
7	陈潇	46			
8	简佳丽	55			
9	肖菲菲	86			
10	李洁	64			
11	陈玉	54			
12	吴丽丽	86			
13	何月兰	52			
14	郭恩惠	58			
15	谭凯	87			
16	陈琼	98			

图 5-75

5.16　统计出成绩大于平均分的学生人数

下面的表格中统计了学生的考试分数，现在要求统计出分数大于平均分的人数，如图 5-76 所示。

	A	B	C	D
1	姓名	成绩		大于平均分的人数
2	杨娜	77		7
3	邓超超	60		
4	苗兴华	92		
5	包娟娟	67		
6	于涛	78		
7	陈潇	46		
8	简佳丽	55		
9	肖菲菲	86		
10	李洁	64		
11	陈玉	54		
12	吴丽丽	86		
13	何月兰	52		
14	郭恩惠	58		
15	谭凯	87		
16	陈琼	98		

图 5-76

步骤 01 在聊天对话框中输入"B2:B16 单元格区域中显示的是成绩，设计一个公式统计出成绩大于平均分的人数。"，如图 5-77 所示。发送问题后，可得到如图 5-78 所示的回复信息。

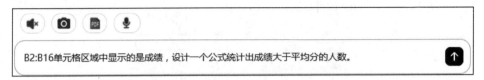

图 5-77

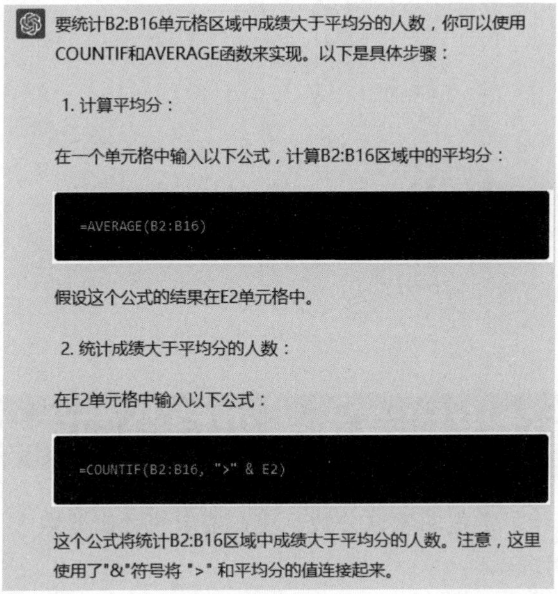

要统计B2:B16单元格区域中成绩大于平均分的人数，你可以使用
COUNTIF和AVERAGE函数来实现。以下是具体步骤：

1. 计算平均分：

在一个单元格中输入以下公式，计算B2:B16区域中的平均分：

```
=AVERAGE(B2:B16)
```

假设这个公式的结果在E2单元格中。

2. 统计成绩大于平均分的人数：

在F2单元格中输入以下公式：

```
=COUNTIF(B2:B16, ">" & E2)
```

这个公式将统计B2:B16区域中成绩大于平均分的人数。注意，这里
使用了"&"符号将 ">" 和平均分的值连接起来。

图 5-78

步骤 02 这时我们看到 ChatGPT 给出的是两步求解操作方法，因此可以继续提问让它合并为一个公式（见图 5-79），于是重新收到了回复信息，如图 5-80 所示。

图 5-79

步骤 03 选中公式"=COUNTIF(B2:B16, ">" & AVERAGE(B2:B16))"并按 Ctrl+C 组合键进行复制。切换到 Excel 程序，选中 D2 单元格，将光标定位到编辑栏中，按 Ctrl+V 组合键进行粘贴，如图 5-81 所示。

当然，你可以将这两个步骤合并为一个公式。这样可以简化工作表，并且更加高效。你可以使用以下公式来统计成绩大于平均分的人数：

```
=COUNTIF(B2:B16, ">" & AVERAGE(B2:B16))
```

这个公式直接在COUNTIF函数中使用AVERAGE函数来计算平均分，并统计成绩大于平均分的人数。

图 5-80

	A	B	C	D	E	F
	姓名	成绩		大于平均分的人数		
1						
2	杨娜	77		AVERAGE(B2:B16))		
3	邓超超	60				
4	苗兴华	92				
5	包娟娟	67				
6	于涛	78				
7	陈潇	46				
8	简佳丽	55				
9	肖菲菲	86				
10	李洁	64				
11	陈玉	54				
12	吴丽丽	86				
13	何月兰	52				
14	郭恩惠	58				
15	谭凯	87				
16	陈琼	98				

（公式栏：=COUNTIF(B2:B16, ">" & AVERAGE(B2:B16))）

图 5-81

 步骤 04　粘贴公式后，按 Enter 键即可得出统计结果。

提示

公式首先用 AVERAGE(B2:B16) 计算出区间 B2:B15 的平均值，然后通过 ">" 符号与返回条件相连接，作为 COUNTIF 函数的判断条件。

5.17　统计在两列中都出现的条目的总数

在表格的 A 列中显示了三好学生的姓名，B 列中显示了参加数学竞赛的姓名，现在要求统计出既是三好学生又参加了数学竞赛的人数。

步骤 01 在聊天对话框中输入"A2:A11 单元格为姓名，B2:B11 单元格为姓名，要求用公式统计出既在 A2:A11 中出现同时又在 B2:B11 中出现的条目数。"，如图 5-82 所示。发送问题后，可得到如图 5-83 所示的回复信息。

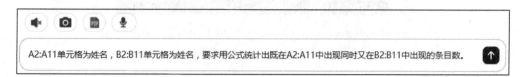

图 5-82

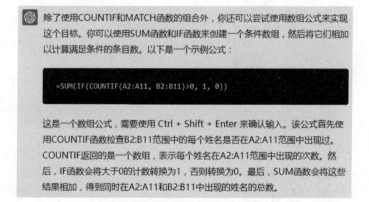

图 5-83

步骤 02 选中公式并按 Ctrl+C 组合键进行复制。切换到 Excel 程序，选中 D2 单元格，将光标定位到编辑栏中，按 Ctrl+V 组合键进行粘贴，如图 5-84 所示。

图 5-84

步骤 03 粘贴公式后，按 Shift+Ctrl+Enter 组合键得出结果，如图 5-85 所示。

	A	B	C	D
1	三好学生	数学竞赛		是三好学生且参加数学竞赛的人数
2	唐雨萱	林跃		3
3	林跃	陈春		
4	陈自强	崔丽纯		
5	谭谢生	廖菲		
6	王柯宇	陈振涛		
7	段军鹏	张伊琳		
8	简佳	刘霜		
9	肖菲菲	林丽		
10	韦玲芳	简佳		
11	邓晓兰	王柯宇		

图 5-85

5.18 统计两科都得满分的人数

在表格中统计了学生两个科目的成绩，现在要求统计出两个科目都得满分的人数。

步骤 01 在聊天对话框中输入"B2:B9 单元格区域中是语文科目成绩，C2:C9 单元格区域中是数学科目成绩，要求统计出两科同时为'100'的人数。"，如图 5-86 所示。发送问题后，可得到如图 5-87 所示的回复信息。

图 5-86

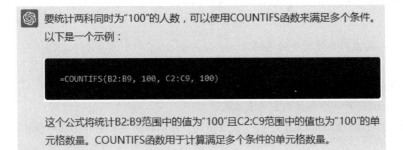

要统计两科同时为"100"的人数，可以使用COUNTIFS函数来满足多个条件。以下是一个示例：

```
=COUNTIFS(B2:B9, 100, C2:C9, 100)
```

这个公式将统计B2:B9范围中的值为"100"且C2:C9范围中的值也为"100"的单元格数量。COUNTIFS函数用于计算满足多个条件的单元格数量。

图 5-87

步骤 02 选中公式并按 Ctrl+C 组合键进行复制。切换到 Excel 程序，选中 F1 单元格，将光标定位到编辑栏中，按 Ctrl+V 组合键进行粘贴，如图 5-88 所示。

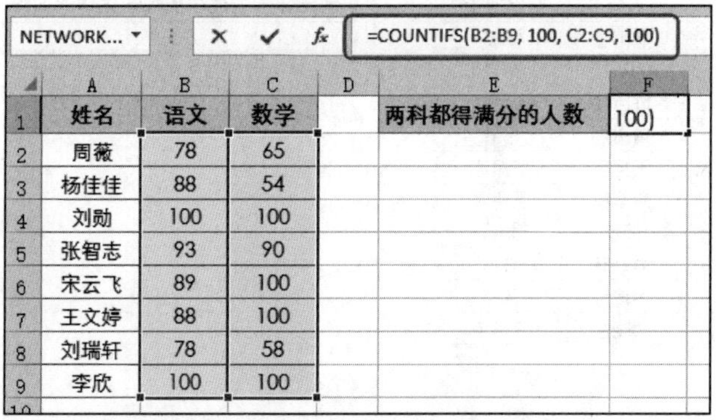

	A	B	C	D	E	F
1	姓名	语文	数学		两科都得满分的人数	100)
2	周薇	78	65			
3	杨佳佳	88	54			
4	刘勋	100	100			
5	张智志	93	90			
6	宋云飞	89	100			
7	王文婷	88	100			
8	刘瑞轩	78	58			
9	李欣	100	100			

图 5-88

步骤 03 粘贴公式后，按 Enter 键即可得出统计结果，如图 5-89 所示。

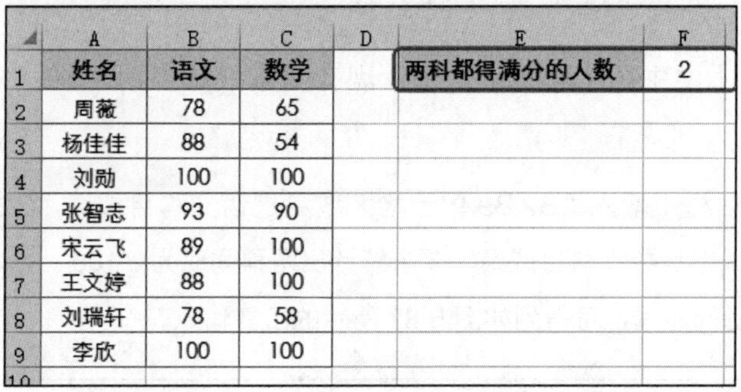

	A	B	C	D	E	F
1	姓名	语文	数学		两科都得满分的人数	2
2	周薇	78	65			
3	杨佳佳	88	54			
4	刘勋	100	100			
5	张智志	93	90			
6	宋云飞	89	100			
7	王文婷	88	100			
8	刘瑞轩	78	58			
9	李欣	100	100			

图 5-89

COUNTIFS 函数

用途：统计满足多个条件的单元格数量。

语法：COUNTIFS(criteria_range1, criterion1, [criteria_range2, criterion2], …)。

参数说明：

- range：要应用条件检查的范围。
- criteria：表示要应用于 range 的条件。可以是数字、文本、表达式或引用。
- criteria_range1：要应用第一个条件的单元格范围或数组。
- criterion1：第一个条件的条件表达式。
- [criteria_range2, criteria2], …：（可选参数）可以添加多个条件范围和条件判断。

5.19 统计销售部女员工的人数

当前表格中显示了员工姓名、所属部门及性别，现在需要统计出销售部女员工的人数。

步骤01 在聊天对话框中输入"B2:B14 单元格区域中是部门，C2:C14 单元格区域中是性别，要求统计出销售部女员工的人数。"，如图 5-90 所示。发送问题后，可得到如图 5-91 所示的回复信息。

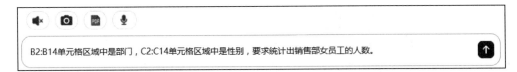

B2:B14单元格区域中是部门，C2:C14单元格区域中是性别，要求统计出销售部女员工的人数。

图 5-90

要统计销售部女员工的人数，你可以使用COUNTIFS函数。以下是一个示例：

在某个单元格中，键入以下公式：

```
=COUNTIFS(B2:B14, "销售部", C2:C14, "女")
```

这个公式将会统计在B2:B14中部门为"销售部"且C2:C14中性别为"女"的人数，并返回结果。

图 5-91

步骤02 选中公式并按 Ctrl+C 组合键进行复制。切换到 Excel 程序，选中 E2 单元格，将光标定位到编辑栏中，按 Ctrl+V 组合键进行粘贴，如图 5-92 所示。

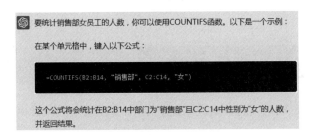

	A	B	C	D	E	F
	NETWORK...	✕ ✓ fx	=COUNTIFS(B2:B14, "销售部", C2:C14, "女")			
1	姓名	部门	性别		销售部女员工人数	
2	潘鹏	销售部	男		"女")	
3	马云飞	企划部	男			
4	孙婷	销售部	女			
5	徐春宇	企划部	女			
6	桂湄	研发部	男			
7	胡丽丽	企划部	女			
8	张丽君	研发部	男			
9	万文瑾	企划部	女			
10	邓敏婕	研发部	女			
11	钟琛	销售部	男			
12	李萍	销售部	女			
13	陆莼平	研发部	女			
14	黄晓俊	销售部	男			

图 5-92

步骤 03 粘贴公式后，按 Enter 键即可得出统计结果，如图 5-93 所示。

	A	B	C	D	E
1	姓名	部门	性别		销售部女员工人数
2	潘鹏	销售部	男		2
3	马云飞	企划部	男		
4	孙婷	销售部	女		
5	徐春宇	企划部	女		
6	桂湄	研发部	男		
7	胡丽丽	企划部	女		
8	张丽君	研发部	男		
9	万文瑾	企划部	女		
10	邓敏婕	研发部	女		
11	钟琛	销售部	男		
12	李萍	销售部	女		
13	陆穗平	研发部	女		
14	黄晓俊	销售部	男		

图 5-93

5.20 统计非工作日销售金额

按日期（要显示日期对应的星期数）统计销售金额。要求只统计出周六、日的总销售金额。

步骤 01 在聊天对话框中输入"A2:A16 单元格区域为日期，C2:C16 单元格区域为销售金额，要求统计出周末日期对应的总销售金额。"，如图 5-94 所示。发送问题后，可得到如图 5-95 所示的回复信息。

步骤 02 选中公式并按 Ctrl+C 组合键进行复制。切换到 Excel 程序，选中 F2 单元格，将光标定位到编辑栏中，按 Ctrl+V 组合键进行粘贴，按 Enter 键后会发现这个公式无法执行，如图 5-96 所示。

步骤 03 再次向 ChatGPT 发问，可以得到修正后的公式，如图 5-97 所示。

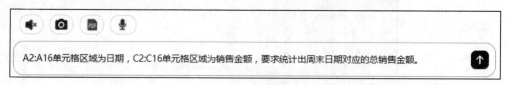

A2:A16单元格区域为日期，C2:C16单元格区域为销售金额，要求统计出周末日期对应的总销售金额。

图 5-94

要统计周末日期对应的总销售金额，你可以使用COUNTIFS和SUMIFS函数来实现。COUNTIFS函数用于确定哪些日期是周末，而SUMIFS函数用于计算对应周末日期的销售金额总和。

假设你的日期在A2:A16范围内，销售金额在C2:C16范围内。以下是实现此目标的公式：

```
=SUMIFS(C2:C16, WEEKDAY(A2:A16, 1) >= 6, WEEKDAY(A2:A16, 1) <= 7)
```

这个公式会首先使用WEEKDAY函数确定每个日期的星期几（其中 1 表示星期一，7 表示星期日）。然后，COUNTIFS函数将检查星期几是否大于等于 6（即星期六或星期日），如果是，则对应的销售金额将包括在总和中。

图 5-95

图 5-96

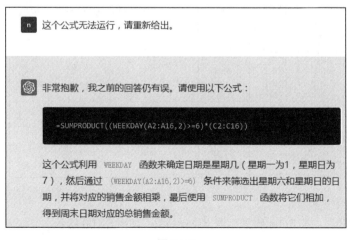

这个公式无法运行，请重新给出。

非常抱歉，我之前的回答仍有误。请使用以下公式：

```
=SUMPRODUCT((WEEKDAY(A2:A16,2)>=6)*(C2:C16))
```

这个公式利用 WEEKDAY 函数来确定日期是星期几（星期一为1，星期日为7），然后通过 (WEEKDAY(A2:A16,2)>=6) 条件来筛选出星期六和星期日的日期，并将对应的销售金额相乘，最后使用 SUMPRODUCT 函数将它们相加，得到周末日期对应的总销售金额。

图 5-97

步骤 04 选中公式并按 Ctrl+C 组合键进行复制。切换到 Excel 程序，选中 F2 单元格，将光标定位到编辑栏中，按 Ctrl+V 组合键进行粘贴，如图 5-98 所示。

图 5-98

步骤 05 同理，如果要统计除周末之外的其他日销售额的汇总，只需稍微修改公式即可。选中 F3 单元格，复制公式并修改为"=SUMPRODUCT((WEEKDAY(A2:A16,2)<6)*(C2:C16))"，如图 5-99 所示。

图 5-99

步骤 06 粘贴公式后，按 Enter 键即可得出统计结果，如图 5-100 所示。

	A	B	C	D	E	F
1	日期	星期	金额(元)		日期	总销售金额
2	2024-3-1	星期五	8920		周六日汇总	104009
3	2024-3-2	星期六	29992		其他日汇总	72704
4	2024-3-3	星期日	26387			
5	2024-3-4	星期一	4358			
6	2024-3-5	星期二	3122			
7	2024-3-6	星期三	9630			
8	2024-3-7	星期四	9054			
9	2024-3-8	星期五	10234			
10	2024-3-9	星期六	21100			
11	2024-3-10	星期日	26530			
12	2024-3-11	星期一	5800			
13	2024-3-12	星期二	6190			
14	2024-3-13	星期三	2236			
15	2024-3-14	星期四	7155			
16	2024-3-15	星期五	6005			

图 5-100

提示

WEEKDAY 函数是一个日期函数，它返回的是数字 1 到 7，分别对应星期一到星期日。因此，条件"(WEEKDAY(A2:A16,2)>=6)"筛选出的是星期六和星期日的日期。在筛选出满足条件的记录后，再将对应的销售金额相乘，最后使用 SUMPRODUCT 函数将周末各个日期的销售额相加，得到周末的总销售额。

5.21 分别统计 12 月内账款与超 12 月账款

按时间统计借款金额，要求分别统计出超过 12 个月的账款和 12 个月内的账款。

步骤 01 在聊天对话框中输入"B2:B14 单元格区域为日期，C2:C14 单元格区域为金额，要求统计出超过 12 个月的账款总额。"，如图 5-101 所示。发送问题后，可得到如图 5-102 所示的回复信息。

图 5-101

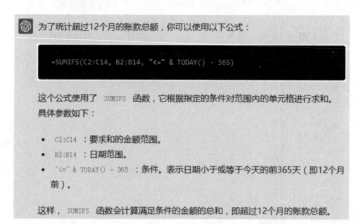

为了统计超过12个月的账款总额，你可以使用以下公式：

```
=SUMIFS(C2:C14, B2:B14, "<=" & TODAY() - 365)
```

这个公式使用了 SUMIFS 函数，它根据指定的条件对范围内的单元格进行求和。具体参数如下：

- C2:C14 ：要求和的金额范围。
- B2:B14 ：日期范围。
- "<=" & TODAY() - 365 ：条件。表示日期小于或等于今天的前365天（即12个月前）。

这样，SUMIFS 函数会计算满足条件的金额的总和，即超过12个月的账款总额。

图 5-102

步骤 02 选中公式并按 Ctrl+C 组合键进行复制。切换到 Excel 程序，选中 F2 单元格，将光标定位到编辑栏中，按 Ctrl+V 组合键进行粘贴，如图 5-103 所示。

▲	A	B	C	D	E	F
1	单位	借款时间	金额		账龄	数量
2	林越商贸	2022-9-26	12000		12个月以上的账款	TODAY()-365)
3	家家乐超市	2021-9-26	9800		12个月内的账款	
4	百慕大批发市场	2020-9-26	6500			
5	红润超市	2023-10-14	10000			
6	金凯商贸	2021-11-25	5670			
7	长江置业	2021-1-5	5358			
8	金源服装城	2022-8-19	8100			
9	万象商城	2023-2-1	11100			
10	丽洁印染	2023-8-19	6500			
11	建翔商贸	2023-11-30	10000			
12	宏图印染	2023-12-22	8000			
13	宏图印染	2023-4-26	12000			
14	丽洁印染	2023-5-27	25640			

NETWORK... ▼ : × ✓ fx =SUMIFS(C2:C14, B2:B14, "<=" & TODAY() - 365)

图 5-103

步骤 03 同理，如果要统计 12 个月内的账款总额，只需稍微修改公式即可。选中 F3 单元格，复制公式并修改为"=SUMIFS(C2:C14, B2:B14, ">" & TODAY() - 365)"，如图5-104所示。

步骤 04 粘贴公式后，按 Enter 键即可得出统计结果，如图 5-105 所示。

| NETWORK... | ▼ | : | × | ✓ | *fx* | =SUMIFS(C2:C14, B2:B14, ">" & TODAY() - 365) |

◢	A	B	C	D	E	F
1	单位	借款时间	金额		账龄	数量
2	林越商贸	2022-9-26	12000		12个月以上的账款	58528
3	家家乐超市	2021-9-26	9800		12个月内的账款	TODAY() 365)
4	百慕大批发市场	2020-9-26	6500			
5	红润超市	2023-10-14	10000			
6	金凯商贸	2021-11-25	5670			
7	长江置业	2021-1-5	5358			
8	金源服装城	2022-8-19	8100			
9	万象商城	2023-2-1	11100			
10	丽洁印染	2023-8-19	6500			
11	建翔商贸	2023-11-30	10000			
12	宏图印染	2023-12-22	8000			
13	宏图印染	2023-4-26	12000			
14	丽洁印染	2023-5-27	25640			

图 5-104

◢	A	B	C	D	E	F
1	单位	借款时间	金额		账龄	数量
2	林越商贸	2022-9-26	12000		12个月以上的账款	58528
3	家家乐超市	2021-9-26	9800		12个月内的账款	72140
4	百慕大批发市场	2020-9-26	6500			
5	红润超市	2023-10-14	10000			
6	金凯商贸	2021-11-25	5670			
7	长江置业	2021-1-5	5358			
8	金源服装城	2022-8-19	8100			
9	万象商城	2023-2-1	11100			
10	丽洁印染	2023-8-19	6500			
11	建翔商贸	2023-11-30	10000			
12	宏图印染	2023-12-22	8000			
13	宏图印染	2023-4-26	12000			
14	丽洁印染	2023-5-27	25640			

图 5-105

5.22　返回指定产品的最低报价

统计各个公司对不同产品的报价，需要找出某种产品的最低报价。下面以找出"喷淋头"这个产品的最低报价为例。

步骤 01　在聊天对话框中输入"B2:B14 区域中是材料名称，C2:C14 区域中是报价，要求用公式统计出'喷淋头'的最低报价。"，如图 5-106 所示。发送问题后，可得到如图 5-107 所示的回复信息。

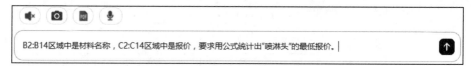

图 5-106

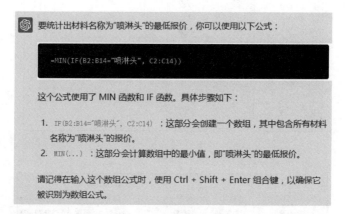

图 5-107

步骤 02 这时 ChatGPT 给出的是一个数组公式，如果不想使用这种方式，可以继续发问"如果不想使用数组公式，还有其他公式吗？"，如图 5-108 所示。发送问题后，可以看到 ChatGPT 给出了使用 MINIFS 函数的公式，如图 5-109 所示。

图 5-108

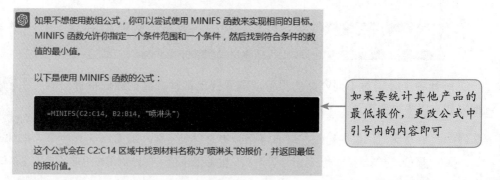

图 5-109

步骤 03　选中公式并按 Ctrl+C 组合键进行复制。切换到 Excel 程序，选中 F2 单元格，将光标定位到编辑栏中，按 Ctrl+V 组合键进行粘贴，如图 5-110 所示。

步骤 04　粘贴公式后，按 Enter 键即可得出统计结果，如图 5-111 所示。

	A	B	C	D	E	F
NETWORK...		× ✓ fx	=MINIFS(C2:C14,B2:B14,"喷淋头")			
1	报价单位	材料名称	报价	单位		喷淋头最低报价
2	A公司	火灾探测器	480	个		B2:B14,"喷淋头")
3	A公司	报警按钮	200	个		
4	A公司	烟感器	55	个		
5	A公司	喷淋头	90	个		
6	A公司	多功能报警器	1200	个		
7	B公司	烟感器	65	个		
8	B公司	火灾探测器	480	个		
9	B公司	烟感器	60	个		
10	B公司	喷淋头	109	个		
11	B公司	报警按钮	200	个		
12	C公司	火灾探测器	550	个		
13	C公司	烟感器	55	个		
14	C公司	喷淋头	89	个		

图 5-110

	A	B	C	D	E	F
1	报价单位	材料名称	报价	单位		喷淋头最低报价
2	A公司	火灾探测器	480	个		89
3	A公司	报警按钮	200	个		
4	A公司	烟感器	55	个		
5	A公司	喷淋头	90	个		
6	A公司	多功能报警器	1200	个		
7	B公司	烟感器	65	个		
8	B公司	火灾探测器	480	个		
9	B公司	烟感器	60	个		
10	B公司	喷淋头	109	个		
11	B公司	报警按钮	200	个		
12	C公司	火灾探测器	550	个		
13	C公司	烟感器	55	个		
14	C公司	喷淋头	89	个		

图 5-111

MINIFS 函数

用途：找出满足多个条件的数值并从中找出最小值。

语法：MINIFS(min_range, criteria_range1, criteria1, [criteria_range2, criteria2], …)。

参数说明：

- min_range：指定要找最小值的范围。
- criteria_range1：第一个条件的范围。
- criteria1：第一个条件的值。
- [criteria_range2, criteria2]：可选参数，允许指定额外的条件范围和条件。可以添加多个条件范围和条件，逐步筛选出符合条件的数值。

5.23　分别统计各班级最高分、最低分和平均分

在本例中，将对学生的成绩进行几项统计：各个班级的最高分、最低分和平均分，如图 5-112 所示。

	A	B	C	D	E	F	G	H
1	班级	姓名	成绩		班级	最高分	最低分	平均分
2	1班	何昊阳	85		1班	145	85	120
3	2班	林丽	120		2班	138	60	107.1429
4	1班	陈佳怡	95					
5	2班	李乔阳	112					
6	1班	邓澈	145					
7	1班	孙亚萍	132					
8	2班	李杰	60					
9	2班	苏文俊	77					
10	1班	张怡玲	121					
11	2班	孙博文	105					
12	1班	黄成成	122					
13	1班	焦陶	140					
14	2班	李佳宸	138					
15	2班	李志飞	138					

图 5-112

步骤 01　在聊天对话框中输入"A2:A15 区域中是学生的班级，C2:C15 区域是考试成绩，要求根据 E2:E3 中指定的班级统计出最高分，并显示在 F2:F3 区域中。"，如图 5-113 所示。发送问题后，可得到如图 5-114 所示的回复信息。

A2:A15区域中是学生的班级，C2:C15区域是考试成绩，要求根据E2:E3中指定的班级统计出最高分，并显示在F2:F3区域中。

图 5-113

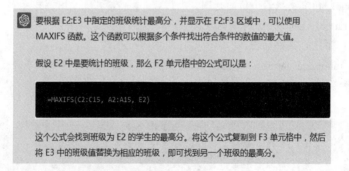

要根据 E2:E3 中指定的班级统计最高分，并显示在 F2:F3 区域中，可以使用 MAXIFS 函数。这个函数可以根据多个条件找出符合条件的数值的最大值。

假设 E2 中是要统计的班级，那么 F2 单元格中的公式可以是：

```
=MAXIFS(C2:C15, A2:A15, E2)
```

这个公式会找到班级为 E2 的学生的最高分。将这个公式复制到 F3 单元格中，然后将 E3 中的班级值替换为相应的班级，即可找到另一个班级的最高分。

图 5-114

步骤 02　选中公式并按 Ctrl+C 组合键进行复制。切换到 Excel 程序，选中 F2 单元格，将光标定位到编辑栏中，按 Ctrl+V 组合键进行粘贴，如图 5-115 所示。

步骤 03　将除 E2 之外的单元格区域都改为绝对引用方式，如图 5-116 所示。

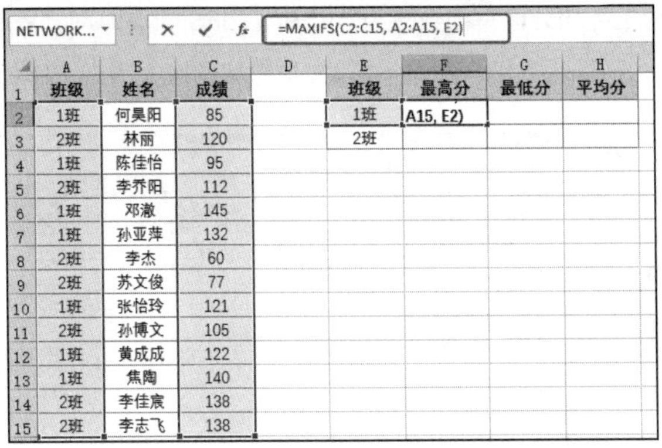

图 5-115

图 5-116

步骤 04 同时，要统计出最低分，将函数改为 MINIFS 函数即可。复制 F2 单元格的公式，选中 G2 单元格，按 Ctrl+V 组合键进行粘贴，接着将函数改为 MINIFS，如图 5-117 所示。

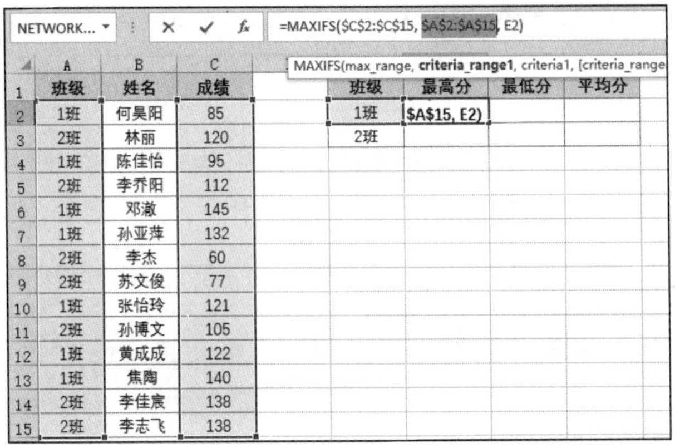

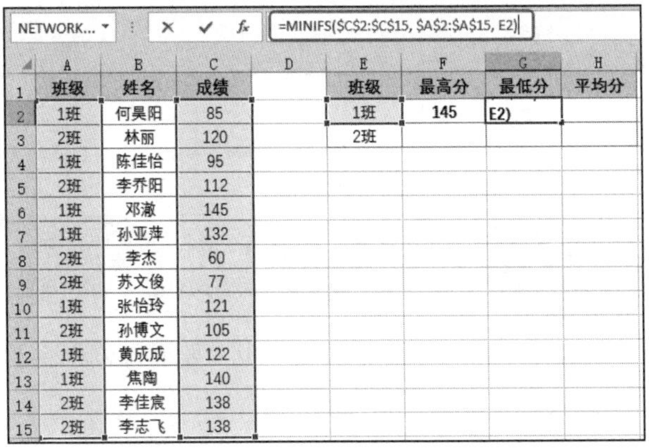

图 5-117

步骤 05　同时，要统计出平均分，将函数改为 AVERAGEIFS 函数即可。复制 F2 单元格的公式，选中 H2 单元格，按 Ctrl+V 组合键进行粘贴，接着将函数改为 AVERAGEIFS，如图 5-118 所示。

	A	B	C	D	E	F	G	H
1	班级	姓名	成绩		班级	最高分	最低分	平均分
2	1班	何昊阳	85		1班	145	85	E2)
3	2班	林丽	120		2班			
4	1班	陈佳怡	95					
5	2班	李乔阳	112					
6	1班	邓澈	145					
7	1班	孙亚萍	132					
8	2班	李杰	60					
9	2班	苏文俊	77					
10	1班	张怡玲	121					
11	2班	孙博文	105					
12	1班	黄成成	122					
13	1班	焦陶	140					
14	2班	李佳宸	138					
15	2班	李志飞	138					

NETWORK... ✕ ✓ fx =AVERAGEIFS($C$2:$C$15, $A$2:$A$15, E2)

图 5-118

步骤 06　同时选中 F2:H2 单元格区域，鼠标指向右下角，出现填充柄时向下拖动，即可返回其他班级的最高分、最低分和平均分，如图 5-119 所示。

	A	B	C	D	E	F	G	H
1	班级	姓名	成绩		班级	最高分	最低分	平均分
2	1班	何昊阳	85		1班	145	85	120
3	2班	林丽	120		2班	138	60	107.1429
4	1班	陈佳怡	95					
5	2班	李乔阳	112					
6	1班	邓澈	145					
7	1班	孙亚萍	132					
8	2班	李杰	60					
9	2班	苏文俊	77					
10	1班	张怡玲	121					
11	2班	孙博文	105					
12	1班	黄成成	122					
13	1班	焦陶	140					
14	2班	李佳宸	138					
15	2班	李志飞	138					

F2 ✕ ✓ fx =MAXIFS($C$2:$C$15, $A$2:$A$15, E2)

图 5-119

5.24　为学生考试成绩排名次

在如图 5-120 所示的表格中统计了学生成绩，现在要对每位学生的成绩排名次，以得到 D 列的结果。

	A	B	C	D
1	班级	姓名	成绩	名次
2	1班	何昊阳	85	12
3	2班	林丽	120	8
4	1班	陈佳怡	95	11
5	2班	李乔阳	112	9
6	1班	邓澈	145	1
7	1班	孙亚萍	132	5
8	2班	李杰	60	14
9	2班	苏文俊	77	13
10	1班	张怡玲	121	7
11	2班	孙博文	105	10
12	1班	黄成成	122	6
13	1班	焦陶	140	2
14	2班	李佳宸	138	3
15	2班	李志飞	138	3

图 5-120

步骤 01　在聊天对话框中输入"C2:C15 区域是学生的考试成绩，要求在 D2 单元格中显示排名，并将公式延续到 D15 单元格。"，如图 5-121 所示。发送问题后，可得到如图 5-122 所示的回复信息。

C2:C15区域是学生的考试成绩，要求在D2单元格中显示排名，并将公式延续到D15单元格。

图 5-121

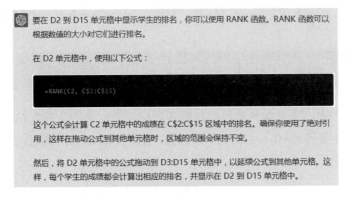

要在 D2 到 D15 单元格中显示学生的排名，你可以使用 RANK 函数。RANK 函数可以根据数值的大小对它们进行排名。

在 D2 单元格中，使用以下公式：

```
=RANK(C2, C$2:C$15)
```

这个公式会计算 C2 单元格中的成绩在 C$2:C$15 区域中的排名。确保你使用了绝对引用，这样在拖动公式到其他单元格时，区域的范围会保持不变。

然后，将 D2 单元格中的公式拖动到 D3:D15 单元格中，以延续公式到其他单元格。这样，每个学生的成绩都会计算出相应的排名，并显示在 D2 到 D15 单元格中。

图 5-122

步骤 02　选中公式并按 Ctrl+C 组合键进行复制。切换到 Excel 程序，选中 D2 单元格，将光标定位到编辑栏中，按 Ctrl+V 组合键进行粘贴，如图 5-123 所示。

步骤 03　按 Enter 键得出第一个成绩的排名，选中 D2 单元格，鼠标指向右下角，出现填充柄时向下拖动（见图 5-124），释放鼠标即可对 C2:C15 单元格的数据进行排名。

图 5-123

	A	B	C	D	E
1	班级	姓名	成绩	名次	
2	1班	何昊阳	85	C$15)	
3	2班	林丽	120		
4	1班	陈佳怡	95		
5	2班	李乔阳	112		
6	1班	邓澈	145		
7	1班	孙亚萍	132		
8	2班	李杰	60		
9	2班	苏文俊	77		
10	1班	张怡玲	121		
11	2班	孙博文	105		
12	1班	黄成成	122		
13	1班	焦陶	140		
14	2班	李佳宸	138		
15	2班	李志飞	138		

NETWORK... ✕ ✓ fx =RANK(C2, C$2:C$15)

图 5-124

	A	B	C	D	E
1	班级	姓名	成绩	名次	
2	1班	何昊阳	85	12	
3	2班	林丽	120		
4	1班	陈佳怡	95		
5	2班	李乔阳	112		
6	1班	邓澈	145		
7	1班	孙亚萍	132		
8	2班	李杰	60		
9	2班	苏文俊	77		
10	1班	张怡玲	121		
11	2班	孙博文	105		
12	1班	黄成成	122		
13	1班	焦陶	140		
14	2班	李佳宸	138		
15	2班	李志飞	138		
16					

RANK 函数

用途：计算数值在指定范围内的排名。

语法：RANK(number, ref, [order])。

参数说明：

- number：要确定排名的数值。
- ref：包含要排名的数值的范围。
- [order]：可选参数，指定排名的顺序。如果省略此参数，排名将按数值降序排列（最大值排名第一）。如果指定为 0 或 FALSE，则排名将按数值升序排列（最小值排名第一）。

5.25 判断应收账款是否到期 ◀◀◀

在本节的例子中，要根据到期日期判断各项应收账款是否到期。如果到期（约定超过还款日期 90 天为到期）则返回"到期"；如果未到期，则返回"未到期"文字。

步骤 01　在聊天对话框中输入"C2 中是还款日期，约定超过还款日期 90 天返回'到期'，否则返回'未到期'，并将结果显示在 D2 单元格。"，如图 5-125 所示。发送问题后，可得到如图 5-126 所示的回复信息。

步骤 02　选中公式并按 Ctrl+C 组合键进行复制。切换到 Excel 程序，选中 D2 单元格，将光标定位到编辑栏中，按 Ctrl+V 组合键进行粘贴，如图 5-127 所示。

图 5-125

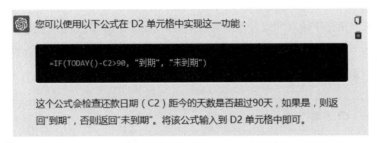

图 5-126

	A	B	C	D	E
NETWORK...		× ✓ ƒx	=IF(TODAY()-C2>90, "到期", "未到期")		
1	公司名称	账款金额	还款日期	是否到期	
2	宏运佳建材公司	¥ 20,850.00	2023-12-11	期", "未到期")	
3	海兴建材有限公司	¥ 5,000.00	2024-3-13		
4	孚盛装饰公司	¥ 15,600.00	2023-11-6		
5	澳菲建材有限公司	¥ 120,000.00	2024-2-1		
6	拓帆建材有限公司	¥ 15,000.00	2023-11-22		
7	雅得丽装饰公司	¥ 18,000.00	2023-12-1		
8	海玛装饰公司	¥ 30,000.00	2024-3-11		

图 5-127

步骤 03　粘贴公式后，按 Enter 键即可得出判断结果。重新选中 D2 单元格，拖动右下角的填充柄向下填充公式，可以看到批量判断的结果，如图 5-128 所示。

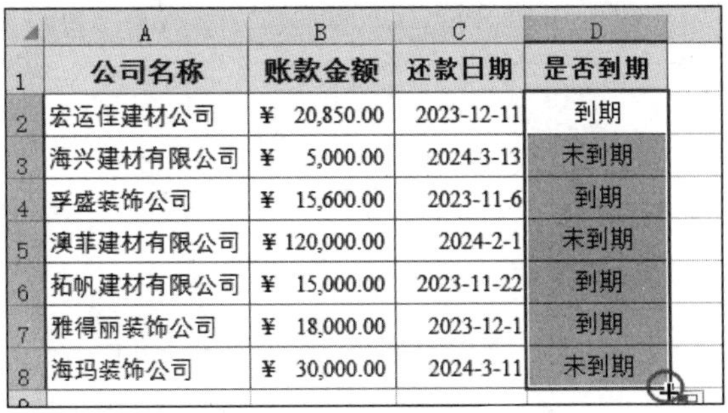

	A	B	C	D
1	公司名称	账款金额	还款日期	是否到期
2	宏运佳建材公司	¥ 20,850.00	2023-12-11	到期
3	海兴建材有限公司	¥ 5,000.00	2024-3-13	未到期
4	孚盛装饰公司	¥ 15,600.00	2023-11-6	到期
5	澳菲建材有限公司	¥ 120,000.00	2024-2-1	未到期
6	拓帆建材有限公司	¥ 15,000.00	2023-11-22	到期
7	雅得丽装饰公司	¥ 18,000.00	2023-12-1	到期
8	海玛装饰公司	¥ 30,000.00	2024-3-11	未到期

图 5-128

5.26　计算展品上架的时长 （"＊个月＊日"形式）

在本节的例子中，要根据展品的上架时间来计算总展示时长，并将最终的结果显示为"＊个月＊日"这种形式。

步骤 01　在聊天对话框中输入"B2 中是展品上架日期，要求计算出总展示时长，并显示为'＊个月＊日'，结果显示在 C2 单元格。"，如图 5-129 所示。发送问题后，可得到如图 5-130 所示的回复信息。

图 5-129

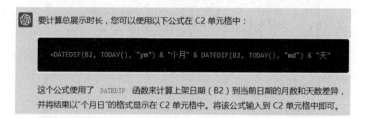

图 5-130

步骤 02　选中公式并按 Ctrl+C 组合键进行复制。切换到 Excel 程序，选中 C2 单元格，将光标定位到编辑栏中，按 Ctrl+V 组合键进行粘贴，如图 5-131 所示。

NETWORK...			fx	=DATEDIF(B2, TODAY(), "ym") & "个月" & DATEDIF(B2, TODAY(), "md") & "天"

	A	B	C	D	E	F	G	H
1	展品编号	上架时间	展示时长					
2	WJ8873	2024-1-19	"天"					
3	WJ8874	2024-2-12						
4	Z8G031	2024-1-25						
5	Z8G031	2024-2-12						
6	Z8G033	2024-1-9						
7	ZG6011	2024-2-4						
8	ZG6012	2024-3-8						
9	ZG6013	2024-3-1						
10	ZG6016	2024-1-10						
11	ZG6017	2024-1-1						

图 5-131

步骤 03　粘贴公式后，按 Enter 键即可得出计算结果。重新选中 C2 单元格，拖动右下角的填充柄向下填充公式，可以看到批量计算的结果，如图 5-132 所示。

▲	A	B	C	D
1	展品编号	上架时间	展示时长	
2	WJ8873	2024-1-19	2个月10天	
3	WJ8874	2024-2-12	1个月17天	
4	Z8G031	2024-1-25	2个月4天	
5	Z8G031	2024-2-12	1个月17天	
6	Z8G033	2024-1-9	2个月20天	
7	ZG6011	2024-2-4	1个月25天	
8	ZG6012	2024-3-8	0个月21天	
9	ZG6013	2024-3-1	0个月28天	
10	ZG6016	2024-1-10	2个月19天	
11	ZG6017	2024-1-1	2个月28天	
12	ZG63010	2024-3-14	0个月15天	
13	ZG63011A	2024-3-1	0个月28天	
14	ZG63016B	2024-1-15	2个月14天	
15	WJ3608C	2024-2-14	1个月15天	
16	WJ3610C	2024-3-1	0个月28天	
17	WJ8868	2024-3-5	0个月24天	

图 5-132

DATEDIF 函数

用途：计算两个日期之间的年数、月数和天数。

语法：DATEDIF(date1,date2,code)。

参数说明：

● date1：表示起始日期。

● date2：表示结束日期。

● code：表示要返回两个日期的参数代码。具体为："Y" 返回两个日期值间隔的整年数、"M" 返回两个日期值间隔的整月数、"D" 返回两个日期值间隔的天数、"MD" 返回两个日期值间隔的天数（忽略日期中的年和月）、"YM" 返回两个日期值间隔的月数（忽略日期中的年和日）、"YD" 返回两个日期值间隔的天数（忽略日期中的年）。

5.27　学员信息管理表中的到期提醒

"学员信息管理表"是各种培训教育机构常用的工具，它便于我们系统地管理每位学员的信息情况，也便于我们很好地了解学员的缴费状态：是否已到期。

步骤 01　在聊天对话框中输入"D3 中是交费方式，分'年交'和'半年交'，F3 中是交费日期，需要在 G3 中显示到期日期。"，如图 5-133 所示。发送问题后，可得到如图 5-134 所示的回复信息。

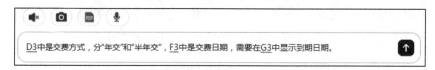

D3中是交费方式，分"年交"和"半年交"，F3中是交费日期，需要在G3中显示到期日期。

图 5-133

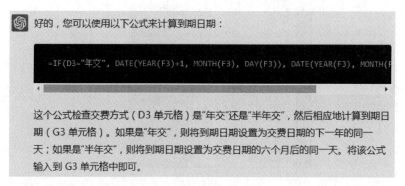

好的，您可以使用以下公式来计算到期日期：

```
=IF(D3="年交", DATE(YEAR(F3)+1, MONTH(F3), DAY(F3)), DATE(YEAR(F3), MONTH(F
```

这个公式检查交费方式（D3 单元格）是"年交"还是"半年交"，然后相应地计算到期日期（G3 单元格）。如果是"年交"，则将到期日期设置为交费日期的下一年的同一天；如果是"半年交"，则将到期日期设置为交费日期的六个月后的同一天。将该公式输入到 G3 单元格中即可。

图 5-134

步骤 02   由于回复的公式比较长，可以在聊天对话框中继续输入"这个公式比较长，有简短一点的公式吗？"，如图 5-135 所示。发送问题后，可得到如图 5-136 所示的回复信息。这时我们看到 ChatGPT 给出的公式就比较简洁了。

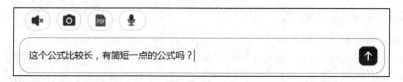

这个公式比较长，有简短一点的公式吗？

图 5-135

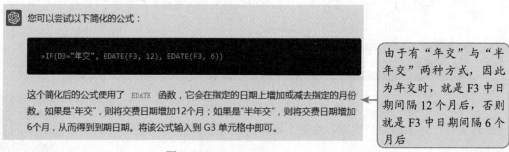

您可以尝试以下简化的公式：

```
=IF(D3="年交", EDATE(F3, 12), EDATE(F3, 6))
```

这个简化后的公式使用了 EDATE 函数，它会在指定的日期上增加或减去指定的月份数。如果是"年交"，则将交费日期增加12个月；如果是"半年交"，则将交费日期增加6个月，从而得到到期日期。将该公式输入到 G3 单元格中即可。

由于有"年交"与"半年交"两种方式，因此为年交时，就是F3中日期间隔12个月后，否则就是F3中日期间隔6个月后

图 5-136

步骤 03   选中公式并按 Ctrl+C 组合键进行复制。切换到 Excel 程序，选中 G3 单元格，将光标定位到编辑栏中，按 Ctrl+V 组合键进行粘贴，如图 5-137 所示。

步骤 ④　粘贴公式后，按 Enter 键即可得出计算结果。重新选中 G3 单元格，拖动右下角的填充柄向下填充公式（见图 5-138），即可得出批量的计算结果。

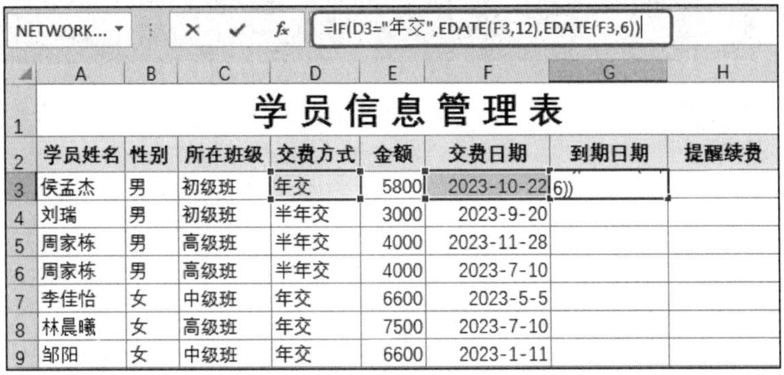

图 5-137

图 5-138

步骤 ⑤　切换回 ChatGPT，在聊天对话框中输入"当 G3 中的日期距今日小于或等于 5 天时，在 H3 单元格中显示'提醒'文字。"，如图 5-139 所示。发送问题后，可得到如图 5-140 所示的回复信息。

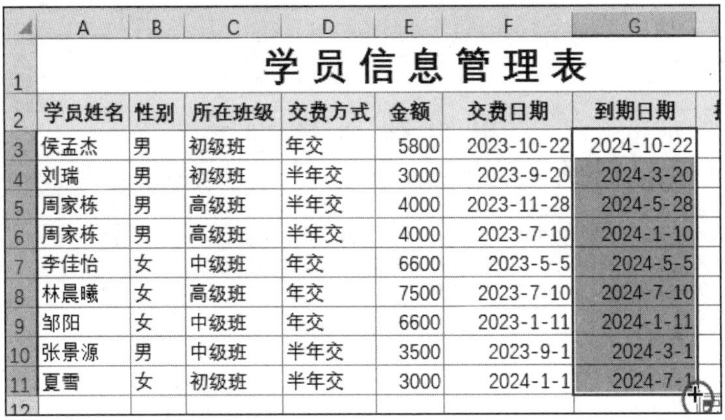

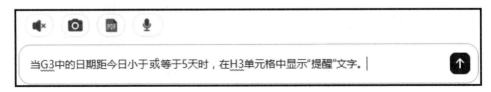

当G3中的日期距今日小于或等于5天时，在H3单元格中显示"提醒"文字。

图 5-139

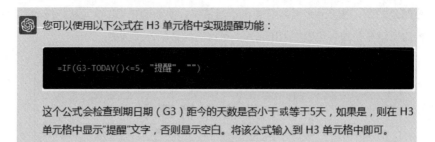

您可以使用以下公式在 H3 单元格中实现提醒功能：

```
=IF(G3-TODAY()<=5,"提醒","")
```

这个公式会检查到期日期（G3）距今的天数是否小于或等于5天，如果是，则在 H3 单元格中显示"提醒"文字，否则显示空白。将该公式输入到 H3 单元格中即可。

图 5-140

步骤 06　选中公式并按 Ctrl+C 组合键进行复制。切换到 Excel 程序，选中 H3 单元格，将光标定位到编辑栏中，按 Ctrl+V 组合键进行粘贴，如图 5-141 所示。

步骤 07　粘贴公式后，按 Enter 键即可得出判断结果。重新选中 H3 单元格，拖动右下角的填充柄向下填充公式（见图 5-142），即可得出批量的判断结果。

| NETWORK... ▼ | : | × | ✓ | fx | =IF(G3-TODAY()<=5,"提醒","") |

	A	B	C	D	E	F	G	H
1	学 员 信 息 管 理 表							
2	学员姓名	性别	所在班级	交费方式	金额	交费日期	到期日期	提醒续费
3	侯孟杰	男	初级班	年交	5800	2023-10-22	2024-10-22	"提醒","")
4	刘瑞	男	初级班	半年交	3000	2023-9-20	2024-3-20	
5	周家栋	男	高级班	半年交	4000	2023-11-28	2024-5-28	
6	周家栋	男	高级班	半年交	4000	2023-7-10	2024-1-10	
7	李佳怡	女	中级班	年交	6600	2023-5-5	2024-5-5	

图 5-141

	A	B	C	D	E	F	G	H
1	学 员 信 息 管 理 表							
2	学员姓名	性别	所在班级	交费方式	金额	交费日期	到期日期	提醒续费
3	侯孟杰	男	初级班	年交	5800	2023-10-22	2024-10-22	
4	刘瑞	男	初级班	半年交	3000	2023-9-20	2024-3-20	提醒
5	周家栋	男	高级班	半年交	4000	2023-11-28	2024-5-28	
6	周家栋	男	高级班	半年交	4000	2023-7-10	2024-1-10	提醒
7	李佳怡	女	中级班	年交	6600	2023-5-5	2024-5-5	
8	林晨曦	女	高级班	年交	7500	2023-7-10	2024-7-10	
9	邹阳	女	中级班	年交	6600	2023-1-11	2024-1-11	提醒
10	张景源	男	中级班	半年交	3500	2023-9-1	2024-3-1	提醒
11	夏雪	女	初级班	半年交	3000	2024-1-1	2024-7-1	
12								

图 5-142

EDATE 函数

用途：表示某个日期的序列号，该日期与指定日期（start_date）相隔（之前或之后）指定的月份数。

语法：EDATE(start_date, months)。

参数说明：

- start_date：表示开始日期。应使用 DATE 函数来输入日期，或者以其他公式或函数的日期结果作为此处的输入。
- months：表示 start_date 之前或之后的月份数。months 为正值将生成未来的日期，months 为负值将生成过去的日期。

5.28　计算临时工的实际工作天数

假设企业在某一段时间雇用了一批临时工，通过计算每位员工的开始日期与结束日期之间的实际工作天数，可以方便地进行工资核算。这种计算帮助确保每位员工根据其工作天数获得准确的薪酬。

步骤 01　在聊天对话框中输入"B2 中是开始日期，C2 中是结束日期，F2 中为指定的法定假日，要计算这两个日期间的工作日数，计算结果显示在 D2 单元格。"，如图 5-143 所示。发送问题后，可得到如图 5-144 所示的回复信息。

图 5-143

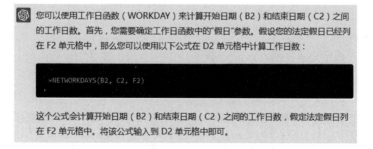

您可以使用工作日函数（WORKDAY）来计算开始日期（B2）和结束日期（C2）之间的工作日数。首先，您需要确定工作日函数中的"假日"参数。假设您的法定假日已经列在 F2 单元格中，那么您可以使用以下公式在 D2 单元格中计算工作日数：

```
=NETWORKDAYS(B2, C2, F2)
```

这个公式会计算开始日期（B2）和结束日期（C2）之间的工作日数，假定法定假日列在 F2 单元格中。将该公式输入到 D2 单元格中即可。

图 5-144

步骤 02　选中公式并按 Ctrl+C 组合键进行复制。切换到 Excel 程序，选中 D3 单元格，将光标定位到编辑栏中，按 Ctrl+V 组合键进行粘贴，如图 5-145 所示。

姓名	开始日期	结束日期	工作日数	E	法定假日
陈曦	2023-12-10	2024-2-6	=NETWORKDAYS(B2,C2,$F$2)		2024-1-1
刘琦	2023-12-25	2024-2-6			
王小菊	2023-12-12	2024-2-6			
王淑娟	2023-12-20	2024-2-6			
周保国	2023-12-14	2024-2-6			
唐虎	2023-12-15	2024-2-6			
张平阳	2023-12-11	2024-2-6			
何信	2023-12-20	2024-2-6			

公式栏：=NETWORKDAYS(B2,C2,$F$2)

> 因为指定的法定假日在公式复制过程中始终不变（$F$2），所以使用绝对引用。由于并未将复制公式的要求描述给 ChatGPT，因此生成公式后可以自己把此单元格引用方式更改一下

图 5-145

步骤 03 粘贴公式后，按 Enter 键即可得出计算结果。重新选中 D3 单元格，拖动右下角的填充柄向下填充公式，即可得出批量的计算结果，如图 5-146 所示。

姓名	开始日期	结束日期	工作日数	E	法定假日
陈曦	2023-12-10	2024-2-6	41		2024-1-1
刘琦	2023-12-25	2024-2-6	31		
王小菊	2023-12-12	2024-2-6	40		
王淑娟	2023-12-20	2024-2-6	34		
周保国	2023-12-14	2024-2-6	38		
唐虎	2023-12-15	2024-2-6	37		
张平阳	2023-12-11	2024-2-6	41		
何信	2023-12-20	2024-2-6	34		

图 5-146

NETWORKDAYS 函数

用途：返回参数 start_date 和 end_date 之间的工作天数。工作日不包括周末和节假日。

语法：NETWORKDAYS(start_date, end_date, [holidays])。

参数说明：

- start_date：表示开始日期。
- end_date：表示终止日期。
- holidays：可选参数。不在工作日历中的一个或多个日期所构成的可选区域。

5.29 判断值班日期是工作日还是双休日

在本例表格中统计了员工的值班日期，因为平时值班与双休日值班的补助费用是不同的，所以要根据值班日期来判断各条值班记录中的日期是平

时值班还是双休日值班。

步骤 01　在聊天对话框中输入"A2 中是值班日期，要求当日期是周六和周日时返回'双休日值班'，否则返回'平时值班'，结果显示在 C2 单元格。"，如图 5-147 所示。发送问题后，可得到如图 5-148 所示的回复信息。

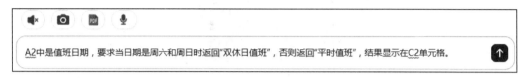

A2中是值班日期，要求当日期是周六和周日时返回"双休日值班"，否则返回"平时值班"，结果显示在C2单元格。

图 5-147

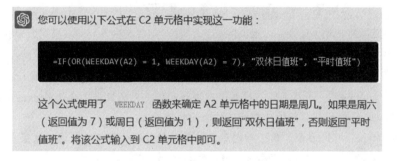

您可以使用以下公式在 C2 单元格中实现这一功能：

```
=IF(OR(WEEKDAY(A2) = 1, WEEKDAY(A2) = 7), "双休日值班","平时值班")
```

这个公式使用了 WEEKDAY 函数来确定 A2 单元格中的日期是周几。如果是周六（返回值为 7）或周日（返回值为 1），则返回"双休日值班"，否则返回"平时值班"。将该公式输入到 C2 单元格中即可。

图 5-148

步骤 02　选中公式并按 Ctrl+C 组合键进行复制。切换到 Excel 程序，选中 C3 单元格，将光标定位到编辑栏中，按 Ctrl+V 组合键进行粘贴，如图 5-149 所示。

NETWORK...			×	✓	fx	=IF(OR(WEEKDAY(A2) = 1, WEEKDAY(A2) = 7), "双休日值班","平时值班")			
	A	B	C	D	E	F	G	H
1	值班日期	姓名	值班类型					
2	2024-3-3	张进	班","平时值班")					
3	2024-3-5	潘阳磊						
4	2024-3-8	蔡明						
5	2024-3-9	杨浪						
6	2024-3-13	邓敏						
7	2024-3-16	江河						

图 5-149

步骤 03　粘贴公式后，按 Enter 键即可得出判断结果。重新选中 C3 单元格，拖动右下角的填充柄向下填充公式（见图 5-150），即可得出批量的判断结果。

	A	B	C	D
1	值班日期	姓名	值班类型	
2	2024-3-3	张进	双休日值班	
3	2024-3-5	潘阳磊	平时值班	
4	2024-3-8	蔡明	平时值班	
5	2024-3-9	杨浪	双休日值班	
6	2024-3-13	邓敏	平时值班	
7	2024-3-16	江河	双休日值班	
8	2024-3-18	刘晓俊	平时值班	
9	2024-3-20	李文杰	平时值班	
10	2024-3-25	林可军	平时值班	
11	2024-3-30	平宜人	双休日值班	
12				

图 5-150

NETWORKDAYS 函数

用途：返回某个日期为星期几。默认情况下，其值为 1（星期一）~7（星期日）的整数。

语法：WEEKDAY(serial_number,[return_type])。

参数说明：

- serial_number：一个序列号，代表尝试查找的那一天的日期。应使用 date 函数输入日期，或者以其他公式或函数的日期结果作为此处的输入。
- return_type：可选参数。用于确定返回值类型的数字。省略时，返回数字 1~7，代表周日~周六；指定为 2 时，返回数字 1~7，代表周一~周日。

5.30 比赛用时统计（分钟数）

对于记录了某次万米长跑比赛中各选手的开始时间与结束时间的数据，现在需要统计出每位选手完成全程所用的分钟数。

步骤01 在聊天对话框中输入"B2 中是开始时间，C2 中是结束时间，要计算两个时间间隔的分钟数，计算结果显示在 D2 单元格。"，如图 5-151 所示。发送问题后，可得到如图 5-152 所示的回复信息。

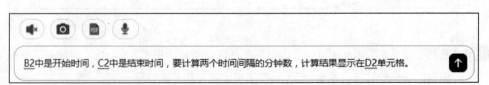

B2中是开始时间，C2中是结束时间，要计算两个时间间隔的分钟数，计算结果显示在D2单元格。

图 5-151

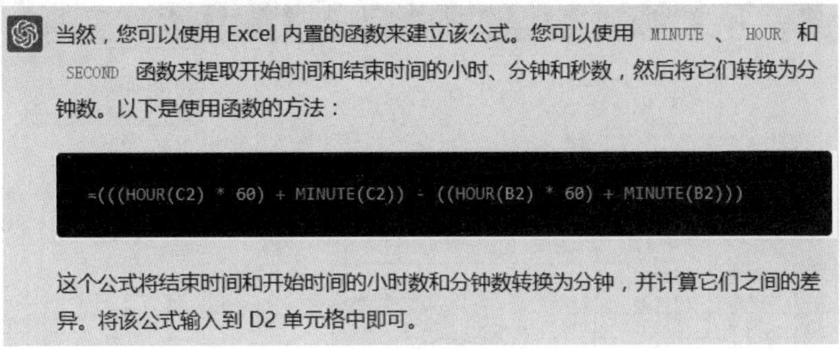
当然，您可以使用 Excel 内置的函数来建立该公式。您可以使用 MINUTE 、 HOUR 和 SECOND 函数来提取开始时间和结束时间的小时、分钟和秒数，然后将它们转换为分钟数。以下是使用函数的方法：

```
=(((HOUR(C2) * 60) + MINUTE(C2)) - ((HOUR(B2) * 60) + MINUTE(B2)))
```

这个公式将结束时间和开始时间的小时数和分钟数转换为分钟，并计算它们之间的差异。将该公式输入到 D2 单元格中即可。

图 5-152

步骤 02　选中公式并按 Ctrl+C 组合键进行复制。切换到 Excel 程序，选中 D3 单元格，将光标定位到编辑栏中，按 Ctrl+V 组合键进行粘贴，如图 5-153 所示。

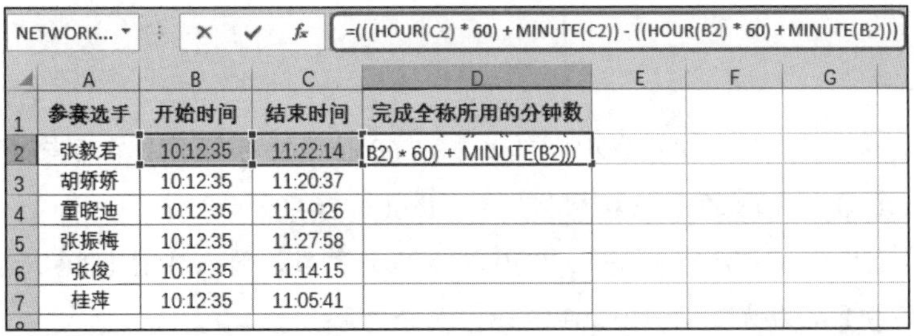
NETWORK...　=(((HOUR(C2) * 60) + MINUTE(C2)) - ((HOUR(B2) * 60) + MINUTE(B2)))

	A	B	C	D	E	F	G
1	参赛选手	开始时间	结束时间	完成全称所用的分钟数			
2	张毅君	10:12:35	11:22:14	B2) * 60) + MINUTE(B2)))			
3	胡娇娇	10:12:35	11:20:37				
4	董晓迪	10:12:35	11:10:26				
5	张振梅	10:12:35	11:27:58				
6	张俊	10:12:35	11:14:15				
7	桂萍	10:12:35	11:05:41				

图 5-153

步骤 03　粘贴公式后，按 Enter 键。重新选中 D2 单元格，拖动右下角的填充柄向下填充公式，如图 5-154 所示。

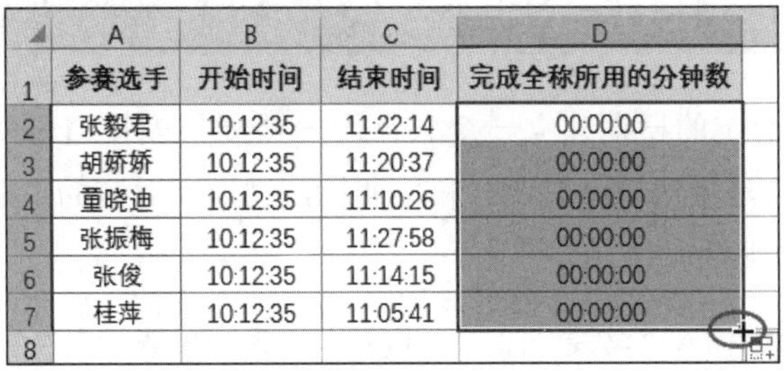

	A	B	C	D
1	参赛选手	开始时间	结束时间	完成全称所用的分钟数
2	张毅君	10:12:35	11:22:14	00:00:00
3	胡娇娇	10:12:35	11:20:37	00:00:00
4	董晓迪	10:12:35	11:10:26	00:00:00
5	张振梅	10:12:35	11:27:58	00:00:00
6	张俊	10:12:35	11:14:15	00:00:00
7	桂萍	10:12:35	11:05:41	00:00:00
8				

图 5-154

步骤 04　从返回的结果观察到，默认返回值是时间值，这时需要将单元格的格式更改为“常规”格式（选中公式返回值区域，在“开始”选项卡的“数字”组中，单击下拉按钮选择“常规”即可），如图 5-155 所示。

图 5-155

HOUR 函数从 C2 单元格中提取小时数并乘以 60 转换为分钟数，然后与 MINUTE 函数从 C2 单元格中提取的分钟数相加，即 11*60+22=682（分钟）。同样，HOUR 函数从 B2 单元格中提前小时数并乘以 60 转换为分钟数，再与 MINUTE 函数 B2 单元格中提取的分钟数相加，即 10*60+12=612（分钟）。

二者相减的结果即为总用时（分钟数），即 682-612=70（分钟）。

5.31 安排值班排班表

在本例中要根据给定的日期建立一个只在周一至周三安排值班的值班表。即如果日期对应的是星期一、星期二和星期三，则返回对应的星期数，对于其他星期数，统一返回"无值班"。

步骤 01   在聊天对话框中输入"A2 是日期，想利用公式返回日期对应的星期数。"，如图 5-156 所示。发送问题后，可得到如图 5-157 所示的回复信息。

图 5-156

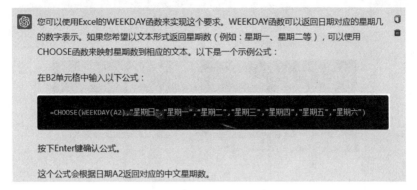

您可以使用Excel的WEEKDAY函数来实现这个要求。WEEKDAY函数可以返回日期对应的星期几的数字表示。如果您希望以文本形式返回星期数（例如：星期一、星期二等），可以使用CHOOSE函数来映射星期数到相应的文本。以下是一个示例公式：

在B2单元格中输入以下公式：

=CHOOSE(WEEKDAY(A2),"星期日","星期一","星期二","星期三","星期四","星期五","星期六")

按下Enter键确认公式。

这个公式会根据日期A2返回对应的中文星期数。

图 5-157

步骤 02　选中公式并按 Ctrl+C 组合键进行复制。切换到 Excel 程序，选中 B2 单元格，将光标定位到编辑栏中，按 Ctrl+V 组合键进行粘贴，如图 5-158 所示。

步骤 03　粘贴公式后，按 Enter 键即可得出判断结果。重新选中 B2 单元格，拖动右下角的填充柄向下填充公式，可以看到返回了 A 列中各个日期对应的星期数，如图 5-159 所示。

图 5-158　　　　　　　　　　　　　　　　　　　图 5-159

步骤 04　回到 Chataa 中，在聊天对话框中输入"判断 B2 中是不是'星期一'或'星期二'或'星期三'，如果是则返回'请键入值班人'，如果不是则返回'无值班'。"，如图 5-160 所示。发送问题后，可得到如图 5-161 所示的回复信息。

图 5-160

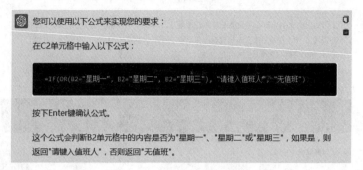

图 5-161

步骤 05 选中公式并按 Ctrl+C 组合键进行复制。切换到 Excel 程序，选中 C2 单元格，将光标定位到编辑栏中，按 Ctrl+V 组合键进行粘贴，如图 5-162 所示。

步骤 06 粘贴公式后，按 Enter 键即可得出判断结果。重新选中 C2 单元格，拖动右下角的填充柄向下填充公式，可以看到返回了需要的结果，如图 5-163 所示。

	A	B	C
1	日期	星期数	值班员工
2	2024-3-10	星期日	无值班
3	2024-3-11	星期一	请键入值班人
4	2024-3-12	星期二	请键入值班人
5	2024-3-13	星期三	请键入值班人
6	2024-3-14	星期四	无值班
7	2024-3-17	星期日	无值班
8	2024-3-18	星期一	请键入值班人
9	2024-3-19	星期二	请键入值班人
10	2024-3-20	星期三	请键入值班人
11	2024-3-23	星期六	无值班
12	2024-3-26	星期二	请键入值班人
13	2024-3-27	星期三	请键入值班人
14			

图 5-162

图 5-163

CHOOSE 函数

用途：从给定的参数中返回指定的值。

语法：CHOOSE(index_num, value1, [value2], …)。

参数说明：

- index_num：表示以此指定的值选定的后面的参数值。index_num 必须为 1~254 的数字，或者是其结果为 1~254 的数字的公式，或者是引用包含 1~254 中某个数字的单元格。
- value1, value2, …：value1 参数是不可缺少的，后续参数则是可选的。这些参数的个数介于 1~254 之间。函数 CHOOSE 以 index_num 为索引值从后面的参数中选择一个或一项作为返回值。这些参数可以是数字、单元格引用、已定义的名称、公式、函数或文本。

> **提示**
>
> 对于 "=CHOOSE(WEEKDAY(A2)," 星期日 "," 星期一 "," 星期二 "," 星期三 "," 星期四 "," 星期五 "," 星期六 ")" 这个公式，ChatGPT 未给出解析，这里我们来讲一下：WEEKDAY 函数用于返回一个日期对应的星期数，返回的是数字 1、2、3、4、5、6、7，分别对应星期日、星期一、星期二、星期三、星期四、星期五、星期六。而 CHOOSE 函数的第一个参数指定为 1 时，则返回第一个值，即 "星期日"。

5.32　计算工龄及工龄工资
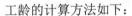

当前表格记录了员工的入职日期，要求根据入职日期来计算工龄，并计算出月工龄工资，计算结果为图 5-164 中的 E 列和 F 列数据。

工龄的计算方法如下：

未满一年的显示 0，超过一年的显示整年数（舍去未到整年的月份）。

- 工龄满一年的员工每月工龄工资为 50 元。
- 工龄满两年的员工每月工龄工资为 100 元。
- 工龄满三年的员工每月工龄工资为 150 元。
- 工龄满四年的员工每月工龄工资为 180 元。

此后每增加一年，月工龄工资相应增加 30 元，直到工龄十年为止，即工龄超过十年的员工，月工龄工资封顶。

编号	姓名	所在部门	入职日期	工龄	月工龄工资
001	李成雪	销售部	2020-3-1	4	180
002	陈江远	财务部	2023-7-1	0	0
003	刘莹	售后服务部	2018-12-1	6	240
004	苏瑞瑞	售后服务部	2018-2-1	6	240
005	苏运成	销售部	2019-4-5	5	210
006	周洋	销售部	2022-4-14	2	100
007	林成瑞	工程部	2023-6-14	0	0
008	邹阳阳	行政部	2016-1-28	8	300
009	张景源	销售部	2023-2-2	1	50
010	苏敏	财务部	2016-2-19	8	300
011	何平	销售部	2020-4-7	4	180
012	李梅	售后服务部	2022-2-25	2	100
013	何艳红	销售部	2016-2-25	8	300
014	胡平	行政部	2023-8-25	0	0

图 5-164

步骤 ① 在聊天对话框中输入"根据 D2 中的入职日期计算工龄，并将结果显示在 E2 单元格中。要求如果未达到 1 整年返回 0，否则返回整年工龄。"，如图 5-165 所示。发送问题后，可得到如图 5-166 所示的回复信息。

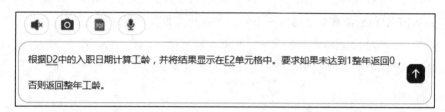

图 5-165

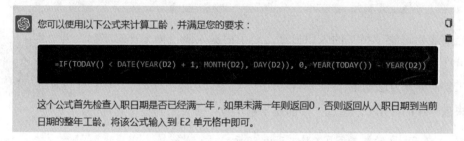

图 5-166

步骤 ② 选中公式并按 Ctrl+C 组合键进行复制。切换到 Excel 程序，选中 E2 单元格，将光标定位到编辑栏中，按 Ctrl+V 组合键进行粘贴，如图 5-167 所示。

| NETWORK... | | × | ✓ | fx | =IF(TODAY() < DATE(YEAR(D2) + 1, MONTH(D2), DAY(D2)), 0, YEAR(TODAY()) - YEAR(D2)) |

▲	A	B	C	D	E	F	G	H	I
1	编号	姓名	所在部门	入职日期	工龄	月工龄工资			
2	001	李成雪	销售部	2020-3-1	D2))				
3	002	陈江远	财务部	2023-7-1					
4	003	刘莹	售后服务部	2018-12-1					
5	004	苏瑞瑞	售后服务部	2018-2-1					
6	005	苏运成	销售部	2019-4-5					
7	006	周洋	销售部	2022-4-14					
8	007	林成瑞	工程部	2023-6-14					
9	008	邹阳阳	行政部	2016-1-28					

图 5-167

步骤 ③ 粘贴公式后，按 Enter 键即可得出判断结果。重新选中 E2 单元格，拖动右下角的填充柄向下填充公式（见图 5-168），可以计算出所有的工龄值。

	A	B	C	D	E	F
1	编号	姓名	所在部门	入职日期	工龄	月工龄工资
2	001	李成雪	销售部	2020-3-1	4	
3	002	陈江远	财务部	2023-7-1	0	
4	003	刘莹	售后服务部	2018-12-1	6	
5	004	苏瑞瑞	售后服务部	2018-2-1	6	
6	005	苏运成	销售部	2019-4-5	5	
7	006	周洋	销售部	2022-4-14	2	
8	007	林成瑞	工程部	2023-6-14	0	
9	008	邹阳阳	行政部	2016-1-28	8	
10	009	张景源	销售部	2023-2-2	1	
11	010	苏敏	财务部	2016-2-19	8	
12	011	何平	销售部	2020-4-7	4	
13	012	李梅	售后服务部	2022-2-25	2	
14	013	何艳红	销售部	2016-2-25	8	
15	014	胡平	行政部	2023-8-25	0	

图 5-168

步骤 04　切换回 ChatGPT，在聊天对话框中输入"D2 单元格中是工龄，想在 F2 中计算出月工龄工资，规则为：工龄大于或等于 1 返回 50；工龄大于或等于 2 年返回 100；工龄大于或等于 3 年返回 150；工龄大于或等于 4 年返回 180；达到 4 年后以后工龄每增加一年，工龄工资相应增加 30 元。累计十年封顶。"，如图 5-169 所示。发送问题后，可得到如图 5-170 所示的回复信息。

D2单元格中是工龄，想在F2中计算出月工龄工资，规则为：工龄大于或等于1返回50；工龄大于或等于2年返回100；工龄大于或等于3年返回150；工龄大于或等于4年返回180；达到4年后以后工龄每增加一年，工龄工资相应增加30元。累计十年封顶。

图 5-169

理解了，以下是您所需的公式：

```
=IF(D2>=10, 230, IF(D2>=4, 180+30*(D2-4), IF(D2>=3, 150, IF(D2>=2, 100, IF(D2>=1, 50, 0)))))
```

这个公式会根据工龄（D2 单元格中的值）计算月工龄工资。根据您提供的规则，公式逐步检查工龄，并根据条件返回相应的工资。如果工龄达到十年，则返回封顶的工资230元。将该公式输入到 F2 单元格中即可。

图 5-170

步骤 05　选中公式并按 Ctrl+C 组合键进行复制。切换到 Excel 程序，选中 F2 单元格，将光标定位到编辑栏中，按 Ctrl+V 组合键进行粘贴，如图 5-171 所示。

步骤 06 粘贴公式后，按 Enter 键即可得出判断结果。重新选中 F2 单元格，拖动右下角的填充柄向下填充公式（见图 5-172），可以计算出所有的工龄值。

F2				fx	=IF(E2>=10, 230, IF(E2>=4, 180+30*(E2-4), IF(E2>=3, 150, IF(E2>=2, 100, IF(E2>=1, 50, 0)))))

	A	B	C	D	E	F
1	编号	姓名	所在部门	入职日期	工龄	月工龄工资
2	001	李成雪	销售部	2020-3-1	4	180
3	002	陈江远	财务部	2023-7-1	0	
4	003	刘莹	售后服务部	2018-12-1	6	
5	004	苏瑞瑞	售后服务部	2018-2-1	6	
6	005	苏运成	销售部	2019-4-5	5	
7	006	周洋	销售部	2022-4-14	2	
8	007	林成瑞	工程部	2023-6-14	0	
9	008	邹阳阳	行政部	2016-1-28	8	
10	009	张景源	销售部	2023-2-2	1	

注意，由于 E2 中显示的是工龄，在问 ChatGPT 时，笔者说成了 D2，因此生成的公式都是在判断 D2 单元格的内容，因此笔者手动将 D2 改正为了 E2，如果读者不想修改，可以重新向 ChatGPT 发问，让它帮你修改好，而后再复制使用

图 5-171

	A	B	C	D	E	F
1	编号	姓名	所在部门	入职日期	工龄	月工龄工资
2	001	李成雪	销售部	2020-3-1	4	180
3	002	陈江远	财务部	2023-7-1	0	0
4	003	刘莹	售后服务部	2018-12-1	6	240
5	004	苏瑞瑞	售后服务部	2018-2-1	6	240
6	005	苏运成	销售部	2019-4-5	5	210
7	006	周洋	销售部	2022-4-14	2	100
8	007	林成瑞	工程部	2023-6-14	0	0
9	008	邹阳阳	行政部	2016-1-28	8	300
10	009	张景源	销售部	2023-2-2	1	50
11	010	苏敏	财务部	2016-2-19	8	300
12	011	何平	销售部	2020-4-7	4	180
13	012	李梅	售后服务部	2022-2-25	2	100
14	013	何艳红	销售部	2016-2-25	8	300
15	014	胡平	行政部	2023-8-25	0	0
16						

图 5-172

 提示

我们在计算工龄时最常用的发问是"要求根据 D2 中的入职日期计算工龄，并将结果显示在 E2 单元格中。"，随后生成的公式如图 5-173 所示，而将公式应用到表格中求解的结果如图 5-174 所示。

您可以使用以下公式来计算工龄：

```
=DATEDIF(A2, TODAY(), "y") & "年" & DATEDIF(A2, TODAY(), "ym") & "个月"
```

这个公式将会计算 A2 中的入职日期到当前日期的年份和月份差，并将结果显示为工龄的年份和月份形式。将该公式输入到 E2 单元格中即可。

图 5-173

	A	B	C	D	E	F	G	H	I	J
	编号	姓名	所在部门	入职日期	工龄					
1										
2	001	李成雪	销售部	2020-3-1	4年0个月					
3	002	陈江远	财务部	2023-7-1	0年8个月					
4	003	刘莹	售后服务部	2015-12-1	8年3个月					
5	004	苏瑞瑞	售后服务部	2017-2-1	7年1个月					
6	005	苏运成	销售部	2017-4-5	6年11个月					
7	006	周洋	销售部	2022-4-14	1年11个月					
8	007	林成瑞	工程部	2023-6-14	0年9个月					
9	008	邹阳阳	行政部	2016-1-28	8年2个月					
10	009	张景源	销售部	2023-2-2	1年1个月					
11	010	苏敏	财务部	2016-2-19	8年1个月					
12	011	何平	销售部	2020-4-7	3年11个月					
13	012	李梅	售后服务部	2017-2-25	7年1个月					
14	013	何艳红	销售部	2016-2-25	8年1个月					
15	014	胡平	行政部	2023-2-25	1年1个月					
16	015	胡晓阳	工程部	2017-2-25	7年1个月					

E2 单元格编辑栏：=DATEDIF(D2, TODAY(), "y") & "年" & DATEDIF(D2, TODAY(), "ym") & "个月"

图 5-174

为了满足本例中对计算工龄的具体要求，我们要将提问词更改为"根据 D2 中的入职日期计算工龄，并将结果显示在 E2 单元格中。要求如果未达到 1 整年返回 0，否则返回整年工龄。"，这样的提问能准确地达到预期的计算目标。因此，若想从 ChatGPT 获得精准的回复，关键在于提问用词的准确性和目标描述的清晰度，要明确表达出具体的要求。

提示

文中使用的计算工龄的公式为 =IF(TODAY() < DATE(YEAR(D2) + 1, MONTH(D2), DAY(D2)), 0, YEAR(TODAY()) - YEAR(D2))。

其中，"DATE(YEAR(D2) + 1, MONTH(D2), DAY(D2))"这一部分通过提取 D2 单元格中日期对应的年、月、日，并将年份加 1，形成一个标准日期。然后该公式会判断当前日期是否小于这个新形成的日期；如果是，说明未满一整年，因此返回 0。

5.33　解决日期计算返回日期序列号问题

在进行日期计算时，很多时候会返回一个日期的序列号，而不是一个日期值，如图5-175所示。在根据生产日期与保质期计算到期日期时，显示的结果就是一个日期序列号。为了将这些序号转换为更直观的日期格式，我们可以向ChatGPT寻求帮助，获得相应的解决方案。

	A	B	C	D
	商品编码	生产日期	保质期(月)	到期日期
2	WJ3606B	2023-12-1	6	45444
3	WJ3608B	2023-12-22	6	45465
4	WJ3608C	2023-12-25	6	45468
5	WJ3610C	2024-1-12	8	45547
6	WJ8868	2024-1-15	9	45580
7	WJ8869	2024-2-20	9	45616
8	ZG6017	2024-3-5	9	45631
9	ZG63010	2024-2-22	6	45526
10	ZG63011A	2024-2-23	10	45649
11	ZG63016B	2024-2-24	10	45650

D2 `=EDATE(B2,C2)`

图 5-175

步骤 01　在聊天对话框中输入"在使用'=EDATE(B2,C2)'这个公式时，计算结果是日期的序列号，怎么解决呢？"，如图5-176所示。发送问题后，可得到如图5-177所示的回复信息。

在使用"=EDATE(B2,C2)"这个公式时，计算结果是日期的序列号，怎么解决呢？

图 5-176

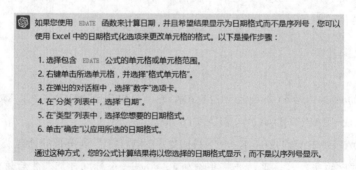

如果您使用 EDATE 函数来计算日期，并且希望结果显示为日期格式而不是序列号，您可以使用 Excel 中的日期格式化选项来更改单元格的格式。以下是操作步骤：

1. 选择包含 EDATE 公式的单元格或单元格范围。
2. 右键单击所选单元格，并选择"格式单元格"。
3. 在弹出的对话框中，选择"数字"选项卡。
4. 在"分类"列表中，选择"日期"。
5. 在"类型"列表中，选择您想要的日期格式。
6. 单击"确定"以应用所选的日期格式。

通过这种方式，您的公式计算结果将以您选择的日期格式显示，而不是以序列号显示。

图 5-177

步骤 02　ChatGPT 给出的第一条回复是可以解决问题的，即重新修改单元格的格式为日期格式。但我们依然可以用函数来解决问题。于是继续提问"可以用一个函数来解决这个问题吗？"，如图5-178所示。发送问题后，可得到如图5-179所示的回复信息。

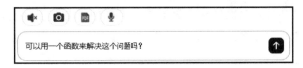

图 5-178

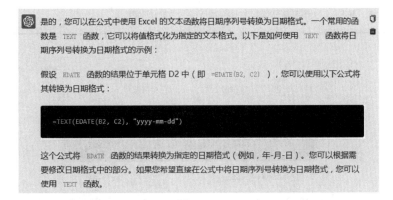

图 5-179

步骤 03 根据 ChatGPT 的提示，重新修改公式，可以看到得到了正确的日期值，如图 5-180 所示。

D2	▼	× ✓ fx	=TEXT(EDATE(B2,C2),"yyyy-mm-dd")	
	A	B	C	D	E
1	商品编码	生产日期	保质期(月)	到期日期	
2	WJ3606B	2023-12-1	6	2024-06-01	
3	WJ3608B	2023-12-22	6	2024-06-22	
4	WJ3608C	2023-12-25	6	2024-06-25	
5	WJ3610C	2024-1-12	8	2024-09-12	
6	WJ8868	2024-1-15	9	2024-10-15	
7	WJ8869	2024-2-20	9	2024-11-20	
8	ZG6017	2024-3-5	9	2024-12-05	
9	ZG63010	2024-2-22	6	2024-08-22	
10	ZG63011A	2024-2-23	10	2024-12-23	
11	ZG63016B	2024-2-24	10	2024-12-24	

图 5-180

5.34 按条件判断能够参加复试的应聘人员

公司要招聘技术人员，要求应聘者有 5 年以上的工作经验，并且笔试成绩需大于或等于 90 分才能参加复试。这个要求不难实现，可以使用 IF 函数来创建公式，在公式中设定相应的条件即可。

步骤 01 在聊天对话框中输入"C2 是笔试成绩，要求当 C2 大于或等于 90 时，在 D2 中显示'是'，否则显示'否'。"，如图 5-181 所示。发送问题后，可得到如图 5-182 所示的回复信息。

C2是笔试成绩，要求当C2大于或等于90时，在D2中显示"是"，否则显示"否"。

图 5-181

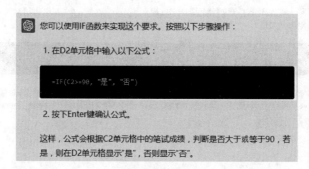

您可以使用IF函数来实现这个要求。按照以下步骤操作：

1. 在D2单元格中输入以下公式：

```
=IF(C2>=90,"是","否")
```

2. 按下Enter键确认公式。

这样，公式会根据C2单元格中的笔试成绩，判断是否大于或等于90，若是，则在D2单元格显示"是"，否则显示"否"。

图 5-182

步骤 02 选中公式并按 Ctrl+C 组合键进行复制。切换到 Excel 程序，选中 D2 单元格，将光标定位到编辑栏中，按 Ctrl+V 组合键进行粘贴，如图 5-183 所示。

步骤 03 粘贴公式后，按 Enter 键即可得出判断结果。重新选中 D2 单元格，拖动右下角的填充柄向下填充公式，即可得出批量的判断结果，如图 5-184 所示。

NETWORK... ▾ × ✓ fx =IF(C2>=90,"是","否")

	A	B	C	D
1	姓名	工作年限	笔试成绩	是否参加复试
2	刘文虹	5	90	"否")
3	周佳雨	6	91	
4	杨吉秀	8	85	
5	魏娟	9	80	
6	张茹	4	95	
7	唐晓燕	7	100	
8	陈家乐	5	89	
9	赵青军	2	93	
10	石小波	8	88	
11	杨恩	7	89	
12	王伟	5	96	
13	胡组丽	4	88	
14	苗新军	6	99	

图 5-183

	A	B	C	D
1	姓名	工作年限	笔试成绩	是否参加复试
2	刘文虹	5	90	是
3	周佳雨	6	91	是
4	杨吉秀	8	85	否
5	魏娟	9	80	否
6	张茹	4	95	是
7	唐晓燕	7	100	是
8	陈家乐	5	89	否
9	赵青军	2	93	是
10	石小波	8	88	否
11	杨恩	7	89	否
12	王伟	5	96	是
13	胡组丽	4	88	否
14	苗新军	6	99	是
15				

图 5-184

如果还要加一个判断条件，可以让 ChatGPT 重新设计公式。

步骤 ①　在聊天对话框中输入"延续上一个题目，再加一个判断条件为 B2 必须大于或等于 5，请重新给出公式。"，如图 5-185 所示。发送问题后，可以看到 ChatGPT 重新给出的公式，如图 5-186 所示。

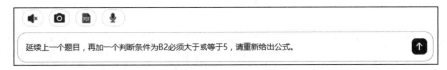

图 5-185

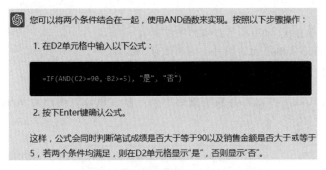

图 5-186

步骤 ②　选中公式并按 Ctrl+C 组合键进行复制。切换到 Excel 程序，选中 D2 单元格，将光标定位到编辑栏中，按 Ctrl+V 组合键进行粘贴，接着拖动右下角的填充柄向下填充公式，如图 5-187 所示。

E2			fx	=IF(AND(C2>=90, B2>=5), "是", "否")	
	A	B	C	D	E	F
1	姓名	工作年限	笔试成绩	是否参加复试	是否参加复试（修正）	
2	刘文虹	5	90	是	是	
3	周佳雨	6	91	是	是	
4	杨吉秀	8	85	否	否	
5	魏娟	9	80	否	否	
6	张茹	4	95	是	否	
7	唐晓燕	7	100	是	是	
8	陈家乐	5	89	否	否	
9	赵青军	2	93	是	否	
10	石小波	8	88	否	否	
11	杨恩	7	89	否	否	
12	王伟	5	96	是	是	
13	胡组丽	4	88	否	否	
14	苗新军	6	99	是	是	

通过对比可以看到，这里的公式在判断双重条件，例如"张茹"，笔试成绩达标，但工作年限未达到 5 年，因此不满足参加复试的条件

图 5-187

> **提示**
>
> AND 函数用于同时测试多个条件是否为真。只有当所有条件都为真时，函数返回真（TRUE），否则返回假（FALSE）。因此，本例公式中的 AND 函数用来同时判断"C2>=90"和"B2>=5"这两个条件，这两个条件同时为真则返回"是"，否则返回"否"。

5.35 根据设定的返利比计算返利金额 ◀◀◀

根据产品交易总金额的多少，其返利百分比各不相同。具体规则如下：

- 总金额小于或等于 2000 元时，返利比为 2%。
- 总金额在 5000~10000 元区间时，返利比为 5%。
- 总金额大于 10000 元时，返利比为 8%。

设置相应的公式后，可以将其复制到整个列，以批量计算得出 C 列的结果，如图 5-188 所示。

	A	B	C	D
1	商品编码	销售金额	返利金额	
2	WJ3606B	13550	1084.00	
3	WJ3608B	2376	47.52	
4	WJ3608C	2535	50.70	
5	WJ3610C	7548	377.40	
6	WJ8868	3184	63.68	
7	WJ8869	10920	873.60	
8	WJ8870	5940	297.00	
9	WJ8871	4094	81.88	
10	WJ8872	1770	35.40	
11	WJ8873	1785	35.70	
12	WJ8874	9858	492.90	
13	Z8G031	6850	342.50	
14	Z8G031	1260	25.20	
15	Z8G033	3200	64.00	

图 5-188

步骤 01 在聊天对话框中输入"B2 是销售金额，要求在 C2 中计算返利金额，计算规则为：B2 小于或等于 5000 元时，返利比为 2%；B2 在 5000~10000 元时，返利比为 5%；B2 大于 10000 元时，返利比为 8%。最后将 C2 中的公式向下延伸。"，如图 5-189 所示。发送问题后，可得到如图 5-190 所示的回复信息。

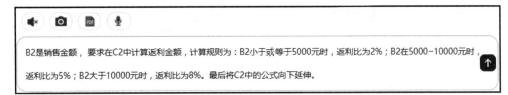

B2是销售金额，要求在C2中计算返利金额，计算规则为：B2小于或等于5000元时，返利比为2%；B2在5000~10000元时，返利比为5%；B2大于10000元时，返利比为8%。最后将C2中的公式向下延伸。

图 5-189

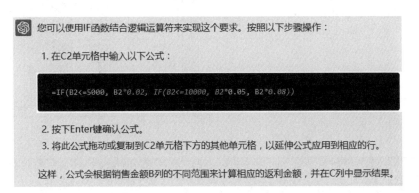

您可以使用IF函数结合逻辑运算符来实现这个要求。按照以下步骤操作：

1. 在C2单元格中输入以下公式：

```
=IF(B2<=5000, B2*0.02, IF(B2<=10000, B2*0.05, B2*0.08))
```

2. 按下Enter键确认公式。

3. 将此公式拖动或复制到C2单元格下方的其他单元格，以延伸公式应用到相应的行。

这样，公式会根据销售金额B列的不同范围来计算相应的返利金额，并在C列中显示结果。

图 5-190

步骤 02 选中公式并按 Ctrl+C 组合键进行复制。切换到 Excel 程序，选中 C2 单元格，将光标定位到编辑栏中，按 Ctrl+V 组合键进行粘贴，如图 5-191 所示。

	A	B	C	D	E	F	G
	fx	=IF(B2<=5000,B2*0.02,IF(B2<=10000,B2*0.05,B2*0.08))					
1	商品编码	销售金额	返利金额				
2	WJ3606B	13550	0.08))				
3	WJ3608B	2376					
4	WJ3608C	2535					
5	WJ3610C	7548					
6	WJ8868	3184					
7	WJ8869	10920					
8	WJ8870	5940					
9	WJ8871	4094					
10	WJ8872	1770					
11	WJ8873	1785					
12	WJ8874	9858					
13	Z8G031	6850					
14	Z8G031	1260					
15	Z8G033	3200					

图 5-191

步骤 03　粘贴公式后，按 Enter 键即可得出计算结果。重新选中 C2 单元格，拖动右下角的填充柄向下填充公式，即可得出批量的返利金额，如图 5-192 所示。

	A	B	C
1	商品编码	销售金额	返利金额
2	WJ3606B	13550	1084.00
3	WJ3608B	2376	47.52
4	WJ3608C	2535	50.70
5	WJ3610C	7548	377.40
6	WJ8868	3184	63.68
7	WJ8869	10920	873.60
8	WJ8870	5940	297.00
9	WJ8871	4094	81.88
10	WJ8872	1770	35.40
11	WJ8873	1785	35.70
12	WJ8874	9858	492.90
13	Z8G031	6850	342.50
14	Z8G031	1260	25.20
15	Z8G033	3200	64.00
16			

图 5-192

5.36　按条件判断是否为消费者发放赠品

某商场举办节日消费回馈活动。根据活动规则，持金卡的会员消费如果超过 5000 元即可获赠一台微波炉。这要求同时满足两个条件：持有"金卡"的会员与消费金额大于 5000 元。通过设置适当的公式，即可在 D 列中显示判断结果，如图 5-193 所示。

	A	B	C	D
1	姓名	消费金额	卡别	是否发放赠品
2	胡家怡	13500	金卡	发放赠品
3	林士	15000	普通卡	无
4	周雨虹	5500	银卡	无
5	陈思思	32100	金卡	发放赠品
6	陈欧	8450	普通卡	无
7	韩潮军	6000	金卡	发放赠品
8	张毅君	13000	银卡	无
9	张丽君	13200	普通卡	无
10	董晓迪	4400	金卡	无
11	张振梅	1800	银卡	无
12	张俊	5500	金卡	发放赠品
13	桂萍	8000	普通卡	无
14	古晨	4500	普通卡	无

图 5-193

步骤 01　在聊天对话框中输入"B2 是消费金额，C2 是卡别，要求当 B2 大于 5000 并且 C2 是'金卡'时，在 D2 中显示'发放赠品'，否则显示'无'，最后将 D2 中的公式向下延伸。"，如图 5-194 所示。发送问题后，可得到如图 5-195 所示的回复信息。

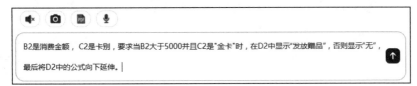

图 5-194

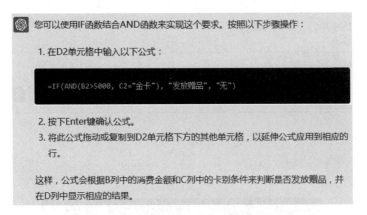

图 5-195

步骤 02　选中公式并按 Ctrl+C 组合键进行复制。切换到 Excel 程序，选中 D2 单元格，将光标定位到编辑栏中，按 Ctrl+V 组合键进行粘贴，如图 5-196 所示。

步骤 03　粘贴公式后，按 Enter 键即可得出判断结果。重新选中 D2 单元格，拖动右下角的填充柄向下填充公式（见图 5-197），即可得出批量的判断结果。

NETWORK...			fx	=iF(AND(B2>5000, C2="金卡"), "发放赠品", "无")		
	A	B	C	D	E	F	G
1	姓名	消费金额	卡别	是否发放赠品			
2	胡家怡	13500	金卡	"无")			
3	林士	15000	普通卡				
4	周雨虹	5500	银卡				
5	陈思思	32100	金卡				
6	陈欧	8450	普通卡				
7	韩潮军	6000	金卡				
8	张毅君	13000	银卡				
9	张丽君	13200	普通卡				
10	董晓迪	4400	金卡				
11	张振梅	1800	银卡				
12	张俊	5500	金卡				
13	桂萍	8000	普通卡				
14	古晨	4500	普通卡				

图 5-196

	A	B	C	D
1	姓名	消费金额	卡别	是否发放赠品
2	胡家怡	13500	金卡	发放赠品
3	林士	15000	普通卡	无
4	周雨虹	5500	银卡	无
5	陈思思	32100	金卡	发放赠品
6	陈欧	8450	普通卡	无
7	韩潮军	6000	金卡	发放赠品
8	张毅君	13000	银卡	无
9	张丽君	13200	普通卡	无
10	董晓迪	4400	金卡	无
11	张振梅	1800	银卡	无
12	张俊	5500	金卡	发放赠品
13	桂萍	8000	普通卡	无
14	古晨	4500	普通卡	无
15				

图 5-197

5.37　快速比较两列数据的差异

在本例中，我们通过建立公式来一次性比较两个厂商给出的报价是否相同，如果报价不同，则返回"有差异"。

步骤 01　在聊天对话框中输入"依次比较 C2:C14 和 D2:D14 区域的数据，如果相同返回空值，如果不同返回'有差异'。"，如图 5-198 所示。发送问题后，可得到如图 5-199 所示的回复信息。

图 5-198

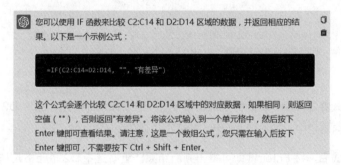

图 5-199

步骤 02　选中公式并按 Ctrl+C 组合键进行复制。切换到 Excel 程序，选中 E2:E14 单元格区域，将光标定位到编辑栏中，按 Ctrl+V 组合键进行粘贴，如图 5-200 所示。

	A	B	C	D	E	F
	NETWORK...	× ✓ fx	=IF(C2:C14=D2:D14, "", "有差异")			
1	编号	产品名称	厂商1	厂商2	比较结果	
2	YG-001	圆钢	6.58	6.58	差异")	
3	YG-002	圆钢	6.48	6.48		
4	YG-003	圆钢	6.18	6.11		
5	YG-004	圆钢	5.08	5.08		
6	ZGX-001	准高线	5.05	5.05		
7	ZGX-002	准高线	5.05	5.05		
8	PX-001	普线	5.05	5.05		
9	PX-002	普线	4.43	4.33		
10	GX-001	高线	4.43	4.43		
11	GX-002	高线	4.1	4.1		
12	GX-003	高线	4.1	4.1		
13	ⅢLWG001	Ⅲ级螺纹钢	4.15	4.15		
14	ⅢLWG002	Ⅲ级螺纹钢	4.15	4.15		

图 5-200

粘贴公式后，按 Ctrl+Shift+Enter 组合键即可得出结果，如图 5-201 所示。

编号	产品名称	厂商1	厂商2	比较结果
YG-001	圆钢	6.58	6.58	
YG-002	圆钢	6.48	6.48	
YG-003	圆钢	6.18	6.11	有差异
YG-004	圆钢	5.08	5.08	
ZGX-001	准高线	5.05	5.05	
ZGX-002	准高线	5.05	5.05	
PX-001	普线	5.05	5.05	
PX-002	普线	4.43	4.33	有差异
GX-001	高线	4.43	4.43	
GX-002	高线	4.1	4.1	
GX-003	高线	4.1	4.1	
ⅢLWG001	Ⅲ级螺纹钢	4.15	4.15	
ⅢLWG002	Ⅲ级螺纹钢	4.15	4.15	

图 5-201

提示

这个公式是一个数组公式，需按 Ctrl+Shift+Enter 组合键来结束。该公式依次判断 D2 是否等于 D2、D3 是否等于 D3、D4 是否等于 D4……，并一次性返回判断结果。

5.38　判断多重条件并匹配赠品

如果需要对 5.36 节中的示例判断进行升级，比如根据不同的卡型和不同的消费金额区间来派发不同的赠品，尽管要求变得更加复杂，但只要将需求清晰地传达给 ChatGPT，它仍然可以为我们生成相应的公式。

具体要求如下：

- 当卡种为金卡时，消费金额小于 2888，赠送"电饭煲"；消费金额小于 3888，赠送"电磁炉"，否则赠送"微波炉"。
- 当卡种为银卡时，消费额小于 2888，赠送"夜间灯"；消费金额小于 3888，赠送"雨伞"，否则赠送"摄像头"。
- 未持卡的且消费金额大于 2888，赠送"浴巾"。

设置相应的公式并复制到各单元格中，可批量得出如图5-202所示的D列中的判断结果。

	A	B	C	D	
1	用户ID	卡型	消费金额	派发赠品	
2	SL10800101	金卡	2987	电磁炉	
3	SL20800212	银卡	3965	摄像头	
4	张小姐	金卡	5687	微波炉	
5	SL20800469	银卡	2697	夜间灯	
6	SL10800567	金卡	2056	电饭煲	
7	苏先生	银卡	2078	夜间灯	
8	SL20800722	银卡	3037	雨伞	
9	马先生	银卡	2000	夜间灯	
10	SL10800711	金卡	6800	微波炉	
11	SL20800798	银卡	7000	摄像头	
12	SL10800765	金卡	2200	电饭煲	

图 5-202

步骤 01 在聊天对话框中输入"B2是卡型，C2是消费金额，要求在D2中返回判断结果，规则为：当卡型为金卡时，消费金额小于2888，赠送'电饭煲'；消费金额小于3888时，赠送'电磁炉'，否则赠送'微波炉'；当卡型为银卡时，消费额小于2888，赠送'夜间灯'；消费金额小于3888时，赠送'雨伞'，否则赠送'摄像头'；未持卡的且消费金额必须大于2888，赠送'浴巾'。"，如图5-203所示。发送问题后，可得到如图5-204所示的回复信息。

步骤 02 选中公式并按Ctrl+C组合键进行复制。切换到Excel程序，选中D2单元格，将光标定位到编辑栏中，按Ctrl+V组合键进行粘贴，如图5-205所示。

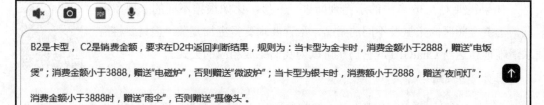

B2是卡型，C2是销费金额，要求在D2中返回判断结果，规则为：当卡型为金卡时，消费金额小于2888，赠送"电饭煲"；消费金额小于3888，赠送"电磁炉"，否则赠送"微波炉"；当卡型为银卡时，消费额小于2888，赠送"夜间灯"；消费金额小于3888时，赠送"雨伞"，否则赠送"摄像头"。

图 5-203

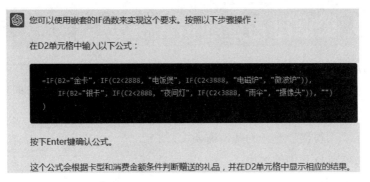

您可以使用嵌套的IF函数来实现这个要求。按照以下步骤操作：

在D2单元格中输入以下公式：

```
=IF(B2="金卡", IF(C2<2888, "电饭煲", IF(C2<3888, "电磁炉", "微波炉")),
    IF(B2="银卡", IF(C2<2888, "夜间灯", IF(C2<3888, "雨伞", "摄像头")), ""))
)
```

按下Enter键确认公式。

这个公式会根据卡型和消费金额条件判断赠送的礼品，并在D2单元格中显示相应的结果。

图 5-204

	A	B	C	D	E	F	G	H	I
1	用户ID	卡型	消费金额	派发赠品					
2	SL10800101	金卡	2987	电磁炉					
3	SL20800212	银卡	3965						
4	张小姐	金卡	5687						
5	SL20800469	银卡	2697						
6	SL10800567	金卡	2056						
7	苏先生	银卡	2078						
8	SL20800722	银卡	3037						
9	马先生	银卡	2000						
10	SL10800711	金卡	6800						
11	SL20800798	银卡	7000						
12	SL10800765	金卡	2200						

图 5-205

步骤03　粘贴公式后，按 Enter 键即可得出判断结果。重新选中 D2 单元格，拖动右下角的填充柄向下填充公式，即可得出批量的判断结果，如图 5-206 所示。

	A	B	C	D
1	用户ID	卡型	消费金额	派发赠品
2	SL10800101	金卡	2987	电磁炉
3	SL20800212	银卡	3965	摄像头
4	张小姐	金卡	5687	微波炉
5	SL20800469	银卡	2697	夜间灯
6	SL10800567	金卡	2056	电饭煲
7	苏先生	银卡	2078	夜间灯
8	SL20800722	银卡	3037	雨伞
9	马先生	银卡	2000	夜间灯
10	SL10800711	金卡	6800	微波炉
11	SL20800798	银卡	7000	摄像头
12	SL10800765	金卡	2200	电饭煲
13				

图 5-206

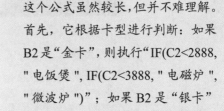

这个公式虽然较长，但并不难理解。首先，它根据卡型进行判断：如果B2是"金卡"，则执行"IF(C2<2888,"电饭煲", IF(C2<3888, "电磁炉","微波炉")"；如果 B2 是"银卡"，则执行"IF(C2<2888,"夜间灯", IF(C2<3888, "雨伞","摄像头"）"。

5.39　根据排名返回得奖情况

如图 5-207 所示的表格是一份短跑成绩
记录表。现在要求根据排名情况找出短跑成
绩的前三名（也就是金牌、银牌、铜牌得主，
非前三名的显示"未得奖"）。为此，需要
设置一个公式来得到 D 列中的结果。

	A	B	C	D
1	编号	短跑成绩(秒)	排名	得奖情况
2	001	30	5	未得奖
3	002	27	2	银牌
4	003	33	8	未得奖
5	004	28	3	铜牌
6	005	30	5	未得奖
7	006	31	6	未得奖
8	007	26	1	金牌
9	008	30	5	未得奖
10	009	29	4	未得奖
11	010	32	7	未得奖

图 5-207

步骤 01　在聊天对话框中输入"C2:C12 区域中是排名，用 IF 函数来判断排名是 1 的返回'金牌'，
排名是 2 的返回'银牌'，排名是 3 的返回'铜牌'，其他返回'未得奖'。"，如图
5-208 所示。发送问题后，可得到如图 5-209 所示的回复信息。

> C2:C12区域中是排名，用IF函数来判断排名是1的返回"金牌"，排名是2的返回"银牌"，排名是3的返回"铜牌"，其他返回"未得奖"。

图 5-208

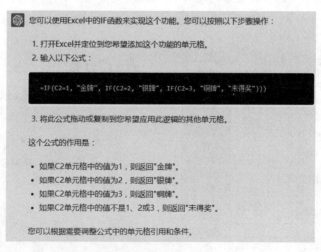

图 5-209

步骤 02 选中公式并按 Ctrl+C 组合键进行复制。切换到 Excel 程序，选中 E2 单元格，将光标定位到编辑栏中，按 Ctrl+V 组合键进行粘贴，如图 5-210 所示。

步骤 03 粘贴公式后，按 Enter 键即可得出判断结果。重新选中 E2 单元格，拖动右下角的填充柄向下填充公式，即可得出批量的判断结果，如图 5-211 所示。

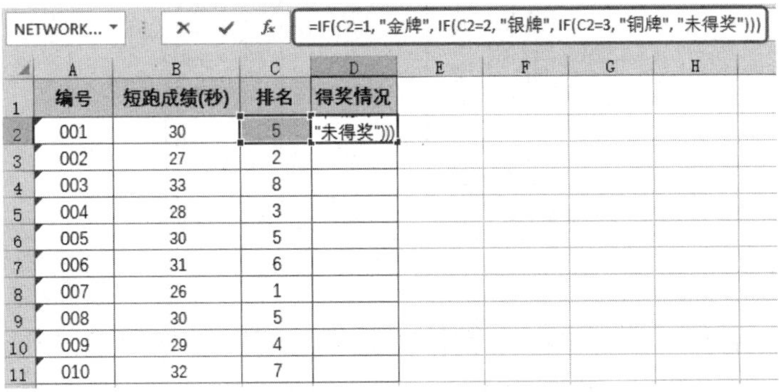

编号	短跑成绩(秒)	排名	得奖情况
001	30	5	"未得奖")))
002	27	2	
003	33	8	
004	28	3	
005	30	5	
006	31	6	
007	26	1	
008	30	5	
009	29	4	
010	32	7	

图 5-210

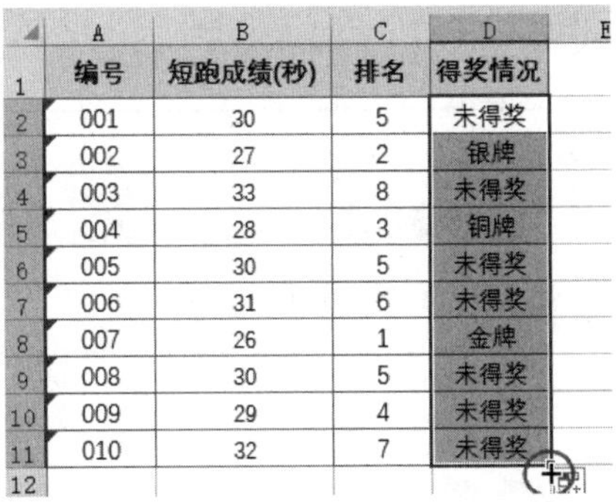

编号	短跑成绩(秒)	排名	得奖情况
001	30	5	未得奖
002	27	2	银牌
003	33	8	未得奖
004	28	3	铜牌
005	30	5	未得奖
006	31	6	未得奖
007	26	1	金牌
008	30	5	未得奖
009	29	4	未得奖
010	32	7	未得奖

图 5-211

5.40 分性别判断成绩是否合格

表格中记录了学生的跑步用时，需要根据性别对合格成绩有不同的要求。具体规则如下：

- 当性别为“男”且用时小于 30 秒时，返回结果为“合格”。
- 当性别为“女”且用时小于 32 秒时，返回结果为“合格”。
- 否则返回结果为“不合格”。

设置相应的公式并复制到各单元格中，可批量得出如图 5-212 所示的 D 列中的判断结果。

	A	B	C	D
1	姓名	性别	200米用时(秒)	是否合格
2	段郭森	女	30	合格
3	刘录旻	男	27	合格
4	段海林	女	33	不合格
5	彭刘辉	男	28	合格
6	薛露沁	男	30	不合格
7	陈乐	女	31	合格
8	付勇	男	26	合格
9	谭佛照	女	30	合格
10	段知思	女	29	合格
11	赖林军	男	31	不合格
12	罗娟	女	34	不合格
13	陈梦豪	男	25	合格

图 5-212

步骤01 在聊天对话框中输入"B2 是性别，C2 是用时，要求在 D2 中返回判断结果，规则为：当性别为'男'且用时小于 30 时，返回结果为'合格'；当性别为'女'且用时小于 32 时，返回结果为'合格'；否则返回结果为'不合格'。"，如图 5-213 所示。发送问题后，可得到如图 5-214 所示的回复信息。

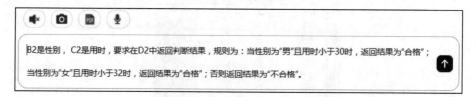

B2是性别，C2是用时，要求在D2中返回判断结果，规则为：当性别为"男"且用时小于30时，返回结果为"合格"；

当性别为"女"且用时小于32时，返回结果为"合格"；否则返回结果为"不合格"。

图 5-213

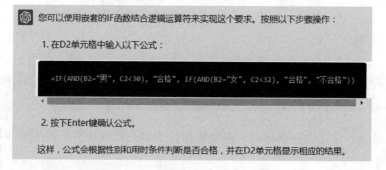

您可以使用嵌套的IF函数结合逻辑运算符来实现这个要求。按照以下步骤操作：

1. 在D2单元格中输入以下公式：

```
=IF(AND(B2="男", C2<30), "合格", IF(AND(B2="女", C2<32), "合格", "不合格"))
```

2. 按下Enter键确认公式。

这样，公式会根据性别和用时条件判断是否合格，并在D2单元格显示相应的结果。

图 5-214

步骤02 接着再次向 ChatGPT 提问"公式可以设计得简单一点吗？"。发送问题后可以重新得到公式，如图 5-215 所示。

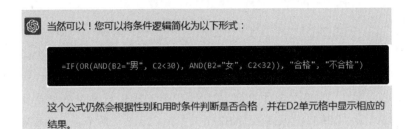

当然可以！您可以将条件逻辑简化为以下形式：

```
=IF(OR(AND(B2="男", C2<30), AND(B2="女", C2<32)), "合格", "不合格")
```

这个公式仍然会根据性别和用时条件判断是否合格，并在D2单元格中显示相应的结果。

图 5-215

步骤 03　选中公式并按 Ctrl+C 组合键进行复制。切换到 Excel 程序，选中 D2 单元格，将光标定位到编辑栏中，按 Ctrl+V 组合键进行粘贴，如图 5-216 所示。

	A	B	C	D
1	姓名	性别	200米用时(秒)	是否合格
2	段郭森	女	30	"不合格")
3	刘录旻	男	27	
4	段海林	女	33	
5	彭刘辉	男	28	
6	薛露沁	男	30	
7	陈乐	女	31	
8	付勇	男	26	
9	谭佛照	女	30	
10	段知思	女	29	
11	赖林军	男	31	
12	罗娟	女	34	
13	陈梦豪	男	25	

编辑栏：=IF(OR(AND(B2="男", C2<30), AND(B2="女", C2<32)), "合格","不合格")

图 5-216

步骤 04　粘贴公式后，按 Enter 键即可得出判断结果。重新选中 D2 单元格，拖动右下角的填充柄向下填充公式，即可得出批量的判断结果，如图 5-217 所示。

	A	B	C	D
1	姓名	性别	200米用时(秒)	是否合格
2	段郭森	女	30	合格
3	刘录旻	男	27	合格
4	段海林	女	33	不合格
5	彭刘辉	男	28	合格
6	薛露沁	男	30	不合格
7	陈乐	女	31	合格
8	付勇	男	26	合格
9	谭佛照	女	30	合格
10	段知思	女	29	合格
11	赖林军	男	31	不合格
12	罗娟	女	34	不合格
13	陈梦豪	男	25	合格
14				

图 5-217

ChatGPT 提供的两个公式都能达到本例的判断目的，但笔者认为第二个公式更易于理解。由于 ChatGPT 未给出关于此公式的详细解析，笔者在这里进行如下解析。"AND(B2=" 男 ",C2<30)"用于判断 B2=" 男 " 和 C2<30 这两个条件是否都满足。"AND(B2=" 女 ",C2<32)"用于判断 B2=" 女 " 和 C2<32 这两个条件是否都满足。接着，使用 OR 函数对上述两个条件进行组合判断，如果任意一个条件满足，则返回 TRUE，否则返回 FALSE。最后，通过 IF 函数进行最终判断，如果 OR 函数的结果为 TRUE，则输出"合格"，否则输出"不合格"。

5.41 根据职工性别和职务判断退休年龄

在下面的例子中，通过设置公式来根据职工性别和职务自动判断职工的退休年龄。具体要求如下：

- 男职工的退休年龄为 60 岁。
- 女职工的退休年龄为 55 岁。
- 如果职工是总经理或副总经理，则退休年龄可以延迟 5 岁。

设置相应的公式并复制到各单元格中，可批量得出如图 5-218 所示的 E 列的判断结果。

序号	姓名	性别	职务	退休年龄
1	颜凯	男	总经理	65
2	赖祖华	女	副总经理	60
3	刘韦	男	销售经理	60
4	龙李芳	女	职员	55
5	陈淑婷	女	销售经理	55
6	陈东东	男	职员	60
7	郭圣颖	女	财务经理	55
8	陈琼	男	职员	60
9	谷朝君	男	职员	60
10	颜涛	男	职员	60

图 5-218

步骤 01 在聊天对话框中输入"C2 是性别，D2 是职务，要求在 E2 中返回退休年龄，规则为：男职工退休年龄为 60 岁；女职工退休年龄为 55 岁；如果职务是'总经理'或'副总经理'，退休年龄可以延迟 5 岁。"，如图 5-219 所示。发送问题后，可得到如图 5-220 所示的回复信息。

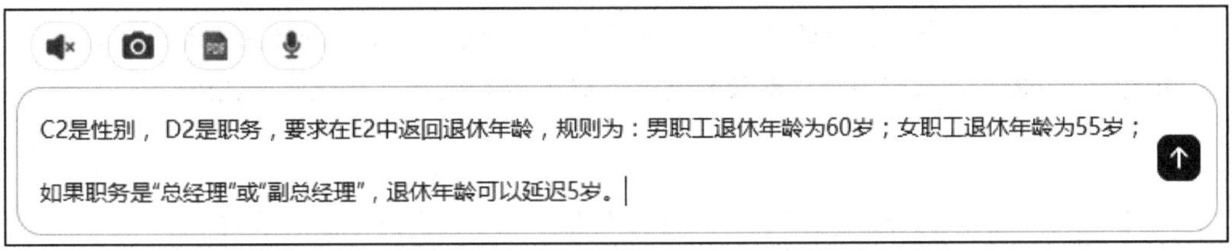

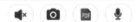

C2是性别，D2是职务，要求在E2中返回退休年龄，规则为：男职工退休年龄为60岁；女职工退休年龄为55岁；
如果职务是"总经理"或"副总经理"，退休年龄可以延迟5岁。

图 5-219

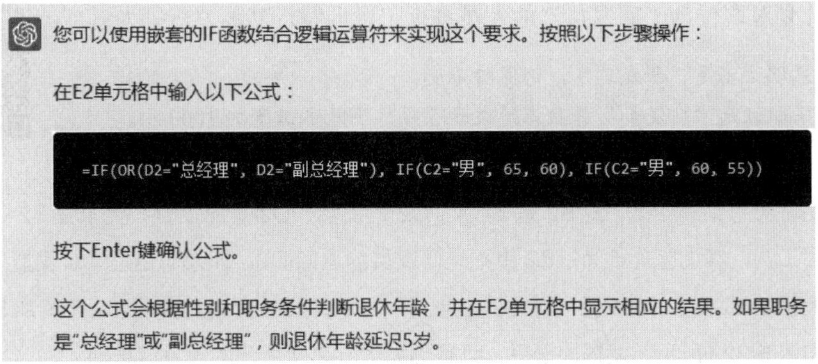

您可以使用嵌套的IF函数结合逻辑运算符来实现这个要求。按照以下步骤操作：
在E2单元格中输入以下公式：
=IF(OR(D2="总经理", D2="副总经理"), IF(C2="男", 65, 60), IF(C2="男", 60, 55))
按下Enter键确认公式。
这个公式会根据性别和职务条件判断退休年龄，并在E2单元格中显示相应的结果。如果职务是"总经理"或"副总经理"，则退休年龄延迟5岁。

图 5-220

步骤 02　选中公式并按 Ctrl+C 组合键进行复制。切换到 Excel 程序，选中 E2 单元格，将光标定位到编辑栏中，按 Ctrl+V 组合键进行粘贴，如图 5-221 所示。

步骤 03　粘贴公式后，按 Enter 键即可得出判断结果。重新选中 E2 单元格，拖动右下角的填充柄向下填充公式，即可得出批量的判断结果，如图 5-222 所示。

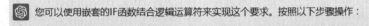

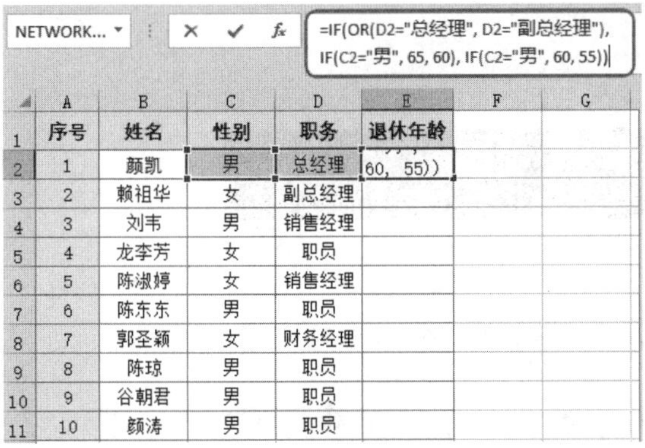

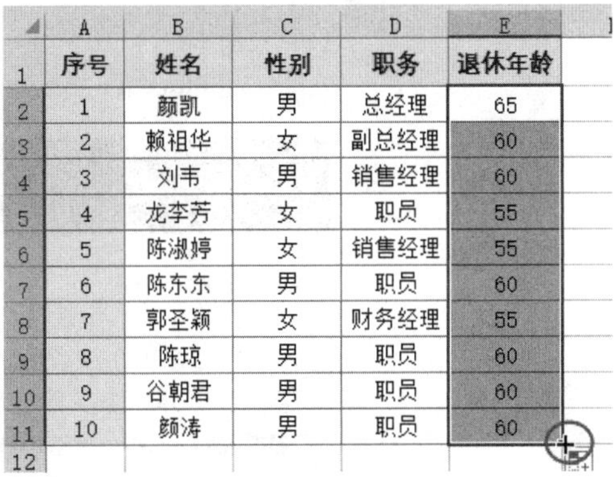

NETWORK...
=IF(OR(D2="总经理", D2="副总经理"), IF(C2="男", 65, 60), IF(C2="男", 60, 55))

序号	姓名	性别	职务	退休年龄
1	颜凯	男	总经理	60, 55))
2	赖祖华	女	副总经理	
3	刘韦	男	销售经理	
4	龙李芳	女	职员	
5	陈淑婷	女	销售经理	
6	陈东东	男	职员	
7	郭圣颖	女	财务经理	
8	陈琼	男	职员	
9	谷朝君	男	职员	
10	颜涛	男	职员	

图 5-221

序号	姓名	性别	职务	退休年龄
1	颜凯	男	总经理	65
2	赖祖华	女	副总经理	60
3	刘韦	男	销售经理	60
4	龙李芳	女	职员	55
5	陈淑婷	女	销售经理	55
6	陈东东	男	职员	60
7	郭圣颖	女	财务经理	55
8	陈琼	男	职员	60
9	谷朝君	男	职员	60
10	颜涛	男	职员	60

图 5-222

OR 函数用于判断当前给出的参数组中是否至少有一个参数的逻辑值为 TRUE，如果有则返回 TRUE；只有当所有参数的逻辑值都为 FALSE 时，才返回 FALSE。

5.42　实现智能调薪

企业计划对职位为"研发员"的人员进行工资调整，其调整规则为：

- 如果职位不是"研发员"，则保持不变。
- 如果职位是"研发员"并且工龄大于 5 年，则基本工资加 1000 元。
- 如果职位是"研发员"但工龄小于或等于 5 年，则基本工资加 500 元。

步骤 01　在聊天对话框中输入"B2 是职位，C2 是工龄，D2 是原工资。要求在 E2 中返回调整后工资，其调整规则为：B2 中不是研发员的返回 D2；如果职位是'研发员'并且工龄大于 5，工资加 1000 元；如果职位是'研发员'但工龄小于或等于 5，工资加 500 元。"，如图 5-223 所示。发送问题后，可得到如图 5-224 所示的回复信息。

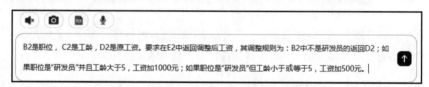

图 5-223

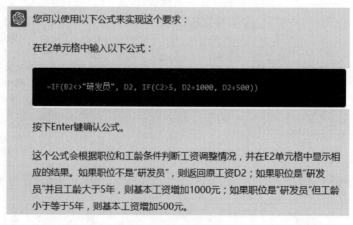

图 5-224

步骤 02　选中公式并按 Ctrl+C 组合键进行复制。切换到 Excel 程序，选中 E2 单元格，将光标定位到编辑栏中，按 Ctrl+V 组合键进行粘贴，如图 5-225 所示。

NETWORK...　=IF(B2<>"研发员", D2, IF(C2>5, D2+1000, D2+500))

	A	B	C	D	E	F	G
1	姓名	职位	工龄	原工资	调薪后工资		
2	何志新	设计员	1	5000	500))		
3	周志鹏	研发员	3	6000			
4	夏楚奇	会计	5	4500			
5	周金星	设计员	4	6000			
6	张明宇	研发员	2	5500			
7	赵思飞	测试员	4	4500			
8	韩佳人	研发员	6	7000			
9	刘莉莉	测试员	8	6000			
10	吴世芳	研发员	3	6000			

图 5-225

步骤 03　粘贴公式后，按 Enter 键即可得出判断结果。重新选中 E2 单元格，拖动右下角的填充柄向下填充公式，即可得出批量的判断结果，如图 5-226 所示。从结果中的比较可以看到，只有“研发员”才被调整工资，并且根据工龄的长短，调薪也有不同，如图 5-227 所示。

	A	B	C	D	E
1	姓名	职位	工龄	原工资	调薪后工资
2	何志新	设计员	1	5000	5000
3	周志鹏	研发员	3	6000	6500
4	夏楚奇	会计	5	4500	4500
5	周金星	设计员	4	6000	6000
6	张明宇	研发员	2	5500	6000
7	赵思飞	测试员	4	4500	4500
8	韩佳人	研发员	6	7000	8000
9	刘莉莉	测试员	8	6000	6000
10	吴世芳	研发员	3	6000	6500
11					

图 5-226

	A	B	C	D	E
1	姓名	职位	工龄	原工资	调薪后工资
2	何志新	设计员	1	5000	5000
3	周志鹏	研发员	3	6000	6500
4	夏楚奇	会计	5	4500	4500
5	周金星	设计员	4	6000	6000
6	张明宇	研发员	2	5500	6000
7	赵思飞	测试员	4	4500	4500
8	韩佳人	研发员	6	7000	8000
9	刘莉莉	测试员	8	6000	6000
10	吴世芳	研发员	3	6000	6500

图 5-227

5.43 替换字符串中的某个字符为另一个字符

本例表格中的“品名规格”列中使用了下画线，现需将下画线批量替换为“*”号，得到新的格式。

步骤 01　在聊天对话框中输入“想将 A2 单元格中字符串的第 7 个字符更改为‘*’符号，结果显示在 C2 单元格中。”，如图 5-228 所示。发送问题后，可得到如图 5-229

所示的回复信息。

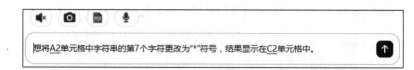

想将A2单元格中字符串的第7个字符更改为"*"符号，结果显示在C2单元格中。

图 5-228

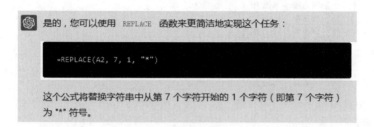

是的，您可以使用 REPLACE 函数来更简洁地实现这个任务：

```
=REPLACE(A2, 7, 1, "*")
```

这个公式将替换字符串中从第 7 个字符开始的 1 个字符（即第 7 个字符）为 "*" 符号。

图 5-229

步骤 02 选中公式并按 Ctrl+C 组合键进行复制。切换到 Excel 程序，选中 C2 单元格，将光标定位到编辑栏中，按 Ctrl+V 组合键进行粘贴，如图 5-230 所示。

步骤 03 粘贴公式后，按 Enter 键即可得出替换后的结果。重新选中 C2 单元格，拖动右下角的填充柄向下填充公式，可以看到批量返回了转换后的结果，如图 5-231 所示。

品名规格	重量	规格
黄塑纸945__70	743	=REPLACE(A2,7,1,"*")
白塑纸945__80	772	
牛硅纸116__45	340	
牛塑纸130__70	735	
白硅纸130__80	724	
黄硅纸940__80	965	

图 5-230

品名规格	重量	规格
黄塑纸945__70	743	黄塑纸945*70
白塑纸945__80	772	白塑纸945*80
牛硅纸116__45	340	牛硅纸116*45
牛塑纸130__70	735	牛塑纸130*70
白硅纸130__80	724	白硅纸130*80
黄硅纸940__80	965	黄硅纸940*80

图 5-231

5.44 从货品名称中提取品牌名称

本例表格的货品名称一列通过空格符将品牌名称与产品名称分隔开。现在需要将品牌名称单独提取出来，单独作为一列来显示，即得到如图 5-232 所示的 D 列的数据。

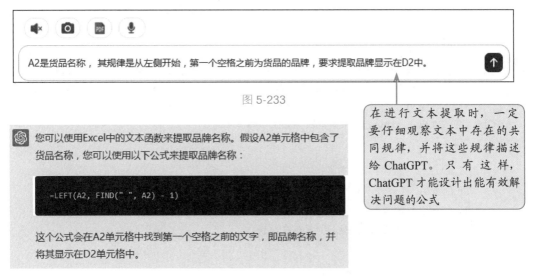

图 5-232

步骤 01　在聊天对话框中输入"A2 是货品名称，其规律是从左侧开始，第一个空格之前为货品的品牌，要求提取品牌显示在 D2 中。"，如图 5-233 所示。发送问题后，可得到如图 5-234 所示的回复信息。

A2是货品名称，其规律是从左侧开始，第一个空格之前为货品的品牌，要求提取品牌显示在D2中。

图 5-233

在进行文本提取时，一定要仔细观察文本中存在的共同规律，并将这些规律描述给 ChatGPT。只有这样，ChatGPT 才能设计出能有效解决问题的公式

您可以使用Excel中的文本函数来提取品牌名称。假设A2单元格中包含了货品名称，您可以使用以下公式来提取品牌名称：

```
=LEFT(A2, FIND(" ", A2) - 1)
```

这个公式会在A2单元格中找到第一个空格之前的文字，即品牌名称，并将其显示在D2单元格中。

图 5-234

步骤 02　选中公式并按 Ctrl+C 组合键进行复制。切换到 Excel 程序，选中 D2 单元格，将光标定位到编辑栏中，按 Ctrl+V 组合键进行粘贴，如图 5-235 所示。

步骤 03　粘贴公式后，按 Enter 键即可得出提取结果。重新选中 D2 单元格，拖动右下角的填充柄向下填充公式（见图 5-236），可以看到批量提取的结果。

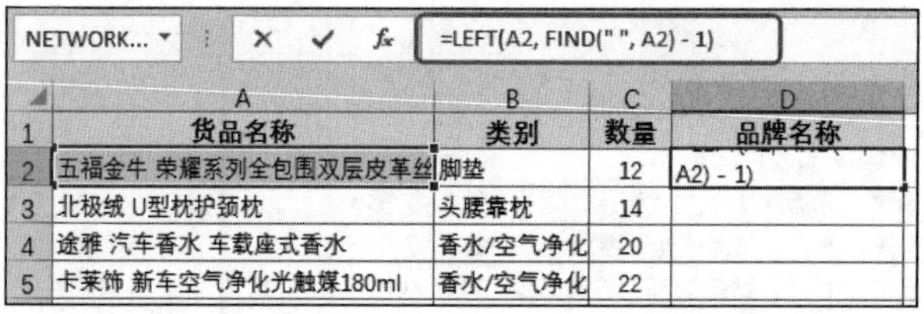

NETWORK... =LEFT(A2, FIND(" ", A2) - 1)

	A	B	C	D
1	货品名称	类别	数量	品牌名称
2	五福金牛 荣耀系列全包围双层皮革丝	脚垫	12	A2) - 1)
3	北极绒 U型枕护颈枕	头腰靠枕	14	
4	途雅 汽车香水 车载座式香水	香水/空气净化	20	
5	卡莱饰 新车空气净化光触媒180ml	香水/空气净化	22	

图 5-235

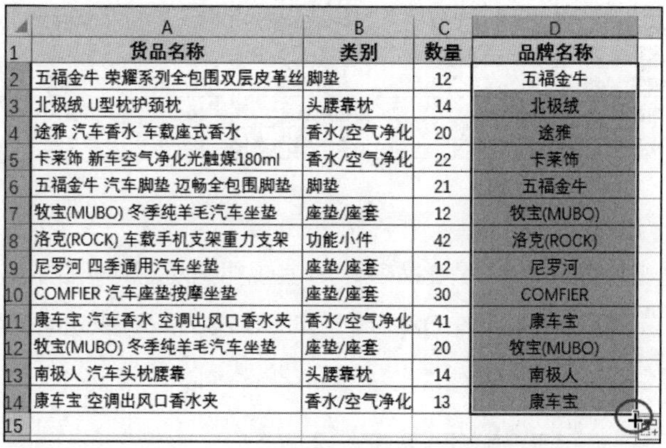

	A	B	C	D
1	货品名称	类别	数量	品牌名称
2	五福金牛 荣耀系列全包围双层皮革丝	脚垫	12	五福金牛
3	北极绒 U型枕护颈枕	头腰靠枕	14	北极绒
4	途雅 汽车香水 车载座式香水	香水/空气净化	20	途雅
5	卡莱饰 新车空气净化光触媒180ml	香水/空气净化	22	卡莱饰
6	五福金牛 汽车脚垫 迈畅全包围脚垫	脚垫	21	五福金牛
7	牧宝(MUBO) 冬季纯羊毛汽车坐垫	座垫/座套	12	牧宝(MUBO)
8	洛克(ROCK) 车载手机支架重力支架	功能小件	42	洛克(ROCK)
9	尼罗河 四季通用汽车坐垫	座垫/座套	12	尼罗河
10	COMFIER 汽车座垫按摩坐垫	座垫/座套	30	COMFIER
11	康车宝 汽车香水 空调出风口香水夹	香水/空气净化	41	康车宝
12	牧宝(MUBO) 冬季纯羊毛汽车坐垫	座垫/座套	20	牧宝(MUBO)
13	南极人 汽车头枕腰靠	头腰靠枕	14	南极人
14	康车宝 空调出风口香水夹	香水/空气净化	13	康车宝
15				

图 5-236

FIND 函数

用途：在第二个文本串 (within_text) 中查找第一个文本串 (find_text)，并返回找到的文本串在第二个文本串中的位置值，该值从第二个文本串的第一个字符算起。

语法：FIND(find_text,within_text,start_num)。

参数说明：

- find_text：要查找的文本串。
- within_text：在该文本串中查找。
- start_num：指定进行查找的起始位置。比如 start_num 为 1，则从单元格内第一个字符开始查找。如果忽略 start_num，则默认值为 1。

提示

此公式首先使用 FIND 函数确定 A2 单元格中空格的位置，并将返回的位置值减去 1。这是因为品牌名称位于空格之前，所以需要通过减 1 来确定品牌名的正确结束位置。接着使用 LEFT 函数从 A2 单元格的左边开始提取字符，提取的长度为 FIND 函数的返回值，即提取 A2 单元格从左边起前 4 个字符，也就是品牌名称。

5.45 统计各个年级参赛的人数合计

在本例中，有某高中各年级各班的参赛人数表，现在需要按年级统计出参赛的总人数。

步骤 01　在聊天对话框中输入"A2:A11 区域是年级名称，其中前两个字符代表年级。B2:B11 区域是人数。要求统计出 D2:D4 区域中各个年级的总人数，并显示在 E2:E4 区域。"，如图 5-237 所示。发送问题后，可得到如图 5-238 所示的回复信息。

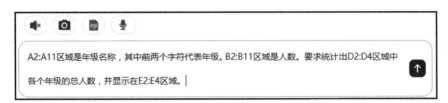

A2:A11区域是年级名称，其中前两个字符代表年级。B2:B11区域是人数。要求统计出D2:D4区域中各个年级的总人数，并显示在E2:E4区域。

图 5-237

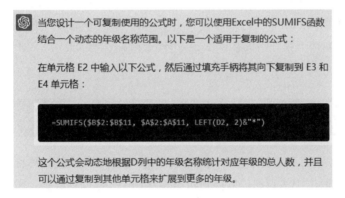

当您设计一个可复制使用的公式时，您可以使用Excel中的SUMIFS函数结合一个动态的年级名称范围。以下是一个适用于复制的公式：

在单元格 E2 中输入以下公式，然后通过填充手柄将其向下复制到 E3 和 E4 单元格：

```
=SUMIFS($B$2:$B$11, $A$2:$A$11, LEFT(D2, 2)&"*")
```

这个公式会动态地根据D列中的年级名称统计对应年级的总人数，并且可以通过复制到其他单元格来扩展到更多的年级。

图 5-238

步骤 02　选中公式并按 Ctrl+C 组合键进行复制。切换到 Excel 程序，选中 E2 单元格，将光标定位到编辑栏中，按 Ctrl+V 组合键进行粘贴，如图 5-239 所示。

年级	参加人数		年级	总人数
高一 (1)班	8		高一	2)&"*")
高二 (2)班	10		高二	
高三 (3)班	12		高三	
高三 (4)班	5			
高三 (5)班	11			
高二 (6)班	13			
高一 (7)班	12			
高三 (5)班	17			
高二 (5)班	8			
高二 (1)班	5			

图 5-239

步骤 03 粘贴公式后，按 Enter 键即可得出计算结果。重新选中 E2 单元格，拖动右下角的填充柄向下填充公式，可以看到统计出了各个年级的总人数，如图 5-240 所示。

	A	B	C	D	E
1	年级	参加人数		年级	总人数
2	高一（1）班	8		高一	49
3	高二（2）班	10		高二	36
4	高一（3）班	12		高三	16
5	高三（4）班	5			
6	高三（5）班	11			
7	高二（6）班	13			
8	高一（7）班	12			
9	高一（5）班	17			
10	高二（5）班	8			
11	高二（1）班	5			

图 5-240

提示

在本例中，我们使用的 SUMIFS 函数在前面的章节已经学过了，它用于对满足条件的数据进行求和。此函数的第一个参数是求和的区域，第二个参数是用于条件判断的区域，第三个参数是判断条件。关键在于，这里的判断条件通过使用 LEFT 函数从 A2 单元格中提取前两个字符，提取后再连接一个通配符作为 SUMIFS 函数的判断条件。

5.46 从品名规格中分离信息

在本例中表格里，"品名规格"列包含品名和规格信息。我们的目标是从品名规格中提取出规格数据，以得到如图 5-241 所示的 D 列数据。需要注意的是，规格数据的长度不一致，且品名的长度也各不相同。因此，我们需要通过观察找出数据分离的规律。经观察发现，"纸"字之后都是规格信息。将这一规律描述给 ChatGPT 后，它能帮助我们生成正确的公式来实现数据的分离。

	A	B	C	D
1	序号	品名规格	总金额	规格
2	1	黄塑纸945*70	30264	945*70
3	2	白塑纸945*80	37829	945*80
4	3	牛硅纸1160*45	48475	1160*45
5	4	武汉黄纸1300*80	50490	1300*80
6	5	赤壁白纸940*80	59458	940*80
7	6	黄硅纸1540*70	90755	1540*70

图 5-241

步骤 **01** 在聊天对话框中输入"B2 是品名规格，其规律是'纸'这个文字右边是规格，要求将规格提取出来并显示于 D2 单元格中。"，如图 5-242 所示。发送问题后，可得到如图 5-243 所示的回复信息。

图 5-242

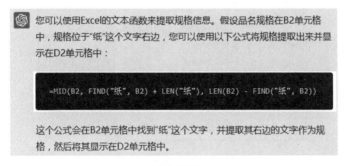

图 5-243

步骤 **02** 如果觉得给出的公式不够简洁，可以继续发问让 ChatGPT 提供一个更加简单的公式，如图 5-244 所示。

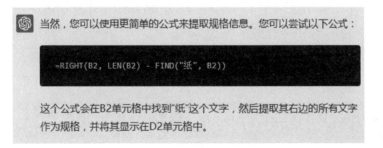

图 5-244

步骤 **03** 选中公式并按 Ctrl+C 组合键进行复制。切换到 Excel 程序，选中 E2 单元格，将光标定位到编辑栏中，按 Ctrl+V 组合键进行粘贴，如图 5-245 所示。

步骤 **04** 粘贴公式后，按 Enter 键即可得出分离结果。重新选中 E2 单元格，拖动右下角的填充柄向下填充公式，可以看到统计出了各个年级的总人数，如图 5-246 所示。

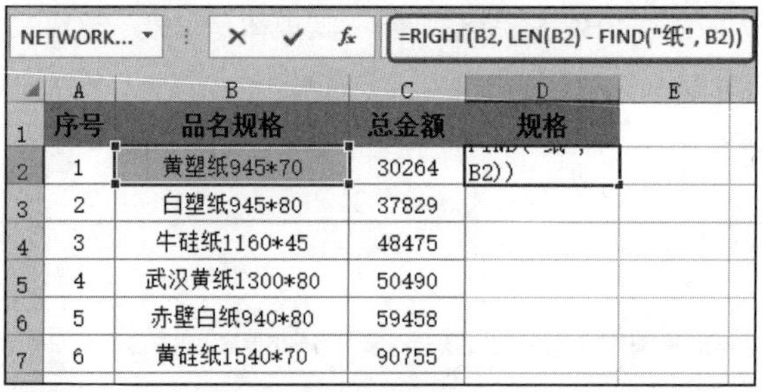

	A	B	C	D	E
1	序号	品名规格	总金额	规格	
2	1	黄塑纸945*70	30264	B2))	
3	2	白塑纸945*80	37829		
4	3	牛硅纸1160*45	48475		
5	4	武汉黄纸1300*80	50490		
6	5	赤壁白纸940*80	59458		
7	6	黄硅纸1540*70	90755		

图 5-245

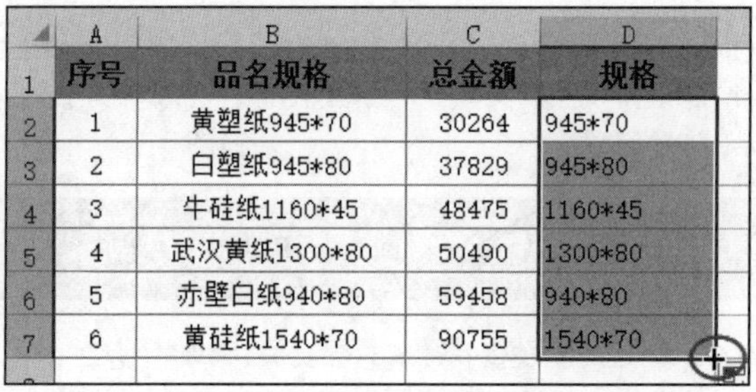

	A	B	C	D
1	序号	品名规格	总金额	规格
2	1	黄塑纸945*70	30264	945*70
3	2	白塑纸945*80	37829	945*80
4	3	牛硅纸1160*45	48475	1160*45
5	4	武汉黄纸1300*80	50490	1300*80
6	5	赤壁白纸940*80	59458	940*80
7	6	黄硅纸1540*70	90755	1540*70

图 5-246

提示

首先，使用 LEN 函数来统计 B2 单元格中字符串的长度，结果为 9。接着使用 FIND 函数找出“纸”在 B2 单元格中的位置，即 3。用“9-3”作为 RIGHT 函数的第 2 个参数。最后，使用 RIGHT 函数从 B2 单元格的右侧开始提取，提取的字符数为 6 个，从而得到的规格数据为“945*70”。

5.47 获取考试成绩小于 60 分的人名单

在本例中需要统计学生成绩，具体要求是在一个单元格中列出成绩小于 60 分的学生的名单，并且使用逗号分隔开。

步骤 01 在聊天对话框中输入“A2:A14 区域是姓名，C2:C14 区域是成绩，要求在一个单元格中显示所有成绩小于 60 的对应的姓名，并使用‘，’间隔。”，如图 5-247 所示。发送问题后，可得到如图 5-248 所示的回复信息。

A2:A14区域是姓名，C2:C14区域是成绩，要求在一个单元格中显示所有成绩小于60的对应的姓名，并使用"，"间隔。

图 5-247

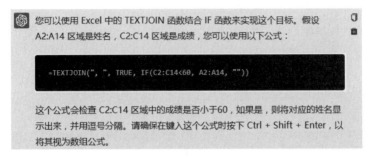

您可以使用 Excel 中的 TEXTJOIN 函数结合 IF 函数来实现这个目标。假设 A2:A14 区域是姓名，C2:C14 区域是成绩，您可以使用以下公式：

```
=TEXTJOIN("，", TRUE, IF(C2:C14<60, A2:A14, ""))
```

这个公式会检查 C2:C14 区域中的成绩是否小于60，如果是，则将对应的姓名显示出来，并用逗号分隔。请确保在键入这个公式时按下 Ctrl + Shift + Enter，以将其视为数组公式。

图 5-248

步骤 02　选中公式并按 Ctrl+C 组合键进行复制。切换到 Excel 程序，选中 E2 单元格，将光标定位到编辑栏中，按 Ctrl+V 组合键进行粘贴，如图 5-249 所示。

NETWORK...		fx	=TEXTJOIN("，", TRUE, IF(C2:C14<60, A2:A14, ""))

	A 学员姓名	B 性别	C 成绩	D	E 小于60分的名单
2	侯孟杰	男	98		
3	刘瑞	男	85		
4	周家栋	男	78		
5	周家栋	男	99		
6	李佳怡	女	56		
7	林晨曦	女	87		
8	邹阳	女	92		
9	张景源	男	90		
10	夏雪	女	59		
11	张云翔	男	79		
12	刘雨虹	女	57		
13	张梦芸	女	82		
14	冯琪	女	84		

图 5-249

步骤 03　粘贴公式后，按 Ctrl+Shift+Enter 组合键即可得出结果，如图 5-250 所示。

	A	B	C	D	E
1	学员姓名	性别	成绩		小于60分的名单
2	侯孟杰	男	98		李佳怡, 夏雪, 刘雨虹
3	刘瑞	男	85		
4	周家栋	男	78		
5	周家栋	男	99		
6	李佳怡	女	56		
7	林晨曦	女	87		
8	邹阳	女	92		
9	张景源	男	90		
10	夏雪	女	59		
11	张云翔	男	79		
12	刘雨虹	女	57		
13	张梦芸	女	82		
14	冯琪	女	84		

图 5-250

TEXTJOIN 函数

用途：将多个区域或字符串的文本组合起来，并在要组合的各文本值之间插入指定的分隔符。如果分隔符是空文本字符串，则此函数将有效连接这些区域。

语法：TEXTJOIN(delimiter, ignore_empty, text1, [text2], …)。

参数说明：

- Delimiter：不可缺少的参数，可以是字符串（包括空字符串），或者是对有效文本字符串的引用。如果提供数字，它也被视为文本。
- ignore_empty：不可缺少的参数。如果为 TRUE，则忽略空白单元格。
- text1：不可缺少的参数。要连接的文本项，可以是文本字符串或字符串数组，如单元格区域。
- [text2, …]：可选参数，要连接的其他文本项。最多可以包含 252 个文本参。每个参数都可以是文本字符串或字符串数组，如单元格区域。

提示

这个公式是一个数组公式，需要按 Ctrl+Shift+Enter 组合键来结束。公式首先使用 IF 函数逐一检查 C2:C14 单元格区域中的每个值是否小于 60。如果小于 60，则取出在 A2:A14 单元格区域中的值；如果不小于 60，则返回空值。最后，使用 "," 作为分隔符。

5.48 获取各个兴趣小组的报名名单 ◀◀◀

本例表格中统计了各个兴趣小组的人员报名情况。报名结束后，需要统计出各个兴趣小组的报表名单，即可得到如图 5-251 所示的人员名单。与上一个例子不同，本例还需要让公式能智能地判断各个不同的课程。如果仍然不会应用公式，可以向 ChatGPT"请教"。

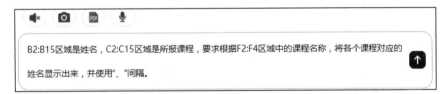

图 5-251

步骤 01　在聊天对话框中输入"B2:B15 区域是姓名，C2:C15 区域是所报课程，要求根据 F2:F4 区域中的课程名称，将各个课程对应的姓名显示出来，并使用'、'间隔。"，如图 5-252 所示。发送问题后，可得到如图 5-253 所示的回复信息。

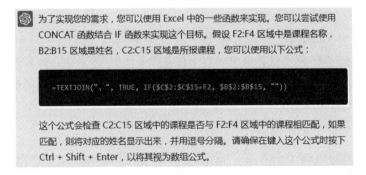

B2:B15区域是姓名，C2:C15区域是所报课程，要求根据F2:F4区域中的课程名称，将各个课程对应的姓名显示出来，并使用"、"间隔。

图 5-252

为了实现您的需求，您可以使用 Excel 中的一些函数来实现。您可以尝试使用 CONCAT 函数结合 IF 函数来实现这个目标。假设 F2:F4 区域中是课程名称，B2:B15 区域是姓名，C2:C15 区域是所报课程，您可以使用以下公式：

```
=TEXTJOIN("、", TRUE, IF($C$2:$C$15=F2, $B$2:$B$15, ""))
```

这个公式会检查 C2:C15 区域中的课程是否与 F2:F4 区域中的课程相匹配，如果匹配，则将对应的姓名显示出来，并用逗号分隔。请确保在键入这个公式时按下 Ctrl + Shift + Enter，以将其视为数组公式。

图 5-253

步骤 02　选中公式并按 Ctrl+C 组合键进行复制。切换到 Excel 程序，选中 G2 单元格，将光标定位到编辑栏中，按 Ctrl+V 组合键进行粘贴，如图 5-254 所示。

步骤 03　粘贴公式后，按 Ctrl+Shift+Enter 组合键即可得出结果。接着将 G2 单元格的公式向下填充至 G3 单元格，如图 5-255 所示。

	A	B	C	D	E	F	G
							=TEXTJOIN(", ", TRUE, IF($C$2:$C$15=F2, $B$2:$B$15, ""))
1	序号	姓名	所报课程	学费		课程	人员名单
2	1	陆路	轻粘土手工	780		轻粘土手工	$B$2:$B$15, ""))
3	2	李林杰	卡漫	1080		卡漫	
4	3	林成曦	轻粘土手工	780		水墨画	
5	4	罗成佳	水墨画	980			
6	5	姜旭	卡漫	1080			
7	6	崔心怡	轻粘土手工	780			
8	7	吴可佳	轻粘土手工	780			
9	8	张云翔	水墨画	980			
10	9	刘成瑞	轻粘土手工	780			
11	11	张梦芸	水墨画	980			
12	12	张梓阳	卡漫	1080			
13	14	李小蝶	卡漫	1080			
14	15	黄新磊	卡漫	1080			
15	16	冯琪	水墨画	980			

图 5-254

	A	B	C	D	E	F	G
1	序号	姓名	所报课程	学费		课程	人员名单
2	1	陆路	轻粘土手工	780		轻粘土手工	陆路、林成曦、崔心怡、吴可佳、刘成瑞
3	2	李林杰	卡漫	1080		卡漫	李林杰、姜旭、张梓阳、李小蝶、黄新磊
4	3	林成曦	轻粘土手工	780		水墨画	罗成佳、张云翔、张梦芸、冯琪
5	4	罗成佳	水墨画	980			
6	5	姜旭	卡漫	1080			
7	6	崔心怡	轻粘土手工	780			
8	7	吴可佳	轻粘土手工	780			
9	8	张云翔	水墨画	980			
10	9	刘成瑞	轻粘土手工	780			
11	11	张梦芸	水墨画	980			
12	12	张梓阳	卡漫	1080			
13	14	李小蝶	卡漫	1080			
14	15	黄新磊	卡漫	1080			
15	16	冯琪	水墨画	980			

图 5-255

提示

这个公式是一个数组公式，需要按 Ctrl+Shift+Enter 组合键来结束。公式使用 IF 函数逐一判断 C2:C15 单元格区域中的各个值是否等于 F2 中的值。如果是，则取出在 B2:B15 单元格区域中的值；如果不是，则返回空值。然后，将取出的值用 "、" 连接起来，并忽略任何空值。

5.49 通过身份证号码提取出生日期和性别

身份证号码包含持证人的多项信息，第 7~14 位表示出生年月日，第 17 位表示性别（奇数表示男性，偶数表示女性）。因此，在完善人事信息时，可以使用函数直接从身份证号码中提取这些信息。如果不知道如何编写相应的公式，欢迎向 ChatGPT 提问。

步骤01　在聊天对话框中输入"E3 中是身份证号码，要求根据身份证号码提取出生日期，结果显示在 F3 单元格中。"，如图 5-256 所示。发送问题后，可得到如图 5-257 所示的回复信息。

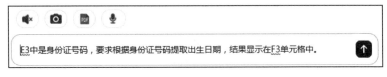

图 5-256

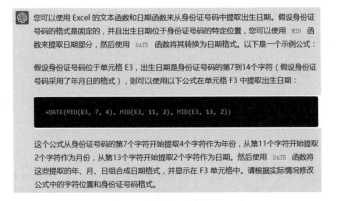

图 5-257

步骤02　选中公式并按 Ctrl+C 组合键进行复制。切换到 Excel 程序，选中 F2 单元格，将光标定位到编辑栏中，按 Ctrl+V 组合键进行粘贴，如图 5-258 所示。

员工编号	员工姓名	部门	学历	身份证号	出生日期	性别	年龄
SL-001	王昌平	设计部	硕士	32040019880902 ****			
SL-002	余永利	设计部	硕士	33020019901123 ****			
SL-003	黄伟	设计部	本科	32060019890216 ****			
SL-004	洪新成	设计部	本科	34040019910412 ****			
SL-005	章晔	财务部	硕士	51030019750425 ****			
SL-006	姚磊	售后部	本科	34070019841111 ****			
SL-007	闫绍红	售后部	本科	33020019861123 ****			
SL-008	焦文雷	销售部	本科	34040019890429 ****			

图 5-258

步骤 03　粘贴公式后，按 Enter 键即可得出结果，如图 5-259 所示。

	A	B	C	D	E	F	G	H
1	人员信息表							
2	员工编号	员工姓名	部门	学历	身份证号	出生日期	性别	年龄
3	SL-001	王昌平	设计部	硕士	32040019880902****	1988-9-2		
4	SL-002	余永利	设计部	硕士	33020019901123****			
5	SL-003	黄伟	设计部	本科	32060019890216****			
6	SL-004	洪新成	设计部	本科	34040019910412****			
7	SL-005	詹晔	财务部	硕士	51030019750425****			
8	SL-006	姚磊	售后部	本科	34070019841111****			
9	SL-007	闫绍红	售后部	本科	33020019861123****			

图 5-259

步骤 04　切换回 ChatGPT，在聊天对话框中输入"E3 中是身份证号码，要求从身份证号码中判断性别，结果显示在 G3 单元格中。"，如图 5-260 所示。发送问题后，可得到如图 5-261 所示的回复信息。

图 5-260

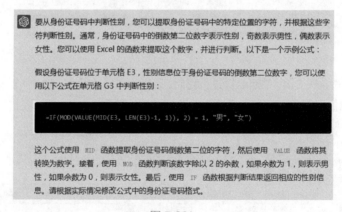

图 5-261

步骤 05　可以通过继续提问得到更加简洁的公式，如图 5-262 所示。

步骤 06　选中公式并按 Ctrl+C 组合键进行复制。切换到 Excel 程序，选中 G2 单元格，将光标定位到编辑栏中，按 Ctrl+V 组合键进行粘贴，并按 Enter 键即可得出结果，如图 5-263 所示。

步骤 07　切换回 ChatGPT，在聊天对话框中输入"F3 中是出生日期，要求计算出年龄，结果显示在 H3 单元格中。"，如图 5-264 所示。发送问题后，可得到如图 5-265 所示的回复信息。

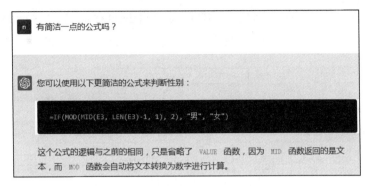

n　有简洁一点的公式吗？

您可以使用以下更简洁的公式来判断性别：

```
=IF(MOD(MID(E3, LEN(E3)-1, 1), 2), "男", "女")
```

这个公式的逻辑与之前的相同，只是省略了 VALUE 函数，因为 MID 函数返回的是文本，而 MOD 函数会自动将文本转换为数字进行计算。

图 5-262

G3			fx	=IF(MOD(MID(E3, LEN(E3)-1, 1), 2), "男", "女")			
	A	B	C	D	E	F	G	H

人员信息表

员工编号	员工姓名	部门	学历	身份证号	出生日期	性别	年龄
SL-001	王昌平	设计部	硕士	32040019880902****	1988-9-2	男	
SL-002	余永利	设计部	硕士	33020019901123****			
SL-003	黄伟	设计部	本科	32060019890216****			
SL-004	洪新成	设计部	本科	34040019910412****			
SL-005	章晔	财务部	硕士	51030019750425****			
SL-006	姚磊	售后部	本科	34070019841111****			
SL-007	闫绍红	售后部	本科	33020019861123****			
SL-008	焦文雷	销售部	本科	34040019890429****			

由于现在使用的都是 18 位身份证号码，第 17 位是表示性别的。所以可以直接让公式从 17 位提取，共提取 1 位，所以公式可以简化为 "=IF(MOD(MID(E3, 17, 1), 2), " 男 "," 女 ")"

图 5-263

F3中是出生日期，要求计算出年龄，结果显示在H3单元格中。

图 5-264

要计算年龄，您可以使用 Excel 的日期函数和一些基本的数学运算。您可以使用 TODAY 函数获取当前日期，并从出生日期中提取年份，然后将它们相减以计算年龄。以下是一个示例公式：

假设出生日期位于单元格 F3，您可以使用以下公式在单元格 H3 中计算年龄：

```
=DATEDIF(F3, TODAY(), "Y")
```

这个公式使用 DATEDIF 函数计算出生日期（F3）到当前日期（使用 TODAY 函数）之间的年数。第三个参数 "Y" 表示以年为单位计算差异。请确保单元格格式设置为常规或者数值，以便正确显示年龄。

图 5-265

步骤08 选中公式并按 Ctrl+C 组合键进行复制。切换到 Excel 程序，选中 H2 单元格，将光标定位到编辑栏中，按 Ctrl+V 组合键进行粘贴，并按 Enter 键即可得出结果，如图 5-266 所示。

H3 =DATEDIF(F3, TODAY(), "Y")

	A	B	C	D	E	F	G	H
1	人员信息表							
2	员工编号	员工姓名	部门	学历	身份证号	出生日期	性别	年龄
3	SL-001	王昌平	设计部	硕士	32040019880902****	1988-9-2	男	35
4	SL-002	余永利	设计部	硕士	33020019901123****			
5	SL-003	黄伟	设计部	本科	32060019890216****			
6	SL-004	洪新成	设计部	本科	34040019910412****			
7	SL-005	章晔	财务部	硕士	51030019750425****			
8	SL-006	姚磊	售后部	本科	34070019841111****			
9	SL-007	闫绍红	售后部	本科	33020019861123****			
10	SL-008	焦文雷	销售部	本科	34040019890429****			

图 5-266

步骤09 同时选中 F3:H3 单元格区域，拖动右下角的填充柄向下填充公式，可以一次性返回所有员工的出生日期、性别和年龄，如图 5-267 所示。

	A	B	C	D	E	F	G	H
1	人员信息表							
2	员工编号	员工姓名	部门	学历	身份证号	出生日期	性别	年龄
3	SL-001	王昌平	设计部	硕士	32040019880902****	1988-9-2	男	35
4	SL-002	余永利	设计部	硕士	33020019901123****	1990-11-23	男	33
5	SL-003	黄伟	设计部	本科	32060019890216****	1989-2-16	男	35
6	SL-004	洪新成	设计部	本科	34040019910412****	1991-4-12	男	32
7	SL-005	章晔	财务部	硕士	51030019750425****	1975-4-25	男	48
8	SL-006	姚磊	售后部	本科	34070019841111****	1984-11-11	男	39
9	SL-007	闫绍红	售后部	本科	33020019861123****	1986-11-23	女	37
10	SL-008	焦文雷	销售部	本科	34040019890429****	1989-4-29	男	34
11	SL-009	魏义成	售后部	本科	36010619871209****	1987-12-9	男	36
12	SL-010	李秀秀	销售部	本科	13010019900812****	1990-8-12	女	33
13	SL-011	焦文全	销售部	本科	51010019920306****	1992-3-6	男	32
14	SL-012	郑立媛	财务部	本科	52010019880822****	1988-8-22	女	35
15	SL-013	马同燕	售后部	大专	32120019890713****	1989-7-13	女	34
16	SL-014	莫云	销售部	本科	34010219900213****	1990-2-13	女	34
17	SL-015	陈芳	销售部	硕士	32040019891209****	1989-12-9	女	34
18	SL-016	钟华	销售部	本科	36010619881207****	1988-12-7	女	35
19	SL-017	张燕	市场部	大专	32040019891201****	1989-12-1	女	34
20	SL-018	柳小续	市场部	本科	34040019910422****	1991-4-22	女	32
21	SL-019	许开	市场部	大专	13010019900512****	1990-5-12	女	33
22	SL-020	陈建	市场部	本科	34022319920517****	1992-5-17	男	31
23	SL-021	万茜	市场部	硕士	33030019881108****	1988-11-8	女	35
24	SL-022	张亚明	市场部	本科	33030019901031****	1990-10-31	男	33
25	SL-023	张华	市场部	大专	51010019920806****	1992-8-6	男	31
26								

图 5-267

MID 函数

用途：返回文本字符串中从指定位置开始的特定数量的字符，该数量由用户指定。

语法：MID(text, start_num, num_chars)。

参数说明：

- text：不可缺少的参数。包含要提取字符的文本字符串。
- start_num：不可缺少的参数。指定文本中要开始提取字符的位置。位置计数从 1 开始。
- num_chars：不可缺少的参数。指定希望 MID 从文本中返回的字符个数。

提 示

文中使用的提取出生日期的公式为：=DATE(MID(E3, 7, 4), MID(E3, 11, 2), MID(E3, 13, 2))。

"MID(E3, 7, 4)" 表示从 E3 单元格中字符串的第 7 位开始提取，共提取 4 位字符。

"MID(E3, 11, 2)" 表示从 E3 单元格中字符串的第 11 位开始提取，共提取 2 位字符。

"MID(E3, 13, 2)" 表示从 E3 单元格中字符串的第 13 位开始提取，共提取 2 位字符。

最后使用 DATE 函数将提取的字符组合成一个标准格式的日期。

文中使用的提取性别的公式为：=IF(MOD(MID(E3, LEN(E3)-1, 1), 2), " 男 ", " 女 ")，其实可以直接使用 =IF(MOD(MID(E3, 17, 1), 2), " 男 ", " 女 ")。

MID 函数从 E3 单元格中的第 17 位数字开始，提取 1 位字符。MOD 函数将 MID 提取的字符与 2 相除得到余数，并判断余数是否为 1，如果余数是 1，则返回 TRUE（IF 最终返回"男"），否则返回 FALSE（IF 最终返回"女"）。

5.50 查询并匹配符合条件的数据

通过查询匹配数据，可以从资料数据中自动匹配目标数据。例如，在本例中，有一个产品的销售单价备案表，在销售产品时，只需正确填写产品名称，就可以从备案表中自动匹配到它的价格。图 5-268 右侧为备案表，左侧为销售记录表。左侧表格中 D 列的单价都是通过应用公式，自动从右侧备案表中匹配得到的。

	A	B	C	D	E	F	G	H
1	销售日期	产品名称	数量	单价	销售金额		产品名称	销售单价
2	2024-3-2	观音饼	33	12.8	422.4		观音饼	12.8
3	2024-3-2	榛果薄饼	9	12	108		铁盒观音饼	32
4	2024-3-2	观音饼	18	12.8	230.4		莲花礼盒	25.6
5	2024-3-3	榛果薄饼	23	12	276		榛果薄饼	12
6	2024-3-3	醇香薄饼	5	25.6	128		榛子椰蓉	19
7	2024-3-3	椰果曲奇	10	28	280		醇香薄饼	25.6
8	2024-3-3	伏苓糕	17	10.5	178.5		伏苓糕	10.5
9	2024-3-4	醇香薄饼	5	25.6	128		椰果曲奇	28
10	2024-3-4	观音饼	18	12.8	230.4			
11	2024-3-4	椰果曲奇	5	28	140			
12	2024-3-4	观音饼	5	12.8	64			
13	2024-3-4	伏苓糕	10	10.5	105			
14	2024-3-4	莲花礼盒	17	25.6	435.2			
15	2024-3-5	椰果曲奇	5	28	140			
16	2024-3-5	醇香薄饼	18	25.6	460.8			
17	2024-3-5	榛子椰蓉	22	19	418			
18	2024-3-5	榛果薄饼	11	12	132			

图 5-268

步骤 01　在聊天对话框中输入"G2:H9 是产品价格的对照表，G2:G9 是产品的名称，H2:H9 是销售单价，在 D2 中显示 B2 中商品的销售单价，最后将公式延伸到 D18 单元格。"，如图 5-269 所示。发送问题后，可得到如图 5-270 所示的回复信息。

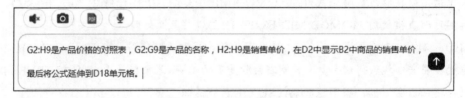

> G2:H9是产品价格的对照表，G2:G9是产品的名称，H2:H9是销售单价，在D2中显示B2中商品的销售单价，最后将公式延伸到D18单元格。

图 5-269

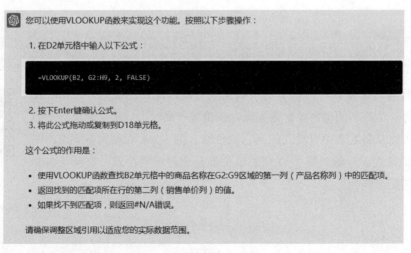

您可以使用VLOOKUP函数来实现这个功能。按照以下步骤操作：

1. 在D2单元格中输入以下公式：

```
=VLOOKUP(B2, G2:H9, 2, FALSE)
```

2. 按下Enter键确认公式。
3. 将此公式拖动或复制到D18单元格。

这个公式的作用是：

- 使用VLOOKUP函数查找B2单元格中的商品名称在G2:G9区域的第一列（产品名称列）中的匹配项。
- 返回找到的匹配项所在行的第二列（销售单价列）的值。
- 如果找不到匹配项，则返回#N/A错误。

请确保调整区域引用以适应您的实际数据范围。

图 5-270

步骤 **02**　这时看到 ChatGPT 给出了公式，这个公式是针对 D2 单元格的正确公式，但无法实现向下拖动填充（以批量生成结果），因此，继续向 ChatGPT 提问"该公式无法向下填充使用，请修正。"，发送问题后得到修正后的公式，如图 5-271 所示。

> 如果您希望该公式在向下填充时自动调整单元格引用以匹配每一行的商品名称和销售单价，您可以使用相对单元格引用。请尝试以下修正：
>
> 在D2单元格中输入以下公式：
>
> ```
> =VLOOKUP(B2, $G$2:$H$9, 2, FALSE)
> ```
>
> 然后，将此公式拖动或复制到D18单元格。这样，公式中的单元格引用会自动调整为适应每一行的商品名称和销售单价。

图 5-271

步骤 **03**　选中公式，按 Ctrl+C 组合键进行复制，切换到 Excel 程序，选中 D2 单元格，将光标定位到编辑栏中，按 Ctrl+V 组合键进行粘贴，如图 5-272 所示。

	A	B	C	D	E	F	G	H	I
	销售日期	产品名称	数量	单价	销售金额		产品名称	销售单价	
2	2024-3-2	观音饼	33	FALSE)			观音饼	12.8	
3	2024-3-2	榛果薄饼	9				铁盒观音饼	32	
4	2024-3-2	观音饼	18				莲花礼盒	25.6	
5	2024-3-3	榛果薄饼	23				榛果薄饼	12	
6	2024-3-3	醇香薄饼	5				榛子椰蓉	19	
7	2024-3-3	椰果曲奇	10				醇香薄饼	25.6	
8	2024-3-3	伏苓糕	17				伏苓糕	10.5	
9	2024-3-4	醇香薄饼	5				椰果曲奇	28	
10	2024-3-4	观音饼	18						
11	2024-3-4	椰果曲奇	5						
12	2024-3-4	观音饼	5						
13	2024-3-4	伏苓糕	10						
14	2024-3-4	莲花礼盒	17						
15	2024-3-5	椰果曲奇	5						
16	2024-3-5	醇香薄饼	18						
17	2024-3-5	榛子椰蓉	22						
18	2024-3-5	榛果薄饼	11						

NETWORK... ✗ ✓ fx =VLOOKUP(B2, $G$2:$H$9, 2, FALSE)

图 5-272

步骤 **04**　按 Enter 键后，重新选中 D2 单元格，拖动右下角的填充柄向下填充公式（见图 5-273），即可依次判断 B 列中的各个产品名称并为其匹配正确的销售单价。

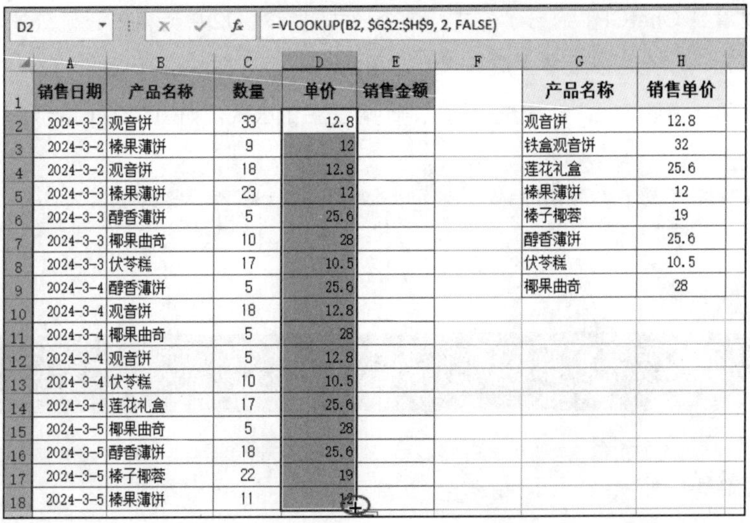

图 5-273

步骤 05   匹配了销售单价后，可以通过"数量 * 单价"的公式计算得到销售金额，如图 5-274 所示。

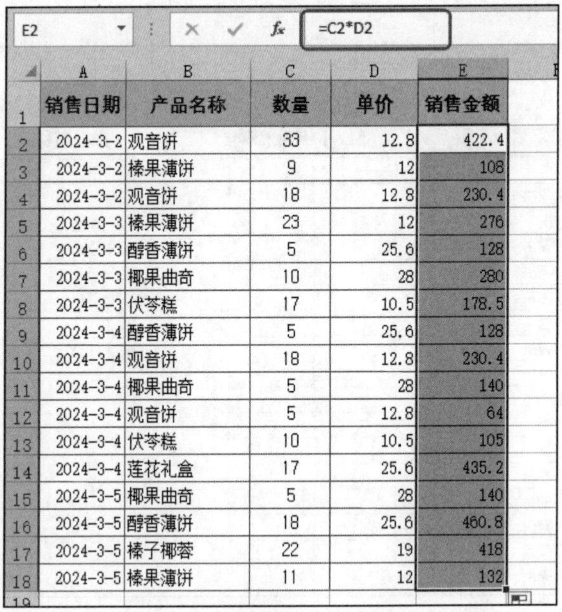

图 5-274

VLOOKUP 函数

用途：在表格或数值数组的首列查找指定的数值，并返回表格或数组中指定列对应位置的数值。

语法：VLOOKUP(lookup_value, table_array, col_index_num, [range_lookup])。

参数说明：

- lookup_value：表示要在表格或区域的第一列中搜索的值，可以是值或引用。
- table_array：表示包含数据的单元格区域。可以使用对区域或区域名称的引用。
- col_index_num：表示在 table_array 参数中必须返回的匹配值所在的列号。
- range_lookup：可选参数。一个逻辑值，指定希望 VLOOKUP 查找进行精确匹配值（False）还是近似匹配值（True）。

5.51　根据编号自动查询相关信息 <<<

在建立员工成绩表后，如果数据条目很多，当需要查看某位员工的成绩但难以快速定位时，可以使用 VLOOKUP 函数建立一个查询系统。这样，仅需根据序号，就可以自动查询到该员工的详细成绩数据。例如，在下面的例子中，左侧为成绩表，右侧为查询表。在查询表中输入查询编号，即可实现对该员工详细成绩的查询。如图 5-275 所示为查询编号"10"的员工成绩，如图 5-276 所示为查询编号"16"的员工成绩。

	A	B	C	D	E	F	G	H	I
1	编号	姓名	理论知识	操作成绩		查询表			
2	1	王明阳	76	79		输入查询编号	姓名	理论知识	操作成绩
3	2	黄照先	89	90		10	刘碧	87	86
4	3	夏红蕊	89	82					
5	4	贾云馨	84	83					
6	5	陈世发	90	81					
7	6	马雪蕊	82	81					
8	7	李沐天	82	86					
9	8	朱明健	75	87					
10	9	龙明江	81	90					
11	10	刘碧	87	86					
12	11	吴小华	73	89					
13	12	刘平	78	90					
14	13	韩学平	85	94					
15	14	张成	95	89					
16	15	邓宏	86	87					
17	16	杨娜	89	86					
18	17	邓超超	80	87					
19	18	苗兴华	85	89					
20	19	包娟娟	89	90					

图 5-275

步骤 01 在聊天对话框中输入"A2:D20 区域是对照表，A2:A20 区域是编号，B2:B20 区域是姓名，F3 中是查询编号，在 G3:I3 区域中依次显示 F3 中编号对应在 A2:D20 区域中的信息。"，如图 5-277 所示。发送问题后，可得到如图 5-278 所示的回复信息。

编号	姓名	理论知识	操作成绩		查询表			
					输入查询编号	姓名	理论知识	操作成绩
1	王明阳	76	79		16	杨娜	89	86
2	黄照先	89	90					
3	夏红蕊	89	82					
4	贾云馨	84	83					
5	陈世发	90	81					
6	马雪蕊	82	81					
7	李沐天	82	86					
8	朱明健	75	87					
9	龙明江	81	90					
10	刘碧	87	86					
11	吴小华	73	89					
12	刘平	78	90					
13	韩学平	85	94					
14	张成	95	89					
15	邓宏	86	87					
16	杨娜	89	86					
17	邓超超	80	87					
18	苗兴华	85	89					
19	匀娟娟	89	90					

图 5-276

A2:D20区域是对照表，A2:A20区域是编号，B2:B20区域是姓名，F3中是查询编号，在G3:I3区域中依次显示F3中编号对应在A2:D20区域中的信息。

图 5-277

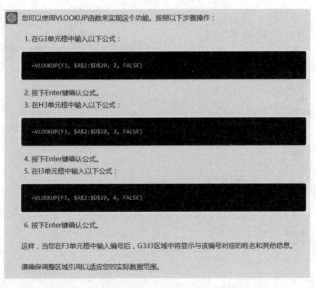

您可以使用VLOOKUP函数来实现这个功能。按照以下步骤操作：

1. 在G3单元格中输入以下公式：

```
=VLOOKUP(F3, $A$2:$D$20, 2, FALSE)
```

2. 按下Enter键确认公式。
3. 在H3单元格中输入以下公式：

```
=VLOOKUP(F3, $A$2:$D$20, 3, FALSE)
```

4. 按下Enter键确认公式。
5. 在I3单元格中输入以下公式：

```
=VLOOKUP(F3, $A$2:$D$20, 4, FALSE)
```

6. 按下Enter键确认公式。

这样，当您在F3单元格中输入编号后，G3:I3区域中将显示与该编号对应的姓名和其他信息。

请确保调整区域引用以适应您的实际数据范围。

图 5-278

步骤 02　这时看到 ChatGPT 给出了公式，这个公式是 G3 单元格的正确公式，但无法实现向右复制以查询其他两项信息，于是继续向 ChatGPT 提问"我想在 G3 中建立一个公式后，可以依次向右填充至 I3 单元格中。"（见图 5-279），送出问后重新得到修正后的公式，如图 5-280 所示。

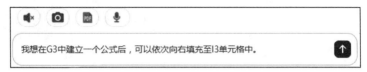

图 5-279

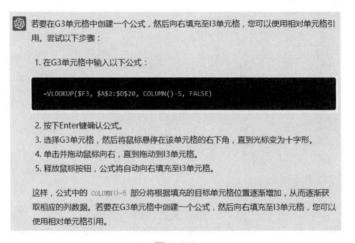

图 5-280

步骤 03　选中公式，按 Ctrl+C 组合键进行复制，切换到 Excel 程序，选中 G3 单元格，将光标定位到编辑栏中，按 Ctrl+V 组合键进行粘贴，如图 5-281 所示。

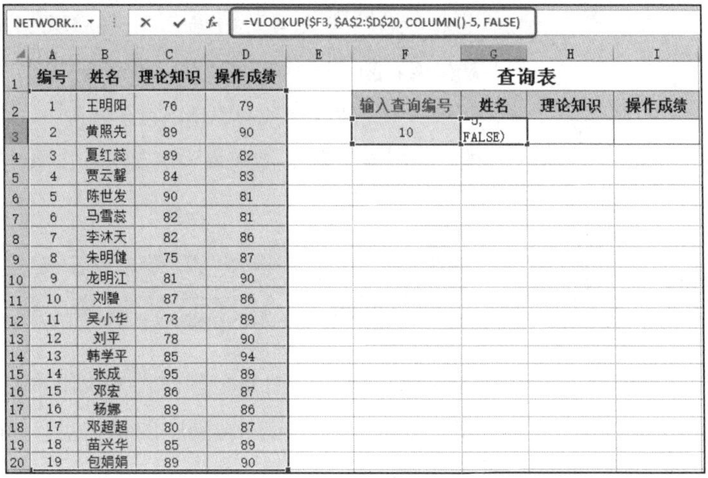

图 5-281

步骤 04　按 Enter 键后，重新选中 G2 单元格，拖动右下角的填充柄向右填充公式，即可依次返回 F3 中的编号对应的各项信息，如图 5-282 所示。

	A	B	C	D	E	F	G	H	I
G3						=VLOOKUP($F3, $A$2:$D$20, COLUMN()-5, FALSE)			
1	编号	姓名	理论知识	操作成绩			查询表		
2	1	王明阳	76	79		输入查询编号	姓名	理论知识	操作成绩
3	2	黄照先	89	90		10	刘碧	87	86
4	3	夏红蕊	89	82					
5	4	贾云馨	84	83					
6	5	陈世发	90	81					
7	6	马雪蕊	82	81					
8	7	李沐天	82	86					
9	8	朱明健	75	87					
10	9	龙明江	81	90					
11	10	刘碧	87	86					
12	11	吴小华	73	89					
13	12	刘平	78	90					
14	13	韩学平	85	94					
15	14	张成	95	89					
16	15	邓宏	86	87					
17	16	杨娜	89	86					
18	17	邓超超	80	87					
19	18	苗兴华	85	89					
20	19	包娟娟	89	90					

图 5-282

提示

VLOOKUP 函数的第 3 个参数用于指定要返回哪一列的数据。如果该参数直接被设定为常数，那么公式在向右复制时不能返回正确值。因此，在本例中使用了表达式"COLUMN()-5"来动态确定返回列的编号。"COLUMN()"函数用于返回当前列的列序号。例如，当公式在 G 列时，"COLUMN()"返回 7，因而"COLUMN()-5"的结果为 2；当公式在 H 列时，"COLUMN()"返回 8，因而"COLUMN()-5"的结果为 3，以此类推。这样就实现了依次返回 A2:D20 区域中各个列上的值。

5.52 显示本年度销售冠军名单 ◀◀◀◀

表格中统计了每位销售员对应的销售金额。若要找出本月的销售冠军，即在 B 列中找到最大值，然后返回对应在 A 列中的销售员，如图 5-283 所示。

	A	B	C	D
1	销售员	销售金额		月销售冠军
2	刘飞凯	94950		金路忠
3	刘琦	12688		
4	张振梅	50616		
5	张毅君	9348		
6	魏娟	13781		
7	金路忠	122358		
8	何佳怡	53122		
9	张丽丽	43290		
10	桂萍	82090		
11	刘志飞	20130		
12	孙婷	13700		

图 5-283

步骤 01　在聊天对话框中输入"A2:A12 单元格区域中是姓名，B2:B12 单元格区域中是销售额，写一个公式返回最高销售额对应的姓名。"，如图 5-284 所示。发送问题后，可得到如图 5-285 所示的回复信息。

A2:A12单元格区域中是姓名，B2:B12单元格区域中是销售额，写一个公式返回最高销售额对应用的姓名。

图 5-284

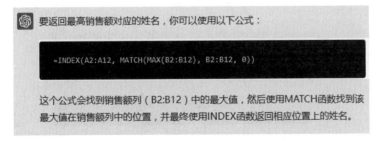

要返回最高销售额对应的姓名，你可以使用以下公式：

```
=INDEX(A2:A12, MATCH(MAX(B2:B12), B2:B12, 0))
```

这个公式会找到销售额列（B2:B12）中的最大值，然后使用MATCH函数找到该最大值在销售额列中的位置，并最终使用INDEX函数返回相应位置上的姓名。

图 5-285

步骤 02　选中公式并按 Ctrl+C 组合键进行复制。切换到 Excel 程序，选中 F2 单元格，将光标定位到编辑栏中，按 Ctrl+V 组合键进行粘贴，如图 5-286 所示。

步骤 03　粘贴公式后，按 Enter 键即可得出计算结果。

图 5-286

如果想建立公式来返回月销售冠军、亚军和季军，可以向 ChatGPT 提问获取公式。

步骤 01   在聊天对话框中输入 "A2:A12 区域中是姓名，B2:B12 区域中是销售额，依照 D2:D4 区域中指定的名次判断销售额的大小，然后返回对应的姓名并显示于 E2:E4 区域。"，如图 5-287 所示。发送问题后，可得到如图 5-288 所示的回复信息。

图 5-287

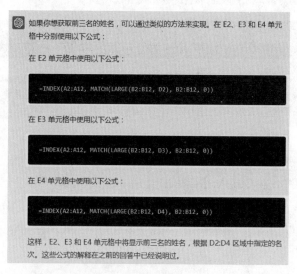

图 5-288

步骤 02　这时看到 ChatGPT 给出了三个公式，其实可以合并为一个可复制使用的公式。选中第一个公式，按 Ctrl+C 组合键进行复制，切换到 Excel 程序，选中 E2 单元格，将光标定位到编辑栏中，按 Ctrl+V 组合键进行粘贴，然后将公式中除 D2 单元格外的其他区域都改为绝对引用方式，如图 5-289 所示。

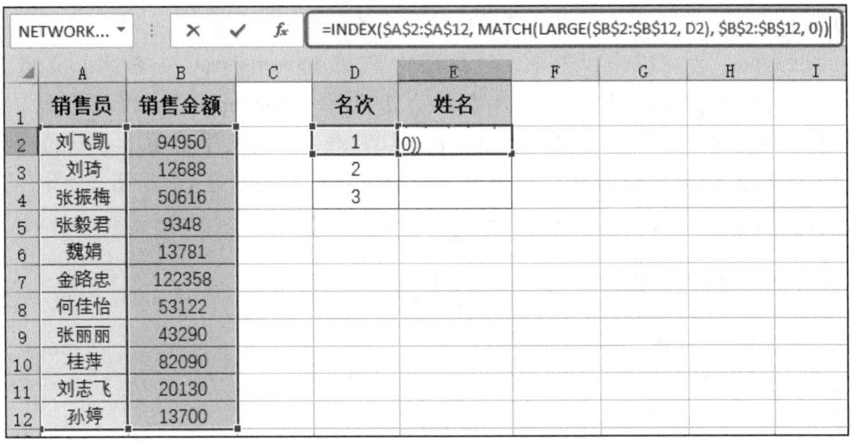

| NETWORK... | ▼ | : | × | ✓ | fx | =INDEX($A$2:$A$12, MATCH(LARGE($B$2:$B$12, D2), $B$2:$B$12, 0)) |

▲	A	B	C	D	E	F	G	H	I
1	销售员	销售金额		名次	姓名				
2	刘飞凯	94950		1	0))				
3	刘琦	12688		2					
4	张振梅	50616		3					
5	张毅君	9348							
6	魏娟	13781							
7	金路忠	122358							
8	何佳怡	53122							
9	张丽丽	43290							
10	桂萍	82090							
11	刘志飞	20130							
12	孙婷	13700							

图 5-289

步骤 03　按 Enter 键后，重新选中 E2 单元格，拖动右下角的填充柄向下填充公式（见图 5-290），即可得到前 3 名对应的姓名。

| E2 | ▼ | : | × | ✓ | fx | =INDEX($A$2:$A$12, MATCH(LARGE($B$2:$B$12, D2), $B$2:$B$12, 0)) |

▲	A	B	C	D	E	F	G	H	I
1	销售员	销售金额		名次	姓名				
2	刘飞凯	94950		1	金路忠				
3	刘琦	12688		2	刘飞凯				
4	张振梅	50616		3	桂萍				
5	张毅君	9348							
6	魏娟	13781							
7	金路忠	122358							
8	何佳怡	53122							
9	张丽丽	43290							
10	桂萍	82090							
11	刘志飞	20130							
12	孙婷	13700							

图 5-290

MATCH 函数

用途：返回数组中与指定数值匹配的元素的相应位置。

语法：MATCH(lookup_value,lookup_array,match_type)。

参数说明：

- lookup_value：要在数据表中查找的数值。
- lookup_array：可能包含所要查找数值的连续单元格区域。
- match_type：为数字 -1、0 或 1，指明如何在 lookup_array 中查找 lookup_value。当 match_type 为 1 或省略时，函数查找小于或等于 lookup_value 的最大数值，lookup_array 必须按升序排列；如果 match_type 为 0，则函数查找等于 lookup_value 的第 1 个数值，lookup_array 可以按任何顺序排列；如果 match_type 为 1，则函数查找大于或等于 lookup_value 的最小值，lookup_array 必须按降序排列。

INDEX 函数

用途：返回表格或区域中的值或值的引用。

语法：INDEX(reference, row_num, [column_num], [area_num])。

参数说明：

- reference：表示对一个或多个单元格区域的引用。
- row_num：表示在指定引用中某行的行号，函数从该行返回一个引用。
- column_num：可选参数。表示在指定引用中某列的列标，函数从该列返回一个引用。
- area_num：可选参数。用于引用中的一个区域，以便从中返回 row_num 和 column_num 的交叉区域。选中或输入的第 1 个区域序号为 1，第 2 个区域序号为 2，以此类推。如果省略 area_num，函数 index 默认使用区域 1。

第6章

ChatGPT 生成 VBA 代码自动化处理

通过编写 VBA 代码，我们可以在 Excel 中自动化许多重复性任务。然而，以往的代码编写复杂度常常让普通用户难以利用这一功能。现在，有了 ChatGPT 的帮助，我们可以得心应手地使用 Excel 中的一键自动化功能。

6.1 在 Excel 中开启 VBA

VBA 是一种用于 Microsoft Office 软件的编程语言，可以用于编写自定义宏和自动化任务。在 Excel 中，VBA 可以操作工作簿、工作表和单元格，并实现数据分析、报表生成、数据处理等功能。通过编辑 VBA 代码，我们可以在 Excel 中完成很多重复任务，从而提高工作效率。然而，如果没有编程知识，很多人可能会放弃使用这些自动化的功能。有了 ChatGPT 的帮助，情况就完全不同了。只要学会向 ChatGPT 描述我们的问题，ChatGPT 就能帮我们生成相应的代码。接下来我们需要做的只是复制、粘贴并运行代码，即可享受自动化带来的便利。

要使用 Excel VBA，需要先进行如下三个步骤的操作。

第一步：启用 Excel 中的宏功能。

步骤 01 在 Excel 程序中，单击"文件"标签，在窗口左侧展开索引列表，单击"选项"（见图 6-1），打开"Excel 选项"对话框，如图 6-2 所示。

步骤 02 单击左侧的"信任中心"标签，接着在右侧单击"信任中心设置"按钮，打开"信任中心"

对话框，勾选图中标记的选项，如图 6-3 所示。

图 6-1　　　　　　　　　　　　　　　　　　　　　图 6-2

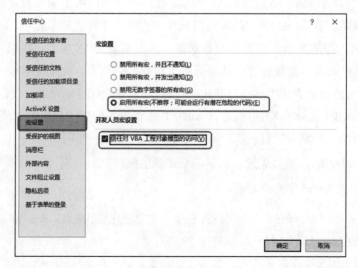

图 6-3

第二步：在 Excel 程序中添加"开发工具"选项卡。

步骤 01　单击"文件"标签，在窗口左侧展开索引列表，单击"选项"，打开"Excel 选项"对话框。
单击左侧的"自定义功能区"标签，在右侧的"自定义功能区"区域中勾选"开发工具"，
如图 6-4 所示。

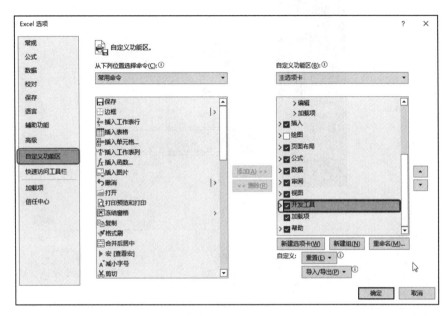

图 6-4

步骤 02　单击"确定"按钮，在 Excel 程序中可以看到添加了"开发工具"选项卡，在其中单击
Visual Basic 按钮（见图 6-5），即可开启 Microsoft Visual Basic for Applications 视窗，
VBA 的程序代码需要在这个视窗中完成。

图 6-5

第三步：将包含 VBA 程序代码的 Excel 保存为启用宏的工作簿。

步骤 01　建立工作簿后，单击"文件"标签，在窗口左侧展开索引列表，单击"另存为"，在右
侧单击"浏览"（见图 6-6），打开"另存为"对话框。

步骤 02 设置好存储位置后，再设置保存文件名，接着单击"保存类型"右侧的下拉按钮，选择文件类型为"Excel 启用宏的工作簿"，如图 6-7 所示。

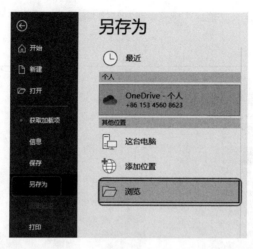

图 6-6

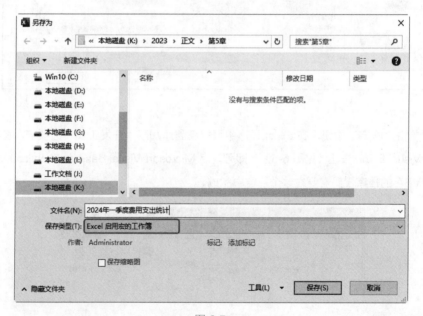

图 6-7

步骤 03 单击"保存"按钮。只要在首次保存时执行这个操作即可，后面对该文件进行更新保存时只需要单击软件中的"保存"按钮即可。

6.2　将工作簿中的工作表拆分为独立的工作簿

使用 VBA 编写代码可以将一个工作簿中的多个表拆分为独立的工作簿，这种方法在处理大型数据时非常高效。只要编码正确，可以迅速生成所需的独立工作簿。当然，如果用户不具备编写代码的技能，ChatGPT 就可以成为用户的"救星"了。下面将当前工作簿中的三张工作表生成独立的工作簿，如图 6-8 所示。

图 6-8

步骤 01　在 ChatGPT 聊天对话框中输入"使用 VBA 程序码，将 Excel 工作簿中各个工作表拆分为单一的工作簿，并且以工作表的名称来进行命名。"，如图 6-9 所示。发送问题后，可得到如图 6-10 所示的回复信息。

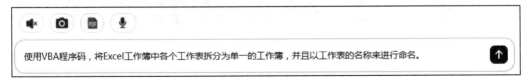

图 6-9

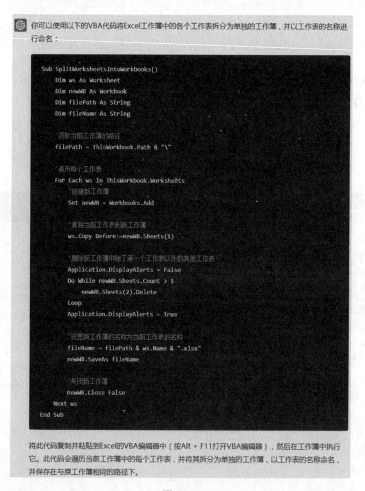

你可以使用以下的VBA代码将Excel工作簿中的各个工作表拆分为单独的工作簿，并以工作表的名称进行命名：

```vba
Sub SplitWorksheetsIntoWorkbooks()
    Dim ws As Worksheet
    Dim newWB As Workbook
    Dim filePath As String
    Dim fileName As String

    '获取当前工作簿的路径
    filePath = ThisWorkbook.Path & "\"

    '遍历每个工作表
    For Each ws In ThisWorkbook.Worksheets
        '创建新工作簿
        Set newWB = Workbooks.Add

        '复制当前工作表到新工作簿
        ws.Copy Before:=newWB.Sheets(1)

        '删除新工作簿中除了第一个工作表以外的其他工作表
        Application.DisplayAlerts = False
        Do While newWB.Sheets.Count > 1
            newWB.Sheets(2).Delete
        Loop
        Application.DisplayAlerts = True

        '设置新工作簿的名称为当前工作表的名称
        fileName = filePath & ws.Name & ".xlsx"
        newWB.SaveAs fileName

        '关闭新工作簿
        newWB.Close False
    Next ws
End Sub
```

将此代码复制并粘贴到Excel的VBA编辑器中（按Alt + F11打开VBA编辑器），然后在工作簿中执行它。此代码会遍历当前工作簿中的每个工作表，并将其拆分为单独的工作簿，以工作表的名称命名，并保存在与原工作簿相同的路径下。

图 6-10

步骤 02　鼠标指针指向编码区域，右上角出现复制按钮，单击该按钮以复制代码，如图 6-11 所示。

图 6-11

步骤 03　打开工作簿，按 Alt+F11 组合键开启 Microsoft Visual Basic for Applications 视窗，在工具栏中单击"插入用户窗体"下拉按钮（ 📊 ▾），选择"模块"，如图 6-12 所示。

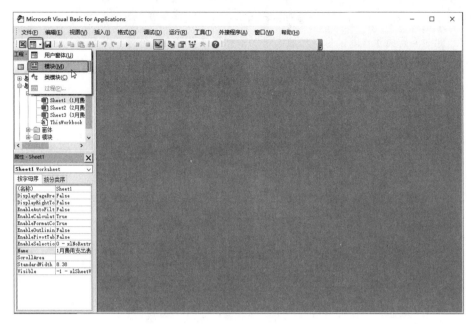

图 6-12

步骤 04　此时会创建一个新模块，将光标定位到模块编辑区域中，按 Ctrl+V 组合键粘贴代码，如图 6-13 所示。

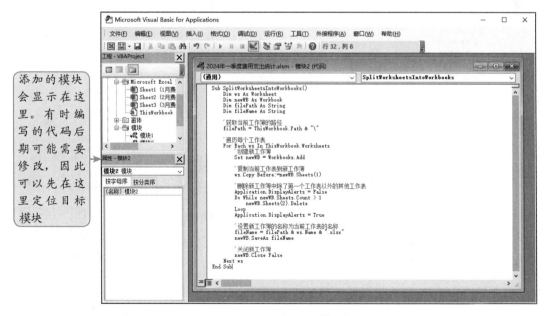

图 6-13

步骤 05　粘贴代码后，在工具栏中单击"运行宏"（ ▶ ）按钮（见图 6-14），即可运行代码，此时回到原工作簿的保存位置，可以看到生成了三个工作簿，并且分别以原来的工作表名称进行命名，如图 6-15 所示。

图 6-14

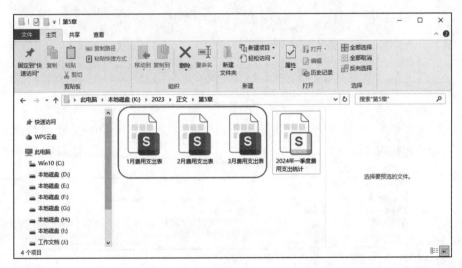

图 6-15

6.3　将多工作簿内的工作表合并到一个工作簿中

例如，本月各个店铺分别用工作簿提交了自己的销售数据（见图 6-16），现在需要将这些数据放到同一张工作表中进行汇总统计，这时就需要将多个工作簿合并为一个工作簿。

步骤 01　在 ChatGPT 聊天对话框中输入"使用 VBA 程序码，将指定文件夹中的所有工作簿内的工作表，依次复制并新增至当前工作簿中，并以来源工作簿名称命名。"，如图 6-17 所示。

发送问题后，可得到如图 6-18 所示的回复信息。

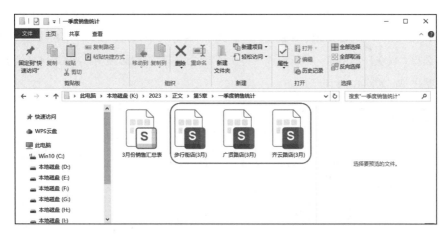

图 6-16

图 6-17

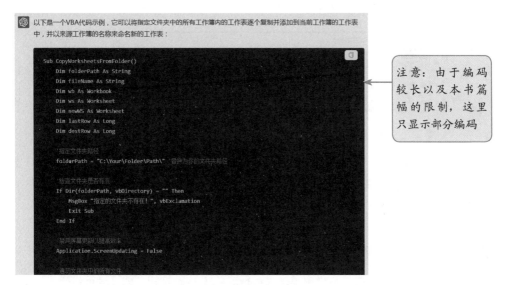

图 6-18

步骤 02　鼠标指针指向编码区域，右上角出现复制按钮，单击该按钮以复制代码。打开工作簿，在"开发工具"选项卡中单击 Visual Basic 按钮（或者按 Alt+F11 组合键），开启 Microsoft Visual Basic for Applications 视窗，在工具栏中单击"插入用户窗体"下拉按钮（🔲 ▼），选择"模块"，创建一个新模块，将光标定位到模块编辑区域中，按 Ctrl+V 组合键以粘贴代码，如图 6-19 所示。

图 6-19

步骤 03　粘贴代码后，由于此段代码用于合并指定文件夹中的工作簿，因此在生成代码后需要修改文件夹的路径。进入待合并工作簿的文件夹中，在地址栏中右击，选择"复制地址"命令，如图 6-20 所示。

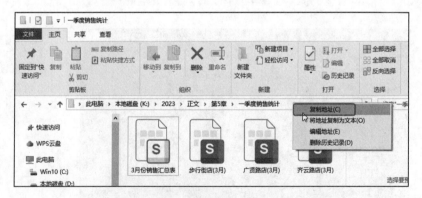

图 6-20

步骤 04　将复制而来的地址粘贴到代码的"替换为你的文件夹路径"处，如图 6-21 所示。

步骤 05　粘贴代码后，在工具栏中单击"运行宏"（▶）按钮，即可运行代码，可以看到所有工作簿中的工作表都被合并到当前工作簿中，如图 6-22 所示。

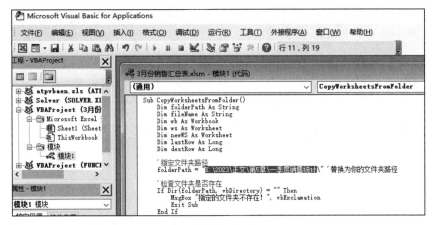

图 6-21

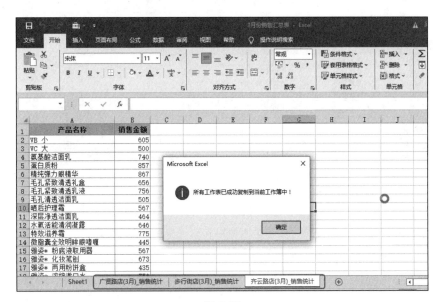

图 6-22

6.4 多个工作表合并到一个工作表

例如，当前工作簿中将各个不同仓库的数据分别保存在不同的工作表中（见图 6-23 和图 6-24）。为了便于分析数据，现在需要将各张工作表的数据合并到一张工作表中。

商品编码	仓库名称	商品名称	规格	包装规格	商品类别	色号	本月库存
Z8G031	北城仓	金刚石	800*800	3*	抛釉砖	A05	156
Z8G034	北城仓	金刚石	800*800	3*	抛釉砖	A52	380
Z8G036	北城仓	金刚石	800*800	3*	抛釉砖	A53	191
Z8G037	北城仓	金刚石	800*800	3*	抛釉砖	A51	372
ZGR80001	北城仓	负离子生态通体大理石	800*800	3*	大理石	6	110
ZGR80005	北城仓	负离子生态通体大理石	800*800	3*	大理石	8	391
ZGR80008	北城仓	负离子生态通体大理石	800*800	3*	大理石	10	525
ZGR80011	北城仓	负离子生态通体大理石	800*800	3*	大理石	10	25

北城仓　东城仓　建材商城仓　西城仓　⊕

图 6-23

> 注意：在执行合并操作前，要让待合并表格的结构保持一致，即列标识、数据属性等要保持一致，才能进行合并

商品编码	仓库名称	商品名称	规格	包装规格	商品类别	色号	本月库存
WJ8868	东城仓	希腊爵士白	800*800	2*	大理石	5	89
WJ8869	东城仓	希腊爵士白	800*800	2*	大理石	6	231
WJ8870	东城仓	希腊爵士白	800*800	2*	大理石	8	592
WJ8871	东城仓	希腊爵士白	800*800	2*	大理石	7	636
WJ8872	东城仓	希腊爵士白	800*800	2*	大理石	1	608
WJ8873	东城仓	希腊爵士白	800*800	2*	大理石	4	10
WJ8874	东城仓	希腊爵士白	800*800	2*	大理石	3	38
ZG63010	东城仓	喷墨瓷片	300*600	9*	瓷片	3	691

北城仓　东城仓　建材商城仓　西城仓　⊕

图 6-24

步骤 01 在 ChatGPT 聊天对话框中输入"使用 VBA 程序码，在当前工作簿中新增'合并数据'工作表，将'北城仓'工作表中由第一行至最后一行数据复制到'合并数据'工作表并维持原格式。除了'合并数据'与'北城仓'工作表，其他工作表从第二行开始至最后一行数据复制到'合并数据'工作表。"，如图 6-25 所示。发送问题后，可得到如图 6-26 所示的回复信息。

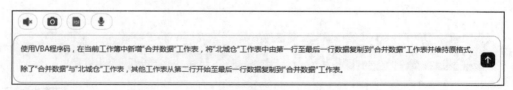

使用VBA程序码，在当前工作簿中新增"合并数据"工作表，将"北城仓"工作表中由第一行至最后一行数据复制到"合并数据"工作表并维持原格式。

除了"合并数据"与"北城仓"工作表，其他工作表从第二行开始至最后一行数据复制到"合并数据"工作表。

图 6-25

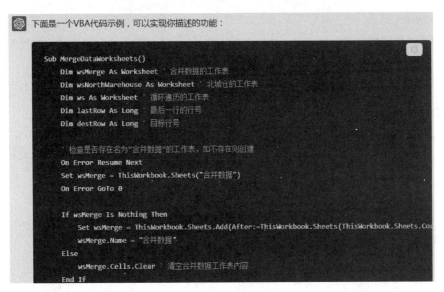

图 6-26

步骤 02 鼠标指针指向编码区域，右上角出现复制按钮，单击该按钮以复制代码。打开工作簿，在"开发工具"选项卡中单击 Visual Basic 按钮（或者按 Alt+F11 组合键），开启 Microsoft Visual Basic for Applications 视窗，在工具栏中单击"插入用户窗体"下拉按钮（ 🔳 ▼ ），选择"模块"，创建一个新模块，将光标定位到模块编辑区域中，按 Ctrl+V 组合键以粘贴代码，如图 6-27 所示。

图 6-27

步骤 03 粘贴代码后，在工具栏中单击"运行宏"（▶）按钮，即可运行代码，此时可以看到当前工作簿中自动创建了一个名为"合并数据"的工作表，并且将工作表的数据都合并到一张工作表中，如图 6-28 所示。

	商品编码	仓库名称	商品名称	规格	包装规格	商品类别	色号	本月库存
2	Z8G031	北城仓	金刚石	800*800	3*	抛釉砖	A05	156
3	Z8G034	北城仓	金刚石	800*800	3*	抛釉砖	A52	380
4	Z8G036	北城仓	金刚石	800*800	3*	抛釉砖	A53	191
5	Z8G037	北城仓	金刚石	800*800	3*	抛釉砖	A51	372
6	ZGR80001	北城仓	负离子生态通体大理石	800*800	3*	大理石	6	110
7	ZGR80005	北城仓	负离子生态通体大理石	800*800	3*	大理石	8	391
8	ZGR80008	北城仓	负离子生态通体大理石	800*800	3*	大理石	10	525
9	ZGR80011	北城仓	负离子生态通体大理石	800*800	3*	大理石	10	
10	ZGR80012	北城仓	负离子生态通体大理石	800*800	3*	大理石	14	
11	ZGR80013	北城仓	负离子生态通体大理石	800*800	3*	大理石	5	
12	ZGR80014	北城仓	负离子生态通体大理石	800*800	3*	大理石	7	
13	WJ3606B	北城仓	全瓷负离子中板下墙	300*600	11*	瓷片	S2	
14	WJ3608B	北城仓	全瓷负离子中板下墙	300*600	11*	瓷片	T01	
15	WJ3608C	北城仓	全瓷负离子中板下墙	300*600	11*	瓷片	S1	
16	WJ3610C	北城仓	全瓷负离子中板下墙	300*600	11*	瓷片	S1	
17	ZG63011A	北城仓	喷墨瓷片	300*600	9*	瓷片	2	
18	ZG63011B	北城仓	喷墨瓷片	300*600	9*	瓷片	4	198
19	WJ8868	东城仓	希腊爵士白	800*800	2*	大理石	5	89
20	WJ8869	东城仓	希腊爵士白	800*800	2*	大理石	6	231
21	WJ8870	东城仓	希腊爵士白	800*800	2*	大理石	5	592
22	WJ8871	东城仓	希腊爵士白	800*800	2*	大理石	7	636
23	WJ8872	东城仓	希腊爵士白	800*800	2*	大理石	1	608
24	WJ8873	东城仓	希腊爵士白	800*800	2*	大理石	4	10
25	WJ8874	东城仓	希腊爵士白	800*800	2*	大理石	3	38
26	ZG63010	东城仓	喷墨瓷片	300*600	9*	瓷片	3	691
27	ZG63012A	东城仓	喷墨瓷片	300*600	9*	瓷片	3	40

> Microsoft Excel
> ℹ 数据合并完成！
> 确定

北城仓 ｜ 东城仓 ｜ 建材商城仓 ｜ 西城仓 ｜ **合并数据** ｜ ⊕

图 6-28

步骤 04 完成编辑后，保存工作簿时会弹出提示，如图 6-29 所示。单击"否"按钮，弹出"另存为"对话框，重新设置"保存类型"为"Excel 启用宏的工作簿"，如图 6-30 所示。然后单击"保存"按钮即可。

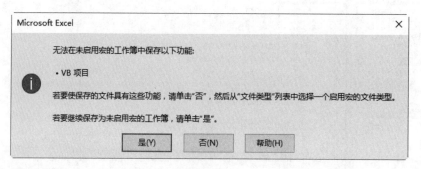

Microsoft Excel　　　　　　　　　　　　　　　　　×

无法在未启用宏的工作簿中保存以下功能：

• VB 项目

若要使保存的文件具有这些功能，请单击"否"，然后从"文件类型"列表中选择一个启用宏的文件类型。

若要继续保存为未启用宏的工作簿，请单击"是"。

是(Y)　　　否(N)　　　帮助(H)

图 6-29

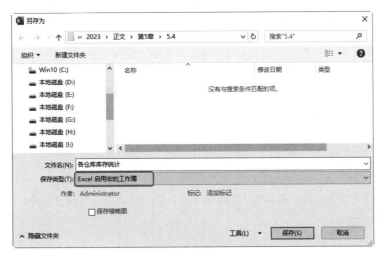

图 6-30

6.5　制作创建图表的快捷按钮

在编写 VBA 代码时，可以将代码分配给一个对象，并使用该对象作为执行代码的触发器，以便在需要时更加便捷地执行。例如，在本例中，我们将创建一个按钮，该按钮可以快速生成图表，实现一键创建图表的功能。下面分三个步骤进行此操作。

第一步：在 Excel 中制作"创建图表"按钮。

步骤 01 单击"插入"按钮，再单击"形状"按钮，在下拉列表中选择形状样式，如图 6-31 所示。

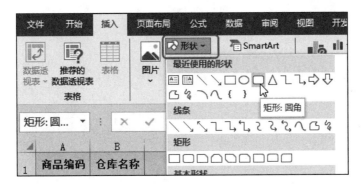

图 6-31

步骤 02　在合适的位置上绘制图形，如图 6-32 所示。

10月份各仓库存量统计表				
仓库名称 ＼ 商品类别	瓷片	大理石	抛釉砖	仿古砖
西城仓	0	1228	3779	541
建材商城仓	3247	509	1199	496
东城仓	731	2204	0	1795
北城仓	3175	1464	1099	0

图 6-32

步骤 03　接着在"绘图工具－形状格式"选项卡中，通过样式快速为按钮选用一个美观的样式，如图 6-33 所示。

步骤 04　在制作的图形上右击，选择"编辑文字"命令（见图 6-34），此时进入文字编辑状态，输入文字，并通过设置文字格式让文字更加醒目，呈现出一个按钮的样式，如图 6-35 所示。

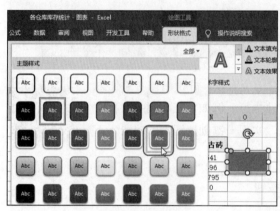

图 6-33

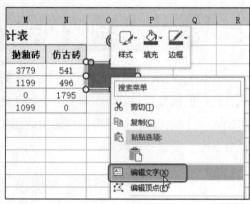

图 6-34

10月份各仓库存量统计表				
仓库名称 ＼ 商品类别	瓷片	大理石	抛釉砖	仿古砖
西城仓	0	1228	3779	541
建材商城仓	3247	509	1199	496
东城仓	731	2204	0	1795
北城仓	3175	1464	1099	0

图 6-35

第二步：从 ChatGPT 中获取 VBA 程序码。

步骤 01　在 ChatGPT 聊天对话框中输入"使用 VBA 程序码，在 Excel 工作表中建立一个按钮，按下按钮则将'合并数据'工作表中 J2:N6 区域建立为柱形图。"，如图 6-36 所示。发送问题后，可得到如图 6-37 所示的回复信息。

图 6-36

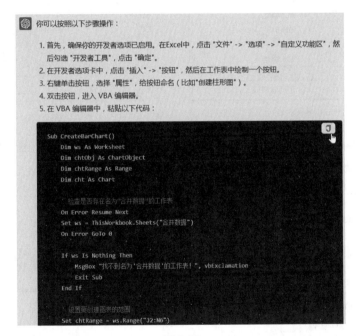

图 6-37

步骤 02　鼠标指针指向编码区域，右上角出现复制按钮，单击该按钮以复制代码，先将代码复制到剪贴板中。

第三步：将 VBA 编码指定给图形。

步骤 01　在制作的按钮上右击，选择"指定宏"命令（见图 6-38），弹出"指定宏"对话框，输入宏名称为"创建图表"，如图 6-39 所示。

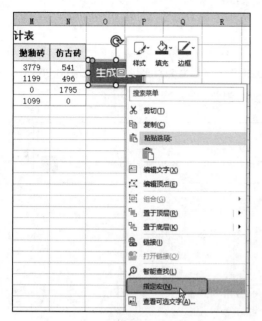

图 6-38

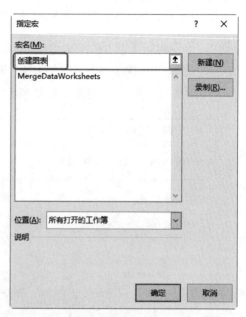

图 6-39

步骤 02　单击"新建"按钮，打开 Microsoft Visual Basic for Applications 视窗，自动创建了一个模块，如图 6-40 所示。

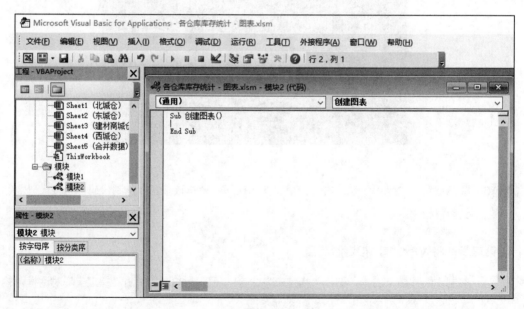

图 6-40

步骤 03　直接按 Ctrl+V 组合键将暂存于剪贴板中的 VBA 代码粘贴到模块中，如图 6-41 所示。

图 6-41

　　完成上述三步操作后，再回到 Excel 工作簿中，我们来验证一下执行效果。在工作表的任意位置处单击，取消对按钮的选中状态，然后再次将鼠标指针指向"生成图表"按钮，指针呈现手指状（见图 6-42），单击"生成图表"按钮，可以看到立即创建了一个柱形图，如图 6-43 所示。

10月份各仓库存量统计表				
仓库名称　　商品类别	瓷片	大理石	抛釉砖	仿古砖
西城仓	0	1228	3779	541
建材商城仓	3247	509	1199	496
东城仓	731	2204	0	1795
北城仓	3175	1464	1099	0

图 6-42

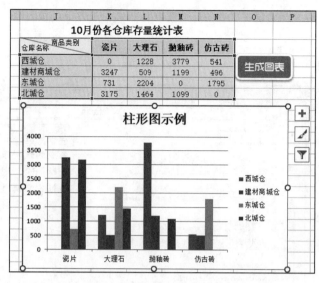

图 6-43

6.6　快速生成 PDF 文档

对于一些经常需要浏览和分享的资料，可以将其生成为 PDF 文件。可以设计一个快捷按钮，从而实现一键生成 PDF 文件。

步骤 01　在 Excel 表格中设计一个按钮，如图 6-44 所示。

商品编码	仓库名称	商品名称	规格	包装规格	商品类别	色号	本月库存
		3月份库存数据统计表					生成PDF
Z8G031	北城仓	金刚石	800*800	3*	抛釉砖	A05	156
Z8G034	北城仓	金刚石	800*800	3*	抛釉砖	A52	380
Z8G036	北城仓	金刚石	800*800	3*	抛釉砖	A53	191
Z8G037	北城仓	金刚石	800*800	3*	抛釉砖	A51	372
ZGR80001	北城仓	负离子生态通体大理石	800*800	3*	大理石	6	110
ZGR80005	北城仓	负离子生态通体大理石	800*800	3*	大理石	8	391
ZGR80008	北城仓	负离子生态通体大理石	800*800	3*	大理石	10	525
ZGR80011	北城仓	负离子生态通体大理石	800*800	3*	大理石	10	25
ZGR80012	北城仓	负离子生态通体大理石	800*800	3*	大理石	14	263
ZGR80013	北城仓	负离子生态通体大理石	800*800	3*	大理石	5	25
ZGR80014	北城仓	负离子生态通体大理石	800*800	3*	大理石	7	125
WJ3606B	北城仓	全瓷负离子中板上墙	300*600	11*	瓷片	S2	1015
WJ3608B	北城仓	全瓷负离子中板下墙	300*600	11*	瓷片	T01	907
WJ3608C	北城仓	全瓷负离子中板下墙	300*600	11*	瓷片	S1	518
WJ3610C	北城仓	全瓷负离子中板下墙	300*600	11*	瓷片	S1	177

图 6-44

注意：在此省略按钮的制作过程，读者可根据自身需要及设计水平进行制作，也可以使用图片作为触发器，无论外观怎么样，其达到的效果是一样的

步骤 02　在 ChatGPT 聊天对话框中输入"使用 VBA 程序码，将当前工作表转换为 PDF 格式存储在电脑中。"，如图 6-45 所示。发送问题后，可得到如图 6-46 所示的回复信息。

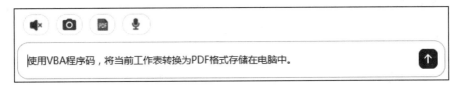

图 6-45

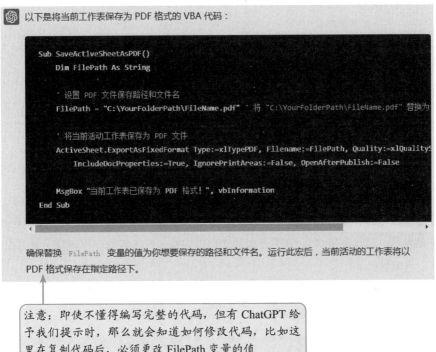

```vba
Sub SaveActiveSheetAsPDF()
    Dim FilePath As String

    ' 设置 PDF 文件保存路径和文件名
    FilePath = "C:\YourFolderPath\FileName.pdf" ' 将 "C:\YourFolderPath\FileName.pdf" 替换为

    ' 将当前活动工作表保存为 PDF 文件
    ActiveSheet.ExportAsFixedFormat Type:=xlTypePDF, Filename:=FilePath, Quality:=xlQualityS
        IncludeDocProperties:=True, IgnorePrintAreas:=False, OpenAfterPublish:=False

    MsgBox "当前工作表已保存为 PDF 格式！", vbInformation
End Sub
```

确保替换 FilePath 变量的值为你想要保存的路径和文件名。运行此宏后，当前活动的工作表将以 PDF 格式保存在指定路径下。

注意：即使不懂得编写完整的代码，但有 ChatGPT 给予我们提示时，那么就会知道如何修改代码，比如这里在复制代码后，必须更改 FilePath 变量的值

图 6-46

步骤 03　鼠标指针指向编码区域，右上角出现复制按钮，单击该按钮以复制代码，先将代码复制到剪贴板中。

步骤 04　回到 Excel 表格中，在制作的按钮上右击，选择"指定宏"命令（见图 6-47），弹出"指定宏"对话框，输入宏名称为"生成 PDF"，如图 6-48 所示。

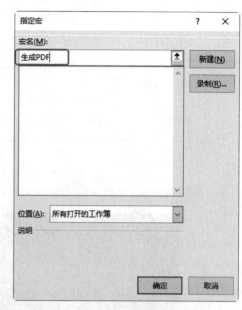

图 6-47   图 6-48

步骤 05   单击"新建"按钮，打开 Microsoft Visual Basic for Applications 视窗，自动创建了一个
模块。

步骤 06   直接按 Ctrl+V 组合键将暂存于剪贴板中的 VBA 代码粘贴到模块中，如图 6-49 所示。
粘贴后，注意要将 ChatGPT 生成的代码中的第一行与最后一行删除（原因在 6.5 节中
已经阐述过了）。

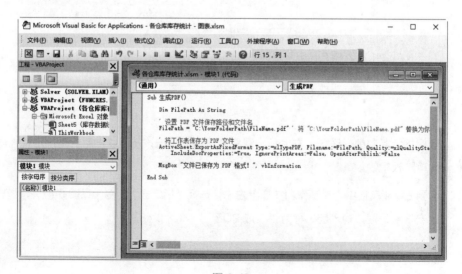

图 6-49

步骤 07　在代码中选中 FilePath 变量后面的路径，将其更改为自己想要保存文件的路径，如图 6-50
所示。

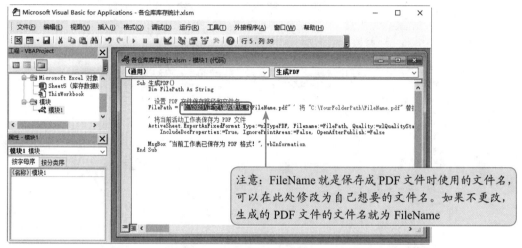

图 6-50

步骤 08　完成上述操作后，再回到 Excel 工作表中，单击"生成 PDF"按钮（见图 6-51），弹出
的提示框中告知工作表已保存为 PDF 格式，如图 6-52 所示。进入设定的保存文件夹中，
可以看到生成的 PDF 文件，如图 6-53 所示。

	A	B	C	D	E	F	G	H	I
1				3月份库存数据统计表					
2	商品编码	仓库名称	商品名称	规格	包装规格	商品类别	色号	本月库存	
3	Z8G031	北城仓	金刚石	800*800	3*	抛釉砖	A05	156	
4	Z8G034	北城仓	金刚石	800*800	3*	抛釉砖	A52	380	
5	Z8G036	北城仓	金刚石	800*800	3*	抛釉砖	A53	191	
6	Z8G037	北城仓	金刚石	800*800	3*	抛釉砖	A51	372	
7	ZGR80001	北城仓	负离子生态通体大理石	800*800	3*	大理石	6	110	

图 6-51

图 6-52

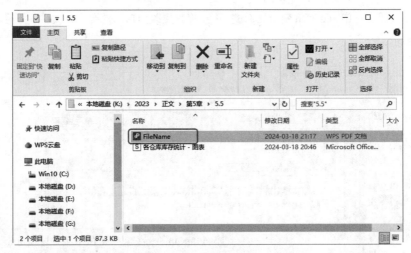

图 6-53

6.7　按条件批量插入空行

在 Excel 中，编辑 VBA 代码可以实现自动化处理任务。例如，在本例中，需要在所有"合计"行下方插入一个空行（见图 6-54）。对于大型表格，手工操作可能会比较费时和费力，而使用 VBA 编码则可以非常便捷和快速地完成此任务。当然可以向 ChatGPT 咨询相关问题。

	A	B	C	D	E
1	日期	凭证号	凭证摘要	借方	
2			年初余额		
3	1月2日	记账凭证2	财务部报销费	5000.00	
4	1月2日	记账凭证3	税费缴纳	340.00	
5			合计	5340.00	
6	1月4日	记账凭证4	工程部签证费	3110.00	
7	1月4日	记账凭证3	税费缴纳	3120.00	
8			合计	6230.00	
9					
10	1月5日	记账凭证34	设计部报销费	2900.00	
11	1月5日	记账凭证80	利息计算	3900.00	
12			合计	6800.00	
13	1月8日	记账凭证4	工程部签证费	3880.00	
14	1月8日	记账凭证78	土地征用税	5000.00	
15	1月8日	记账凭证3	税费缴纳	4300.00	
16	1月8日	记账凭证80	利息计算	5000.00	
17			合计	18180.00	
18	1月11日	记账凭证34	设计部报销费	3210.00	
19	1月11日	记账凭证3	税费缴纳	2290.00	
20			合计	5500.00	
21	1月11日	记账凭证2	财务部报销费	2980.00	
22	1月11日	记账凭证34	设计部报销费	300.00	
23			合计	3280.00	

图 6-54

步骤 01　在 ChatGPT 聊天对话框中输入"使用 VBA 程序码，查询 C 列中出现'合计'时就在下面插入空行。"，如图 6-55 所示。发送问题后，可得到如图 6-56 所示的回复信息。

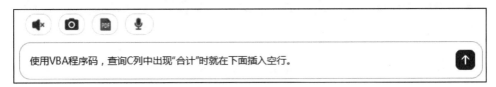

图 6-55

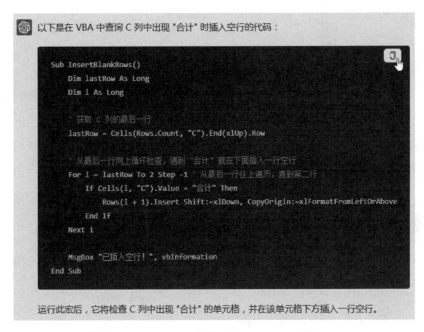

图 6-56

步骤 02　鼠标指针指向编码区域，右上角出现复制按钮，单击该按钮以复制代码。

步骤 03　打开工作表，在"开发工具"选项卡中单击 Visual Basic 按钮（或者按 Alt+F11 组合键），开启 Microsoft Visual Basic for Applications 视窗，在工具栏中单击"插入用户窗体"下拉按钮（ 📇 ▾ ），选择"模块"，创建一个新模块，将光标定位到模块编辑区域中，按 Ctrl+V 组合键以粘贴代码，如图 6-57 所示。

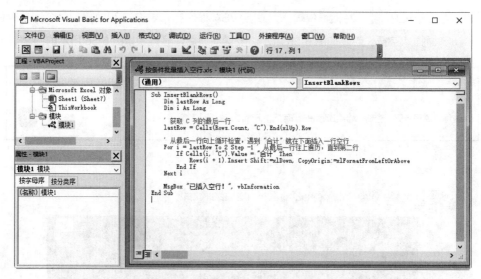

图 6-57

步骤 04　粘贴代码后，在工具栏中单击"运行宏"按钮（▶），即可运行代码，此时可以看到工作表中所有"合计"行下面都插入了空行，如图 6-58 所示。

	A	B	C	D	E	F	G
1	日期	凭证号	凭证摘要	借方			
2			年初余额				
3	1月2日	记账凭证2	财务部报销费	5000.00			
4	1月2日	记账凭证3	税费缴纳	340.00			
5			合计	5340.00			
6							
7	1月4日	记账凭证4	工程部签证费	3110.00			
8	1月4日	记账凭证3	税费缴纳	3120.00			
9			合计	6230.00			
10							
11	1月5日	记账凭证34	设计部报销费	2900.00			
12	1月5日	记账凭证80	利息计算	3900.00			
13			合计	6800.00			
14							
15	1月8日	记账凭证4	工程部签证费	3880.00			
16	1月8日	记账凭证78	土地征用税	5000.00			
17	1月8日	记账凭证3	税费缴纳	4300.00			
18	1月8日	记账凭证80	利息计算	5000.00			
19			合计	18180.00			
20							
21	1月11日	记账凭证34	设计部报销费	3210.00			
22	1月11日	记账凭证3	税费缴纳	2290.00			
23			合计	5500.00			
24							
25	1月11日	记账凭证2	财务部报销费	2980.00			
26	1月11日	记账凭证34	设计部报销费	300.00			
27			合计	3280.00			

图 6-58

6.8 实现一键调整列宽

在输入数据时，如果数据超过列宽，那么超出的部分会被隐藏，如图 6-59 所示。一般在整理数据时，需要根据实际需求调整列宽。为了便于快速调整，可以创建一个按钮以实现一键速调。当然，这个按钮需要指定一些代码，而这些代码可以通过向 ChatGPT 提问来获取。

	A	B	C	D	E	F
1	序号	员工姓名	身份证号	专业		
2	1	包子贤	371400199	网络工程		
3	2	张佳佳	450000199	网络工程		
4	3	赵子琪	632123199	网络工程		
5	4	韩琴琴	533323199	网络工程		
6	5	韩晓宇	340042199	网络工程		
7	6	赵志新	533121199	计算机学与技术		
8	7	张志明	342222199	计算机学与技术		
9	8	夏长茹	342701199	计算机学与技术		
10	9	余佩琪	450000199	环境科学		
11	10	杭世强	340025199	环境科学		
12	11	华新伟	420500199	环境科学		
13	12	华涵涵	632123199	环境科学		
14	13	韩志	420800199	电气工程及自动化		
15	14	高雨	420500199	电气工程及自动化		
16	14	陈媛媛	320100199	电气工程及自动化		

图 6-59

步骤 01 在 Excel 表格中插入一个小图片作为触发器，如图 6-60 所示。

	A	B	C	D	E	F
1	序号	员工姓名	身份证号	专业		
2	1	包子贤	371400199	网络工程		
3	2	张佳佳	450000199	网络工程		
4	3	赵子琪	632123199	网络工程		
5	4	韩琴琴	533323199	网络工程		
6	5	韩晓宇	340042199	网络工程		

图 6-60

步骤 02 在 ChatGPT 聊天对话框中输入"使用 VBA 程序码，实现让选中的单元格区域能根据当前数据长度自动调整列宽。"，如图 6-61 所示。发送问题后，可得到如图 6-62 所示的回复信息。

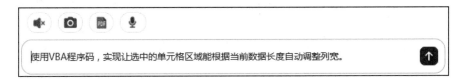

图 6-61

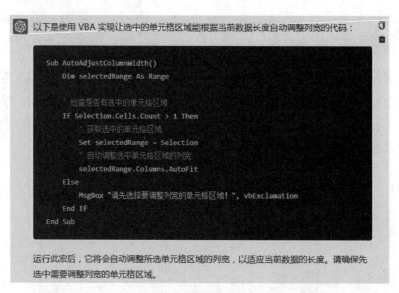

图 6-62

步骤 03　鼠标指针指向编码区域，右上角出现复制按钮，单击复制代码，先将代码复制到剪贴板中。

步骤 04　回到 Excel 表格中，在准备好的图片上右击，选择"指定宏"命令（见图 6-63），弹出"指定宏"对话框，输入宏名称为"速调列宽"，如图 6-64 所示。

图 6-63

图 6-64

步骤 05　单击"新建"按钮，打开 Microsoft Visual Basic for Applications 视窗，自动创建了一个模块。

步骤 06　直接按 Ctrl+V 组合键将暂存于剪贴板中的 VBA 代码粘贴到模块中，如图 6-65 所示。粘贴后，注意要将 ChatGPT 生成的代码中的第一行与最后一行删除（原因在 6.5 节中已经阐述过了）。

图 6-65

步骤 07　完成上述操作后，再回到 Excel 工作表中，只要在根据内容调整列宽时，就选中单元格区域（见图 6-66），然后鼠标指针指向图片触发器，单击即可自动调整，如图 6-67 所示。

	A	B	C	D	E
1	序号	员工姓名	身份证号	专业	
2	1	包子贤	371400199	网络工程	
3	2	张佳佳	450000199	网络工程	
4	3	赵子琪	632123199	网络工程	
5	4	韩琴琴	533323199	网络工程	
6	5	韩晓宇	340042199	网络工程	
7	6	赵志新	533121199	计算机学与技术	
8	7	张志明	342222199	计算机学与技术	
9	8	夏长茹	342701199	计算机学与技术	
10	9	余佩琪	450000199	环境科学	
11	10	杭世强	340025199	环境科学	
12	11	华新伟	420500199	环境科学	
13	12	华涵涵	632123199	环境科学	
14	13	韩志	420800199	电气工程及自动化	
15	14	高雨	420500199	电气工程及自动化	
16	14	陈媛媛	320100199	电气工程及自动化	
17					

图 6-66

序号	员工姓名	身份证号码	专业	
1	包子贤	371400199****0214	网络工程	
2	张佳佳	450000199****2528	网络工程	
3	赵子琪	632123199****8573	网络工程	
4	韩琴琴	533323199****8579	网络工程	
5	韩晓宇	340042199****0527	网络工程	
6	赵志新	533121199****5651	计算机学与技术	
7	张志明	342222199****2533	计算机学与技术	
8	夏长茹	342701199****8572	计算机学与技术	
9	余佩琪	450000199****3214	环境科学	
10	杭世强	340025199****3220	环境科学	
11	华新伟	420500199****3224	环境科学	
12	华涵涵	632123199****2521	环境科学	
13	韩志	420800199****8697	电气工程及自动化	
14	高雨	420500199****8135	电气工程及自动化	
14	陈媛媛	320100199****8119	电气工程及自动化	

图 6-67

6.9 将缺失数据自动填满

　　如果经常需要输入数据，通常会有一些重复数据可以通过填充功能来输入。例如，在本例中，C 列的仓库名称以及 D 列的商品类别有多处存在空格（见图 6-68）。这些空格实际是当输入重复数据时只输入了首个数据，针对这种情况，可以通过 VBA 代码实现数据的快速填充，并且这个代码在需要时可以随时使用。

	出单日期	商品编码	仓库名称	商品类别	出库件数
1	出单日期	商品编码	仓库名称	商品类别	出库件数
2	2024-4-8	WJ8870	西城仓	瓷片	600
3	2024-4-14	Z8G033			25
4	2024-4-10	ZG6011			32
5	2024-4-17	ZG6012			1000
6	2024-4-16	ZG6013		抛釉砖	133
7	2024-4-3	ZG6016			817
8	2024-4-11	ZG6017			274
9	2024-4-8	WJ3606B	建材商城仓库	瓷片	35
10	2024-4-8	WJ3608B			900
11	2024-4-13	ZG63011A			1000
12	2024-4-19	ZG63016B			80
13	2024-4-2	WJ8868		抛釉砖	90
14	2024-4-4	Z8G031			28
15	2024-4-3	Z8G031			200
16	2024-4-3	WJ3608C	东城仓	瓷片	550
17	2024-4-4	WJ3610C			170
18	2024-4-17	ZG63010			691
19	2024-4-2	WJ8869		大理石	230
20	2024-4-7	WJ8871			636
21	2024-4-6	WJ8872			650
22	2024-4-5	WJ8873			10
23	2024-4-16	WJ8874			38

图 6-68

步骤 01　在 ChatGPT 聊天对话框中输入"使用 VBA 程序码，让选中区域的空白单元格能自动获取上一单元格的数据并自动填入空白单元格中。"，如图 6-69 所示。发送问题后，可得到如图 6-70 所示的回复信息。

步骤 02　鼠标指针指向编码区域，右上角会出现复制按钮，单击该按钮以复制代码。

使用VBA程序码，让选中区域的空白单元格能自动获取上一单元格的数据并自动填入空白单元格中。

图 6-69

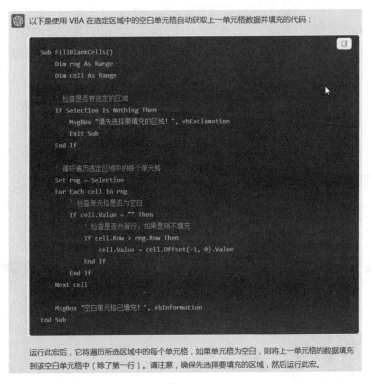

以下是使用 VBA 在选定区域中的空白单元格自动获取上一单元格数据并填充的代码：

```vba
Sub FillBlankCells()
    Dim rng As Range
    Dim cell As Range

    ' 检查是否有选定的区域
    If Selection Is Nothing Then
        MsgBox "请先选择要填充的区域!", vbExclamation
        Exit Sub
    End If

    ' 循环遍历选定区域中的每个单元格
    Set rng = Selection
    For Each cell In rng
        ' 检查单元格是否为空白
        If cell.Value = "" Then
            ' 检查是否为首行，如果是则不填充
            If cell.Row > rng.Row Then
                cell.Value = cell.Offset(-1, 0).Value
            End If
        End If
    Next cell

    MsgBox "空白单元格已填充!", vbInformation
End Sub
```

运行此宏后，它将遍历所选区域中的每个单元格，如果单元格为空白，则将上一单元格的数据填充到该空白单元格中（除了第一行）。请注意，确保先选择要填充的区域，然后运行此宏。

图 6-70

步骤 03　打开工作表，在"开发工具"选项卡中单击 Visual Basic 按钮（或者按 Alt+F11 组合键），开启 Microsoft Visual Basic for Applications 视窗，在工具栏中"插入用户窗体"下拉按钮（），选择"模块"，创建一个新模块，将光标定位到模块编辑区域中，按 Ctrl+V 组合键以粘贴代码，如图 6-71 所示。

图 6-71

步骤 04 完成编码编辑后，回到 Excel 工作簿中，选中目标单元格区域，在"开发工具"选项卡的"代
码"选项组中单击"宏"命令，如图 6-72 所示。打开"宏"对话框，其中显示的就是
刚才建立的宏，如图 6-73 所示。

图 6-72

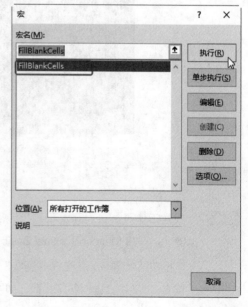

图 6-73

步骤 05　单击"执行"按钮即可完成单元格的填充，如图 6-74 所示。

	A	B	C	D	E	F
1	出单日期	商品编码	仓库名称	商品类别	出库件数	
2	2024-4-8	WJ8870	西城仓	瓷片	600	
3	2024-4-14	Z8G033	西城仓	瓷片	25	
4	2024-4-10	ZG6011	西城仓	瓷片	32	
5	2024-4-17	ZG6012	西城仓	瓷片	1000	
6	2024-4-16	ZG6013	西城仓	抛釉砖	133	
7	2024-4-3	ZG6016	西城仓	抛釉砖	817	
8	2024-4-11	ZG6017	西城仓	抛釉砖	274	
9	2024-4-8	WJ3606B	建材商城仓库	瓷片	35	
10	2024-4-8	WJ3608B	建材商城仓库	瓷片	900	
11	2024-4-13	ZG63011A	建材商城仓库	瓷片	1000	
12	2024-4-19	ZG63016B	建材商城仓库	瓷片	80	
13	2024-4-2	WJ8868	建材商城仓库	抛釉砖	90	
14	2024-4-4	Z8G031	建材商城仓库	抛釉砖	28	
15	2024-4-3	Z8G031	建材商城仓库	抛釉砖	200	
16	2024-4-3	WJ3608C	东城仓	瓷片	550	
17	2024-4-4	WJ3610C	东城仓	瓷片	170	
18	2024-4-17	ZG63010	东城仓	瓷片	691	
19	2024-4-2	WJ8869	东城仓	大理石	230	
20	2024-4-7	WJ8871	东城仓	大理石	636	
21	2024-4-6	WJ8872	东城仓	大理石	650	
22	2024-4-5	WJ8873	东城仓	大理石	10	
23	2024-4-16	WJ8874	东城仓	大理石	38	

图 6-74

宏的名称通常会根据当前操作的目的由系统自动命名，一般使用英文，例如当前宏被自动命名为 FillBlankCells。如果一个工作簿中创建了多个宏，它们都会显示在这个列表中。为了便于管理和使用，我们可以用中文来给宏命名。

打开"宏"对话框，在列表中选中宏，单击右侧的"编辑"按钮（见图 6-75），打开 Microsoft Visual Basic for Applications 视窗，在模块代码中，Sub 后面显示的就是宏名称，将其更改为"填充空白单元格"，如图 6-76 所示。

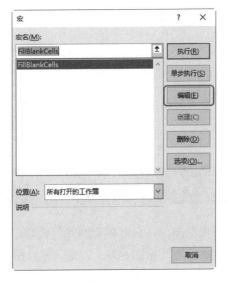

图 6-75

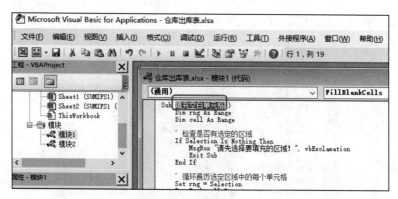

图 6-76

代码更改后，再次打开"宏"对话框，就可以看到宏名称已经被更改了，如图 6-77 所示。

提示

完成这个宏代码的编写后，在当前工作簿的任意位置使用它来进行数据填充。只需输入首个数据并选中包含该数据的单元格区域，然后执行"填充空白单元格"宏，即可实现数据的一键填充。

图 6-77

6.10　批量删除空白单元格

在整理数据时，有时需要删除包含空白单元格的行。例如，在当前的例子中，企业有一张招聘进程表（见图 6-78），通过删除空白单元格的行，可以快速筛选出那些完成了完整应聘流程的记录，即那些应聘成功的人员的记录。

	A	B	C	D	E	F	G	H	I	J	K	L	M
1	姓名	性别	年龄	学历	招聘渠道	招聘编号	应聘岗位	初试时间	参加初试	初试通过	复试时间	参加复试	复试通过
2	应聘者1	女	21	专科	招聘网站1	GT-HR-16-R0050	销售专员	2023-12-13	是				
3	应聘者2	男	26	本科	招聘网站2	GT-HR-16-R0050	销售专员	2023-12-13	是	是	2023-12-18		
4	应聘者3	男	27	高中	现场招聘	GT-HR-16-R0050	销售专员	2023-12-14	是				
5	应聘者4	女	33	本科	招聘网站2	GT-HR-16-R0050	销售专员	2023-12-14	是	是	2023-12-19	是	是
6	应聘者5	女	33	本科	校园招聘	GT-HR-17-R0001	客服	2024-1-5		是			
7	应聘者6	男	32	专科	校园招聘	GT-HR-17-R0001	客服	2024-1-5					
8	应聘者7	男	27	专科	校园招聘	GT-HR-17-R0001	客服	2024-1-5					
9	应聘者8	女	21	本科	内部招聘	GT-HR-17-R0002	助理	2024-2-15	是				
10	应聘者9	女	28	本科	内部招聘	GT-HR-17-R0002	助理	2024-2-15	是	是	2024-2-20		
11	应聘者10	男	31	硕士	猎头招聘	GT-HR-17-R0003	研究员	2024-3-8	是	是	2024-3-13	是	是
12	应聘者11	女	29	本科	猎头招聘	GT-HR-17-R0003	研究员	2024-3-9	是				
13	应聘者12	男	31	本科	猎头招聘	GT-HR-17-R0003	研究员	2024-3-10					
14	应聘者13	男	28	硕士	内部招聘	GT-HR-17-R0003	研究员	2024-3-10	是	是	2024-3-13	是	是
15	应聘者14	女	36	专科	内部招聘	GT-HR-17-R0003	研究员	2024-3-11	是	是	2024-3-13	是	
16	应聘者15	男	26	专科	内部招聘	GT-HR-17-R0003	研究员	2024-3-12	是				
17	应聘者16	女	23	本科	校园招聘	GT-HR-17-R0004	会计	2024-3-25	是				
18	应聘者17	女	22	本科	校园招聘	GT-HR-17-R0004	会计	2024-3-25					
19	应聘者18	男	22	硕士	刊登广告	GT-HR-17-R0004	会计	2024-3-25	是	是	2024-3-28	是	是
20	应聘者19	男	33	本科	刊登广告	GT-HR-17-R0004	会计	2024-3-25	是				

图 6-78

步骤 01　在 ChatGPT 聊天对话框中输入"使用 VBA 程序码，判断每一行中是否含有空白单元格，如果有就将本行删除。"，如图 6-79 所示。发送问题后，可得到如图 6-80 所示的回复信息。

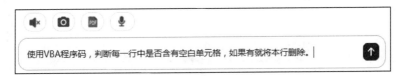

使用VBA程序码，判断每一行中是否含有空白单元格，如果有就将本行删除。

图 6-79

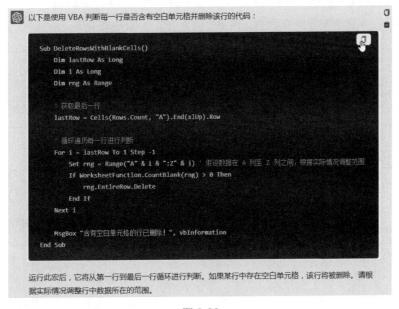

以下是使用 VBA 判断每一行是否含有空白单元格并删除该行的代码：

```vba
Sub DeleteRowsWithBlankCells()
    Dim lastRow As Long
    Dim i As Long
    Dim rng As Range

    ' 获取最后一行
    lastRow = Cells(Rows.Count, "A").End(xlUp).Row

    ' 循环遍历每一行进行判断
    For i = lastRow To 1 Step -1
        Set rng = Range("A" & i & ":Z" & i)  ' 假设数据在 A 列至 Z 列之间，根据实际情况调整范围
        If WorksheetFunction.CountBlank(rng) > 0 Then
            rng.EntireRow.Delete
        End If
    Next i

    MsgBox "含有空白单元格的行已删除！", vbInformation
End Sub
```

运行此宏后，它将从第一行到最后一行循环进行判断。如果某行中存在空白单元格，该行将被删除。请根据实际情况调整行中数据所在的范围。

图 6-80

步骤 02 鼠标指针指向编码区域，右上角出现复制按钮，单击该按钮以复制代码。

步骤 03 打开工作表，在"开发工具"选项卡中单击 Visual Basic 按钮（或者按 Alt+F11 组合键），开启 Microsoft Visual Basic for Applications 视窗，在工具栏中单击"插入用户窗体"下拉按钮（ ），选择"模块"，创建一个新模块，将光标定位到模块编辑区域中，按 Ctrl+V 组合键以粘贴代码，如图 6-81 所示。

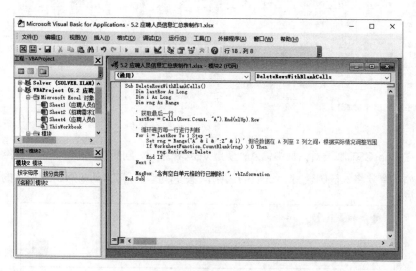

图 6-81

步骤 04 粘贴代码后，需要修改当前数据是从哪一列到哪一列，如图 6-82 所示。由于当前数据显示在 A 列到 M 列，因此将范围更改为 A~Z，如图 6-83 所示。

```
' 获取最后一行
lastRow = Cells(Rows.Count, "A").End(xlUp).Row

' 循环遍历每一行进行判断
For i = lastRow To 1 Step -1
    Set rng = Range("A" & i & ":Z" & i) ' 假设数据在 A 列至 Z 列之间，根据实际情况调整范围
    If WorksheetFunction.CountBlank(rng) > 0 Then
        rng.EntireRow.Delete
```

图 6-82

```
' 获取最后一行
lastRow = Cells(Rows.Count, "A").End(xlUp).Row

' 循环遍历每一行进行判断
For i = lastRow To 1 Step -1
    Set rng = Range("A" & i & ":西" & i) ' 假设数据在 A 列至 Z 列之间，根据实际情况调整范围
    If WorksheetFunction.CountBlank(rng) > 0 Then
        rng.EntireRow.Delete
```

图 6-83

步骤 05　完成编码后，在工具栏中单击"运行宏"按钮（ ▶ ）（见图 6-84），即可运行代码，此时得到了删除空白单元格后的表格，如图 6-85 所示。

图 6-84

	A	B	C	D	E	F	G	H	I	J	K	L	M
1	姓名	性别	年龄	学历	招聘渠道	招聘编号	应聘岗位	初试时间	参加初试	初试通过	复试时间	参加复试	复试通过
2	应聘者4	女	33	本科	招聘网站2	GT-HR-16-R0050	销售专员	2023-12-14	是	是	2023-12-19	是	是
3	应聘者10	男	31	硕士	猎头招聘	GT-HR-17-R0003	研究员	2024-3-8	是	是	2024-3-13	是	是
4	应聘者13	男	28	硕士	内部招聘	GT-HR-17-R0003	研究员	2024-3-10	是	是	2024-3-13	是	是
5	应聘者18	男	22	硕士	刊登广告	GT-HR-17-R0004	会计	2024-3-25	是	是	2024-3-28	是	是
6													

图 6-85

6.11　将指定区域隔行填色

将指定区域隔行填色的处理是一种格式设置，可以起到一键美化表格的作用。

步骤 01　在 ChatGPT 聊天对话框中输入"使用 VBA 程序码，让表格 A 列到 M 列从第 4 行开始，所有偶数行都填充黄色。"，如图 6-86 所示。发送问题后，可得到如图 6-87 所示的回复信息。

步骤 02　鼠标指针指向编码区域，右上角出现复制按钮，单击该按钮以复制代码。

图 6-86

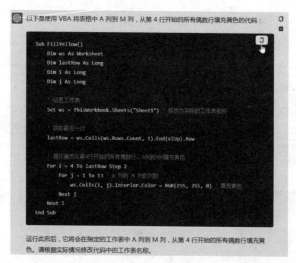

图 6-87

步骤 03　打开工作表，在"开发工具"选项卡中单击 Visual Basic 按钮（或者按 Alt+F11 组合键），开启 Microsoft Visual Basic for Applications 视窗，在工具栏中单击"插入用户窗体"下拉按钮（　　），选择"模块"，创建一个新模块，将光标定位到模块编辑区域中，按 Ctrl+V 组合键以粘贴代码，如图 6-88 所示。

图 6-88

步骤 04　粘贴代码后，需要修改工作表名称，如图 6-89 所示。按实际情况修改工作表名称，如图 6-90 所示。

```
' 设置工作表
Set ws = ThisWorkbook.Sheets("Sheet1") ' 修改为实际的工作表名称

' 获取最后一行
lastRow = ws.Cells(ws.Rows.Count, 1).End(xlUp).Row

' 循环遍历从第4行开始的所有偶数行，A列到M列填充黄色
```

图 6-89

```
' 设置工作表
Set ws = ThisWorkbook.Sheets("人事信息数据") ' 修改为实际的工作表名称

' 获取最后一行
lastRow = ws.Cells(ws.Rows.Count, 1).End(xlUp).Row

' 循环遍历从第4行开始的所有偶数行，A列到M列填充黄色
```

图 6-90

步骤 05 完成编码后，在工具栏中单击"运行宏"按钮（ ▶ ），即可运行代码，可以看到表格达到了所需的填充效果，如图 6-91 所示。

员工编号	员工姓名	所属部门	职位	学历	入职时间	离职时间	工龄	离职原因	身份证号码	性别	年龄	联系方式
						领先科技公司人事信息数据表			更新于2020-4-1			
LX-044	陆婷婷	科研部	研究员	研究生	2013-6-5		10		320400****231472	男	36	1598762****
LX-033	董小超	行政部	主管	本科	2013-7-1		10		320600****183578	男	40	1335225****
LX-005	夏梓	客服部	专员	中专	2014-2-13	2018-5-19	4	工资太低	340223****153385	女	45	1312563****
LX-116	汪任	生产部	一车间员工	大专	2014-2-20	2019-8-26	5	家庭原因	340102****042990	男	31	1385596****
LX-015	张鹤鸣	仓储部	司机	高职	2014-2-23	2019-1-22	4	转换行业	340400****282659	男	35	1824569****
LX-036	杨吉秀	科研部	研究员	研究生	2015-6-1	2018-1-10	2	工资太低	520100****030356	男	36	1312563****
LX-038	张茹	科研部	研究员	研究生	2015-6-1	2018-12-10	3	福利不够	340528****237654	男	44	1369874****
LX-024	童俊	仓储部	叉车工	中专	2015-7-1	2021-4-21	5	家庭原因	320400****281234	男	42	1505897****
LX-026	黄金鸿	行政部	主管	本科	2016-7-1		7		320400****281234	男	49	1385569****
LX-010	王莹	客服部	专员	本科	2016-7-1		7		340102****091278	男	38	1802145****
LX-021	童醒	仓储部	统计员	本科	2017-3-1	2022-2-11	4	家庭原因	320600****244568	女	31	1302522****
LX-149	杨娜	销售部	二车间员工	大专	2017-3-1		7		340400****293548	女	44	1585531****
LX-150	邓超超	生产部	二车间员工	高中	2017-3-1	2019-2-22	1	工作量太大	340700****081128	女	39	1584236****
LX-160	梅武勇	市场部	市场调研员	大专	2017-3-1	2018-8-4	1	家庭原因	340400****222689	女	33	1372458****
LX-172	吴子进	销售部	销售员	大专	2017-3-1	2019-5-24	2	福利不够	360102****176786	女	32	1585582****
LX-074	翟晶	设计部	包装工	中专	2017-6-1		6		510300****252040	女	30	1382223****
LX-136	马梅	销售部	包装工	高职	2017-6-1		6		130100****122388	女	40	1302589****
LX-075	陈风	设计部	包装工	高职	2017-7-1		6		130100****122388	女	31	1395623****
LX-137	邓森林	销售部	组长	大专	2017-7-1		6		321200****139878	男	52	1478955****
LX-025	于飞腾	行政部	经理	本科	2017-7-1	2018-12-20		不满意公司制度	340223****275365	女	42	1395862****
LX-049	潘鹏	人力资源部	人事专员	本科	2017-8-1	2019-8-26	2	工资太低	340528****024534	男	41	1302522****
LX-076	陈春华	设计部	包装工	高职	2017-9-1	2018-8-4	0	公司解除合同	520100****030356	男	32	1587741****
LX-138	王保国	销售部	组长	大专	2018-1-1		6		330200****032457	男	51	1869895****
LX-161	鲍亮	市场部	市场调研员	大专	2018-1-1		6		360102****243984	女	53	1395623****
LX-053	桂湄	财务部	主管	本科	2018-2-19		6		340400****122249	女	43	1502256****
LX-115	刘晓俊	生产部	一车间员工	大专	2018-2-19		6		340103****301237	男	51	1378895****
LX-057	龙富春	财务部	组长	本科	2018-2-23		6		520100****052386	女	41	1869895****
LX-119	赖菊	生产部	一车间员工	大专	2018-2-23		6		340222****153578	男	50	1335667****
LX-016	黄俊	仓储部	仓管	高职	2018-2-24	2019-10-11	1	转换行业	320400****237654	男	36	1332654****

人事信息数据

图 6-91

6.12 多表合并运算

多表合并运算是指将多个表格的数据汇总在一起。例如，图6-92~图6-94
显示了某市场调查中 3 次调查的结果。现在需要根据这些数据进行计算并建
立一张汇总表格，将三张表格中的统计数据进行汇总，从而准确了解新产品
的哪些功能最吸引消费者。为了实现合并运算的目的，可以向 ChatGPT 描
述您的需求，以获取相应的 VBA 代码。

	A	B	C
1	最吸引功能	选择人数	
2	GPS定位功能	8	
3	射频感应或遥感功能	8	
4	蓝牙功能	4	
5	邮件电话短信	4	
6	音乐存储与播放功能	3	
7	拍照功能	3	
8	WIF功能	3	
9	运动记录功能	2	
10	双向通话功能	2	
11	语音控制功能	2	
12			

一次调查　二次调查　三次调查

图 6-92

	A	B	C
1	最吸引功能	选择人数	
2	射频感应或遥感功能	8	
3	双向通话功能	7	
4	GPS定位功能	6	
5	语音控制功能	4	
6	运动记录功能	2	
7	音乐存储与播放功能	2	
8	WIF功能	2	
9	邮件电话短信	2	
10	拍照功能	1	
11	蓝牙功能	1	
12			

一次调查　二次调查　三次调查

图 6-93

	A	B	C
1	最吸引功能	选择人数	
2	GPS定位功能	5	
3	射频感应或遥感功能	5	
4	WIF功能	5	
5	双向通话功能	5	
6	运动记录功能	4	
7	邮件电话短信	3	
8	音乐存储与播放功能	2	
9	拍照功能	2	
10	蓝牙功能	2	
11	语音控制功能	2	
12			

一次调查　二次调查　三次调查

图 6-94

步骤 01　在 ChatGPT 聊天对话框中输入"使用 VBA 程序码，建立一张新表用于合并求和，计算三张表格中首列中相同类别对应的数值"，如图 6-95 所示。发送问题后，可得到如图 6-96 所示的回复信息。

步骤 02　鼠标指针指向编码区域，右上角出现复制按钮，单击该按钮以复制代码。

使用VBA程序码，建立一张新表用于合并求和，计算三张表格中首列中相同类别对应的数值。

图 6-95

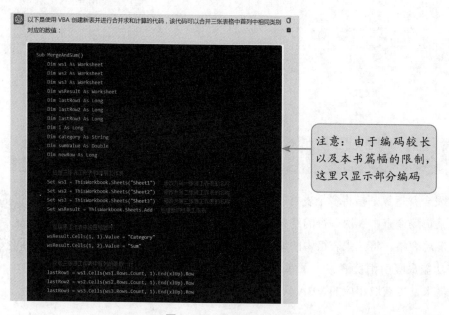

以下是使用 VBA 创建新表并进行合并求和和计算的代码，该代码可以合并三张表格中首列中相同类别对应的数值：

```vba
Sub MergeAndSum()
    Dim ws1 As Worksheet
    Dim ws2 As Worksheet
    Dim ws3 As Worksheet
    Dim wsResult As Worksheet
    Dim lastRow1 As Long
    Dim lastRow2 As Long
    Dim lastRow3 As Long
    Dim i As Long
    Dim category As String
    Dim sumValue As Double
    Dim newRow As Long

    '设置三张工作表所对应的工作表
    Set ws1 = ThisWorkbook.Sheets("Sheet1")
    Set ws2 = ThisWorkbook.Sheets("Sheet2")
    Set ws3 = ThisWorkbook.Sheets("Sheet3")
    Set wsResult = ThisWorkbook.Sheets.Add

    '在结果工作表中设置标题行
    wsResult.Cells(1, 1).Value = "Category"
    wsResult.Cells(1, 2).Value = "Sum"

    '获取三张工作表中首列的最后一行
    lastRow1 = ws1.Cells(ws1.Rows.Count, 1).End(xlUp).Row
    lastRow2 = ws2.Cells(ws2.Rows.Count, 1).End(xlUp).Row
    lastRow3 = ws3.Cells(ws3.Rows.Count, 1).End(xlUp).Row
```

注意：由于编码较长以及本书篇幅的限制，这里只显示部分编码

图 6-96

步骤 03 打开工作表，在"开发工具"选项卡中单击 Visual Basic 按钮（或者按 Alt+F11 组合键），开启 Microsoft Visual Basic for Applications 视窗，在工具栏中单击"插入用户窗体"下拉按钮（ ），选择"模块"，创建一个新模块，将光标定位到模块编辑区域中，按 Ctrl+V 组合键以粘贴代码，如图 6-97 所示。

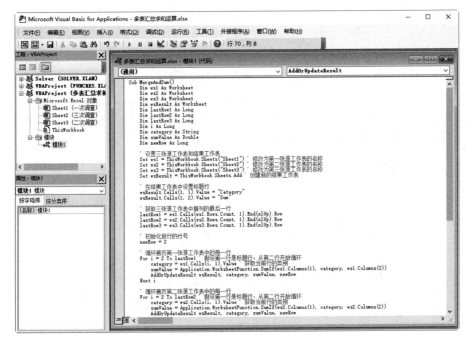

图 6-97

步骤 04 粘贴代码后，需要修改几个工作表名称，如图 6-98 所示。按实际情况修改 3 个工作表名称，如图 6-99 所示。

```
' 设置三张源工作表和结果工作表
Set ws1 = ThisWorkbook.Sheets("Sheet1")  ' 修改为第一张源工作表的名称
Set ws2 = ThisWorkbook.Sheets("Sheet2")  ' 修改为第二张源工作表的名称
Set ws3 = ThisWorkbook.Sheets("Sheet3")  ' 修改为第三张源工作表的名称
Set wsResult = ThisWorkbook.Sheets.Add   ' 创建新的结果工作表

' 在结果工作表中设置标题行
wsResult.Cells(1, 1).Value = "Category"
wsResult.Cells(1, 2).Value = "Sum"
```

图 6-98

```
' 设置三张源工作表和结果工作表
Set ws1 = ThisWorkbook.Sheets("一次调查")   ' 修改为第一张源工作表的名称
Set ws2 = ThisWorkbook.Sheets("二次调查")   ' 修改为第二张源工作表的名称
Set ws3 = ThisWorkbook.Sheets("三次调查")   ' 修改为第三张源工作表的名称
Set wsResult = ThisWorkbook.Sheets.Add    ' 创建新的结果工作表

' 在结果工作表中设置标题行
wsResult.Cells(1, 1).Value = "Category"
wsResult.Cells(1, 2).Value = "Sum"
```

图 6-99

步骤 05 完成编码后，在工具栏中单击"运行宏"按钮（ ▶ ），即可运行代码，可以看到创建了一张新工作表用于合并计算的统计，如图 6-100 所示。

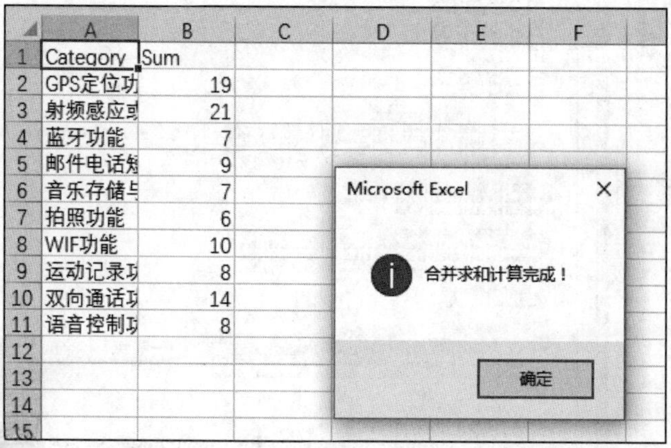

图 6-100